ミクロの森

1㎡の原生林が語る生命・進化・地球

THE FOREST UNSEEN

A YEAR'S WATCH IN NATURE

BY DAVID GEORGE HASKELL

D.G.ハスケル 著
三木直子 訳

築地書館

The Forest Unseen: A Year's Watch in Nature
by David George Haskell

Translated by Naoko Miki
Published in Japan by
Tsukiji-Shokan Publishing Co., Ltd.

目次

はじめに 7
1月1日 パートナーシップ——さまざまな関係性 12
1月17日 ケプラーの贈り物——雪の結晶 20
1月21日 ある実験——雪の中のコガラ 25
1月30日 冬の植物——春を待つ知恵 36
2月2日 足跡——シカの胃袋と微生物と森 41
2月16日 コケ——水と化学物質を自由に操る生物 53
2月28日 サラマンダー——肉を担保にした二つの取引 60
3月13日 雪割草——植物の形と薬効 67
3月13日 カタツムリ——その目に映るもの 72
3月25日 スプリング・エフェメラル——依存し合う花とハナバチ 76

4月2日　チェーンソー——植林地と生物多様性　86
4月2日　花——受粉とさまざまな花の形　92
4月8日　木部——カエデとヒッコリーの配管システム　98
4月14日　蛾——汗と塩分　103
4月16日　早起き鳥——光と音　107
4月22日　歩くタネ——アリとヘパティカ　114
4月29日　地震——悠久の時間　123
5月7日　風——風をつかむカエデの実　127
5月18日　草食動物——葉と昆虫の一騎打ち　133
5月25日　さざ波——蚊とカタツムリ　142
6月2日　クエスト（探索）——ダニとアーサー王の聖杯　151
6月10日　シダ——不思議なセックスと生活環　157
6月20日　からまって——雌雄同体とカタツムリ　163
7月2日　菌類——縁の下の力持ち　168

7月13日 ホタル――発光器と懐中電灯 175
7月27日 射る光――寄生バチとイモムシ 180
8月1日 エフトとコヨーテ――適応の達人 187
8月8日 ツチグリ――ゴルフボールとプラスチック 198
8月26日 キリギリス――森のミュージシャン 203
9月21日 薬――ヤムイモとアメリカニンジン 208
9月23日 ケムシ――アリと鳥とカモフラージュ 214
9月23日 コンドル――森の粛清者 220
9月26日 渡り鳥――アメリカムシクイとカッコウ 227
10月5日 警戒の波――音と香りの情報網 232
10月14日 翼果――カエデは何処へ行く 238
10月29日 顔――アライグマはなぜ可愛いのか 245
11月5日 光――色彩とナメクジと擬態 252
11月15日 アシボソハイタカ――驚異の飛翔 261

11月21日 小枝―成長の記憶 268
12月3日 落ち葉―菌と根がすべてをつなぐ 278
12月6日 地下世界の動物寓話―目には見えない大きな世界 288
12月26日 木のてっぺんで―リスたちの日光浴 296
12月31日 観察する―森と私 300

エピローグ 305
謝辞 309
参考文献 324
索引 329
訳者あとがき 330

本文中の〔　〕は訳者による注記です。長いものは*で対応させて段落末尾に入れてあります。

はじめに

Preface

チベット僧が二人、真鍮（しんちゅう）製のじょうごのようなものを手に持ち、テーブルの上にかがみこんでいる。じょうごの先端から、色のついた砂がテーブルの上にこぼれる。一筋一筋、細い砂の流れが、制作中の曼荼羅（まんだら）に線を描く。僧たちは円形のパターンの中心から、基本の形を示す白墨（はくぼく）の線に沿って線を描き、何百という模様の細部を記憶に頼って埋めていく。

ブッダを象徴する蓮の花が中央に描かれ、そのまわりを、華麗な装飾が施された宮殿が囲む。宮殿の四つの門が開いた先の同心円状の輪はさまざまなシンボルと色彩で描かれ、それぞれが、悟りに至る道の一歩一歩を表わしている。この曼荼羅は数日かかって完成したあと、掃き集められ、集められた砂は水の流れに投げこまれる。

曼荼羅にはさまざまなレベルでの重要性がある——それを作るために要する集中力、複雑さと統一性のバランス、デザインに組みこまれた象徴性。だがそうした性質のどれも、曼荼羅制作の究極の目的ではない。曼荼羅は、人生という旅路を、宇宙を、そしてブッダの悟りを再現したものだ。この小さな、砂でできた円を通して、宇宙全体が見えるのである。

隣では、アメリカの大学生の一団がロープの後ろで押し合いへし合いし、曼荼羅の誕生をサギのように首を長くして見守っている。いつになくおとなしい。僧たちの作業に夢中になっているか、その生き様のあまりの異質さが、彼らから言葉を奪ったのだろう。

学生たちは、生態学で最初の実習授業の始まりに、曼荼羅を見学に来ている。このあと授業は近くの森に移り、そこで学生たちは地面に輪を投げて自分の曼荼羅を作る。午後の残りの時間を、森のコミュニティの仕組みの観察と、自分の輪の内側の土地の調査にあてるのだ。サンスクリット語である**mandala**という言葉には「コミュニティ」という意味がある。つまりチベット僧と学生たちは同じ作業をしているのだ――曼荼羅について沈思し、精神を磨く。だが類似点は言葉や象徴するものの一致よりも深いところにある。

森の生態系がもつ物語は、曼荼羅と同じくらいの面積の中にすべて存在している、と私は信じているのだ。実際、七里ぐつ（履けば一足で七里をまたぐという、おとぎ話に登場する靴）を履いて大陸の端から端まで飛び歩き、結局何も見つけられないよりも、小さな面積についてじっくりと考えるほうが、森の真実がより明らかに、鮮やかに姿を現わすのである。

極小のものの中に普遍的なものを探す、というのは、ほとんどの文化の底流にあるテーマである。チベットの曼荼羅は私たちの手本となる隠喩ではあるが、こうした作品を生み出す文脈は西欧の文化にも存在する。

ブレイクの詩、「無垢の予兆」ではもっと極端に、曼荼羅は一粒の砂や一輪の花にまで縮小されて、「一粒の砂にも世界を／一輪の野の花にも天国を見」（『対訳ブレイク詩集』松島正一訳、岩波書店）とある。ブレイクの願望は、キリスト教の瞑想の伝統にもっとも顕著に表われる、西欧的神秘主義にもとづいている。十字架のヨハネ、アッシジのフランチェスコ、ノリッチのジュリアン、迷宮、洞窟、あるいは小さなハシバミ

〔ヘーゼルナッツ〕の実——そのいずれもが、究極の現実を経験するためのレンズの役割を果たすのだ。

本書は、チベットの曼荼羅やブレイクの詩、ノリッチのジュリアンのハシバミの実*が投げかける課題に対する、一人の生物学者なりの答えだ。葉や岩や水という、小さな沈思の窓を通して、森全体を眺めることができるだろうか? テネシー州の山中の原生林が作る曼荼羅の中に、私はこの問いの答えを、あるいは答えの端緒を見つけようとした。

*——ノリッチのジュリアンは一四世紀のイングランドの神学者。キリスト教神秘主義の系統に属し、幻視にもとづいて書かれた『神の愛の十六の啓示』(*Sixteen Revelations of Divine Love*)で知られる。幻視の中で、神がハシバミほどの大きさのものを「世界」であるとして示したとされる。

森の曼荼羅は直径一メートルちょっとの円形で、チベット僧によって作られ、そして流れ去った曼荼羅と同じ大きさである。曼荼羅の場所を選ぶため、私は森の中をでたらめに歩き、腰かけるのにちょうどいい岩が見つかったところで足を止めた。その岩の前が曼荼羅になったのだ。それは私がそれまで一度も見たことのなかった場所で、そこで何が見つかるかは厳しい冬の衣の下に隠されていた。

その曼荼羅は、テネシー州南東部の、森に覆われた斜面にある。そこから斜面を一〇〇メートル上がったところに砂岩の高い断崖があって、それがカンバーランド台地の西端にあたる。地面はこの断崖から階段状に低くなり、平らな部分と急斜面が交互に、標高三三〇メートル下の谷底まで続く。曼荼羅は、一番高いところにある台地の岩と岩の間に抱かれている。

ここの斜面は、オーク、カエデ、アメリカシナノキ、ヒッコリー、ユリノキ、そのほか十数種におよぶ多様な落葉樹の成木にすっかり覆われている。林床(りんしょう)には浸食される断崖から転がり落ちた岩が散らばっていて、ともすれば足をくじきそうだし、平坦な地面がまったくなく、波のようにうねる岩を腐葉土が覆っているだけの場所も多い。

傾斜が急で足場が悪い土地であることが、この森を護ったのだ。山を下りると、谷床（こくしょう）の肥沃で平らな土地には、牧場や農地を作るためにじゃまになる岩が比較的少なく、初めはネイティブアメリカンによって、それから「旧世界」からの入植者によって伐り拓かれた。

一九世紀後半と二〇世紀初頭に山の斜面を開墾しようとした入植者も若干いたが、それは過酷で無益な努力だった。こうした自作農家は密造酒で副収入を得、それがこの山腹の「シェイクラグ・ホロー」〔「ぼろ切れを振る谷」という意味〕という名前にもなった。町の住民がぼろ切れを振って酒の密造者を呼びよせ、そのぼろ切れに金を包んで置いておく。すると数時間後、金が一瓶の強い酒に置き換わる。

農作に使われていた小さな空き地や蒸留酒製造所だったところも、今では再び森の一部になっているが、かつて伐採されたところは、積み上げられた岩、古いパイプ、錆びついた洗濯用たらい、それにタンポポの群生などでそれとわかる。

それ以外の森の大部分は、特に二〇世紀の初頭に、材木や燃料にするために伐採された。だが、近づきにくいこと、運、土地所有者の気まぐれのおかげで伐採を免れた小さいスポットもいくつかあって、曼荼羅があるのはそのうちの一つだ。一万五〇〇〇坪ほどの原生林が、何百万坪の森に囲まれているのだが、周囲の森も、過去に伐採されたことがあるとは言え今ではすっかり成長して、テネシー州山岳地帯の森に特徴的な、豊かな生態系と生物学的多様性の大部分を保っている。

原生林はごちゃごちゃしている。曼荼羅から目と鼻の先の距離に、五、六本、腐敗の段階もさまざまな倒木がある。腐りかけの倒木は、何千種類もの生き物、菌類、微生物の餌になる。木が倒れたあとには林冠（りんかん）に穴が開き、若い木の一群が幹の太い高樹齢の樹の隣に生え、さまざまな樹齢の木がモザイクのように並ぶという、原生林の二つめの特徴を作る。

曼荼羅のすぐ西に、幹の根元の直径が一メートルあるピグナット・ヒッコリーの木が生えており、その隣には、倒れたヒッコリーの巨木が残したギャップ*にカエデの若木がかたまって生えている。私が腰かける岩の後ろには中年のサトウカエデがあって、その幹は私の胴まわりくらいある。この森にはあらゆる樹齢の木が生えている。植物のコミュニティが歴史的持続性を保ってきた証拠だ。

*——林床の暗い森林にできた、林床まで光が差しこむ隙間のこと。

私は曼荼羅の隣の、上が平らになった砂岩に腰かける。曼荼羅にいるときの私のルールはシンプルだ——頻繁に来て、一年間観察すること。静かにして、干渉は最小限に抑えること。生き物を殺さない、曼荼羅から持ち出さない。曼荼羅を掘ったり、這って入ったりしない。せいぜい時折、気をつけて触れるだけにすること。

いつ行く、という決まったスケジュールはないが、毎週毎週、私は何度もここで観察することにした。

この本では、曼荼羅で起きることを、起きたままに伝えていく。

1月1日

パートナーシップ

さまざまな関係性

January 1st, Partnerships

新しい年は雪解けとともに始まり、芳醇な、湿った森の香りが私の鼻腔を満たす。林床を覆う落ち葉の敷物は水分を吸って膨らみ、空気は水を含んだ葉の香りでいっぱいだ。私は森の斜面を下る足跡を残しながら、家ほどの大きさもある、苔むした、雨水に浸食された岩のまわりを這うように進む。浅い鉢状になった山腹の向こう側に目印が見える――落ち葉の中から顔を出している、まるで小型のクジラみたいな細長い岩が。この砂岩の塊が、曼荼羅の一辺を縁どっているのだ。

ごつごつした岩肌の斜面を横切ってその岩にたどり着くのに数分とはかからない。大きなヒッコリーの木の脇を、灰色の樹皮に手を置いて通り過ぎれば、そこが曼荼羅だ。私はぐるりと反対側にまわり、平らな岩に腰を下ろす。ちょっとの間芳しい空気を吸いこんでから、私は腰をすえて観察を始める。

落ち葉はさまざまな茶色の斑(まだら)模様だ。曼荼羅の中央には、葉のないニオイベンゾイン〔アメリカクロモジ〕の茎が二、三本と若いアメリカトネリコの木が一本生えている。腰ほどの高さだ。朽ちていく葉と休眠中の植物の、地味な、革のような色合いは、曼荼羅を縁どる岩たちが放つ輝きに隠れてしまう。この岩たちは、徐々に浸食される崖から崩れ落ち、何千年という年月の浸食作用によって、でこぼこと不規則な形に摩耗した。ウッドチャック*くらいのものからゾウほどもあるものまでさまざまだが、多くは体を丸めた人間くらいの大きさだ。その輝きは岩から来るのではない。そうではなくて、岩を覆い、湿った空気をエメラルドや翡翠や真珠の色に彩る地衣類から来ているのである。

*――グラウンドホッグとも呼ばれるリス科マーモット属の動物で、体長五〇センチ前後。地中に巣穴を掘る。

地衣類が生えているところにはミニチュアの山ができる。湿ったところと陽の当たるところが斑模様を作る、砂岩でできた岩山だ。岩の上の一番高い尾根には、灰色の硬い薄片が散在する。岩と岩の間の暗い谷間は紫色の光沢を放つ。垂直に立つ壁面はターコイズ色に光り、ライム色の同心円が緩やかな斜面を下っていく。地衣類の色合いはどれも、たった今絵筆が描いたばかりのように新鮮だ。その鮮やかさとは対照的に、森は冬に特有の沈滞状態にある――コケ類でさえ、ひっそりと、霜に白く覆われている。

ほとんどの生物がじっとしている冬の間に地衣類が生き生きと輝くのは、その柔軟な生理機能のおかげだ。地衣類は、抗わない、という逆説的な方法で、寒い数カ月の期間を乗り越える。暖を得るために燃料を消費するかわりに、寒暖計の上下に合わせて自らの生き方のペースを速めたり緩めたりするのである。地衣類は、植物や動物のように水分にしがみつかない。湿度の高い日には地衣類の身体は膨らむし、空気が乾けばぺしゃんこになる。植物は寒さから身を縮め、春が徐々に誘い出すまでその細胞はじっと動かなくなるが、一方、地衣類の眠りは浅い。一日でも冬の寒さが緩めば、地衣類はいともたやすく生き返るのだ。

こうした生き方を見つけたものは地衣類のほかにもいる。紀元前四世紀には中国で、道教の哲学者、荘子が、高い滝の滝壺の激流に投げこまれたある老人についてこう書いている――見ていた人が仰天し、慌てて助けに行ったが、老人は怪我もなく落ち着きはらって姿を現わした。こんなことがあったのにどうして生きていられたのかと訊かれると、老人は答えた。「おとなしく従うのです……自分を水に合わせるのです、水を自分に合わせるのではなく」。地衣類は、道教の隠者より四億年早くこの叡智を発見した。荘子の寓話の中で、抗わないことで勝利を手にしたのは、本当は滝を囲む岩肌に貼りついた地衣類だったのである。

地衣類には、物静かで単純な外見に隠れた、複雑な内面がある。地衣類は二つの生き物が合体してできている――一つは菌類、もう一つは、藻かバクテリアのどちらかだ。菌類は菌体から菌糸を地面に広げて這わせ、心地よい寝床を作る。藻またはバクテリアはこの糸に抱かれて、太陽のエネルギーを利用し、糖など栄養のある分子を作る。

どんな結婚もそうであるように、パートナーには両者とも、合体したことで変化が起きる。菌体は広がって、木の葉に似た構造に変化する――保護作用をもった上皮と、藻が光を集めるための層と、呼吸のための微細孔と。パートナーの藻はと言えば、細胞壁がなくなり、保護の役割は菌類にまかせ、性行動を放棄して、より迅速な、けれども遺伝学的にはさほど面白くない自己クローニングを選ぶ。地衣類を構成する菌類を、パートナーなしで研究室で育てることは可能だが、こうした独り者の菌類は形が異常で弱々しい。

同様に、地衣類の一部である藻やバクテリアは通常、パートナーの菌類がなくても生きられるが、その生息場所は限られる。個体性という枷(かせ)を取りはらうことによって、地衣類は世界を我がものとする結合を実現したのだ。地衣類は陸地の一〇パーセント近くを、中でも一年のほとんどを冬が支配する樹木のない極北の地を覆っている。ここテネシー州の木々に溢れる曼荼羅でさえ、あらゆる岩、木の幹、そして小枝までが地衣類に覆われている。

生物学者の中には、菌類が藻を搾取していると主張する者がいる。だがその解釈では、地衣類を構成するパートナー同士が、個体であることをやめ、迫害するものとされるものの間の線引きを放棄した、という点が見落とされている。リンゴの木やトウモロコシ畑の世話をする農夫と同じで、地衣類はいくつかの生命が溶け合ったものだ。いったん個と個の境界線が消えてしまえば、勝者と敗者の得点表は意味をなさなくなる。トウモロコシは虐げられているのか？　それともトウモロコシに依存している農夫が被害者なのか？　このような問いが前提とする区別は、実際には存在しない。

人間の鼓動と栽培植物の花は、同じ一つの生命である。「独りで」存在するという選択肢はあり得ない――農夫の生理機能は、食べ物を植物に依存することによって形づくられており、それは何億年も前の、一番初めの蠕虫（ぜんちゅう）様の生物にまで遡るのだ。栽培植物が人間とともに生きるようになってまだ一万年だが、すでにその独立性は失われている。地衣類の場合、この相互依存性に肉体的な親密さが加わる。体と体は溶け合い、細胞膜はからみ合うのだ――進化という力に支配され、トウモロコシの茎が農夫と一つになったように。

曼荼羅にある地衣類の色彩が多様なのは、地衣類を構成する藻類、バクテリア、菌類が多種多様だからだ。青や紫の地衣類は、シアノバクテリアという青緑色のバクテリアを含む。緑色の地衣類には藻が含まれる。菌類は、日光をさえぎる黄色または銀色の色素を分泌して、その色を混ぜこむ。バクテリアと藻と菌類――太古の昔から生命の木を構成する三つの主要な幹が、それぞれの色彩をからみ合わせているのだ。

藻のみずみずしい緑色は、さらに古い融合を表わしている。藻の細胞の奥深くにある宝石のような色素が、太陽のエネルギーを吸収する。このエネルギーは、一連の化学反応を通じて変化し、空気の分子を糖などの養分に化学結合させる。この糖分が、藻細胞と、ベッドをともにする菌類の両方の動力となる。

太陽を捉える色素は葉緑体という小さな宝石箱に収まっていて、この宝石箱は一つひとつ細胞膜で包まれ、それぞれが遺伝物質をもっている。ガラス瓶のような緑色をした葉緑体は、一五億年前に藻細胞の中に棲みついたバクテリアの子孫だ。間借りしたバクテリアはその硬い外膜（がいまく）、雌雄性、そして独立性を手放した――ちょうど藻細胞が菌類と結合して地衣類を作るときのように。

他の生物の中に棲むバクテリアは葉緑体だけではない。あらゆる植物、動物、そして菌類などの細胞には、魚雷のような形をしたミトコンドリアが棲み、小さな発電所のような機能を果たしていて、細胞の養分を燃やしてエネルギーを放出している。ミトコンドリアもかつては自由生活性バクテリアだったのだが、葉緑体と同様、パートナーシップを選ぶかわりにセックスと自由を手放したのである。

そして、生命体がもつ化学物質の渦巻き、ＤＮＡは、さらに昔の結婚の名残をとどめている。私たちの祖先であるバクテリアは、さまざまな種の遺伝子を互いに交換し合い、シェフたちが互いのレシピを真似し合うように遺伝情報を混ぜ合わせた。時折二人のシェフが全面的な合併に同意することがあると、二つの種は融合して一つになった。人間のものを含め、今日存在する種のＤＮＡには、そうした融合の痕跡が残されている。私たちの遺伝子はそれ自体一個の単位として機能するが、そこには二つまたはそれ以上の、微妙に異なる文体がある。何十億年も前に融合した異なる種の名残だ。生命の「木」というのはお粗末な比喩だ。私たちの系譜のもっとも深い部分はむしろ、さまざまなラインが織りまざり交差し合う網状組織、あるいはデルタ地帯に似ているのである。

私たちはロシア人形のマトリョーシカのようなものだ。私たちの内側にある別の生命によって生かされているのである。ただし、人形はバラバラに取り出すことができるけれど、私たちの細胞や遺伝子を助けてくれるものは私たちから離れられないし、私たちも彼らから離れることはできない。

融合。一つになること。曼荼羅の住人たちは、双方にとって益のあるパートナーシップを築いている。けれども森の中に存在するのは協調関係ばかりではない。侵害行為や搾取もまたここでは起きる。そういった辛い関係を思い出させるものが、曼荼羅の中央、地衣類に覆われた岩に囲まれて、落ち葉の上に渦巻きを描いている。

私の観察力が鈍いせいで、それが露わになるには時間がかかった。私の注意の矛先は初め、濡れた落ち葉の上を忙しそうに横切る二匹の琥珀（こはく）色のアリに向けられた。落ち葉の中に渦を巻いて横たわっている紐状のものに彼らが特別な関心を寄せているのに気がついたのは、彼らがちょこまかと動きまわるのを半時間ほど眺めたあとのことだった。

その紐は私の手の平くらいの長さで、それが横たわっている、雨に濡れた茶色いヒッコリーの落ち葉と同じ色をしていた。最初私はそれを、単なるつる植物の枯れた巻きひげか葉柄（ようへい）にすぎないと思った。だが、もっと刺激的なことに視線を移そうとしたそのとき、アリの一匹が巻きひげを触角で叩いた。するとコイル状のものがまっすぐになり、ガクンと動いたのである。私の意識が認識を始めた――ハリガネムシだ。搾取するのが好きな、奇妙な生き物である。

ハリガネムシの正体を露呈したのは、その身のよじり方だ。ハリガネムシには体の内側からかかる圧力があって、それによって膨らむ体を筋肉が逆に引っ張るせいで、突然ギクっと動いたり身もだえしたりするのである。こんなふうに動く生き物はほかにはいない。ハリガネムシには、複雑な動きも優雅な動きも必要ない。なぜなら一生のうちのこの時期になると、彼らに残された仕事はたった二つ、体をくねらせて交尾の相手に達することと卵を産むことだけだからだ。それ以前のライフサイクルで、コオロギの体の中に丸まっていたときですら、洗練された動きが必要だったわけではない。歩くのも餌を食べるのもコオロギがやってくれたのだから。ハリガネムシは体の中に棲みついた追いはぎであり、コオロギを略奪し、そして殺すのである。*

*――日本ではおもにカマキリやキリギリスの仲間に寄生する。

ハリガネムシのライフサイクルは、水たまりや小川に産みつけられた卵から孵化するところから始まる。顕微鏡サイズの幼虫は河床を這いまわり、やがて巻き貝や小さな昆虫がそれを食べる。新しい住処に収まると、幼虫は保護膜で体を包みこんで包嚢を作り、じっと待ちかまえる。この時点でほとんどの幼虫は、包嚢のまま、残りのライフサイクルをまっとうすることなく死んでしまう。曼荼羅のハリガネムシは、次の段階に進めたごくわずかな幼虫のうちの一つだ。宿主が陸地に這い上がり、死んで、雑食性のコオロギに食べられたわけである。この一連の出来事が起きる確率はゼロに近く、一匹のハリガネムシがライフサイクルをまっとうするためには、親虫は何千万個もの卵を産まなくてはならない。平均すると、その中で生きて成虫になるのはわずか一匹か二匹なのだ。

コオロギの体内に入ると、頭に棘をもつ幼虫が内臓壁をつき破り、体内に陣どって、点のような幼虫から私の手の平ほどの長さのあるハリガネムシに成長する。コオロギの体内に収まるように身を丸めたままで。これ以上大きくなれないところまで成長すると、ハリガネムシはコオロギの脳を支配する化学物質を分泌する。それが、水を怖がるはずのコオロギを自殺志望のダイバーに変身させ、コオロギは水たまりや小川を探し求める。コオロギが水に入るやいなや、ハリガネムシはその強靱な筋肉を緊張させてコオロギの体壁をつき破り、くるりと身を回転させて自由になる。そして略奪に遭った宿主は水中に沈んで死んでしまうのだ。

自由になったハリガネムシは集団でいることを熱烈に欲し、何千匹ものハリガネムシが、ごちゃごちゃの糸の塊となって交尾する。この習性のおかげでハリガネムシは「ゴーディアンのミミズ」というニックネームをもっている。八世紀の伝説、ゴーディアン王の、ものすごく複雑な結び目にちなんでいるのだ。王は、結び目を解けた者に王位を継承させると言うのだが、候補者は誰も解くことができない。結局結び目を解いたのは、もう一人の略奪者、アレキサンダー大王だった。ハリガネムシと同様に、彼は王を騙し、剣で結び目を断ち切って王位を奪ったのである。

ゴーディアン流の乱交に満足すると、ハリガネムシたちは塊を解いて離れていく。卵はジメジメした池の縁や湿った林床に産みつけられる。卵から孵（かえ）ると、ハリガネムシの幼虫はアレキサンダー流の盗賊魂を受けついで、まず巻き貝に感染し、そこから今度はコオロギを乗っとるというわけだ。

ハリガネムシと宿主の関係は、一方的な搾取である。被害に遭う相手には、隠れた恩恵も、その苦しみに対する報酬もいっさいない。だがこの寄生虫さえ、体内のミトコンドリアの一団がいなければ生命を維持することはできない。略奪行為を可能にするのは共同作業なのだ。

＊　＊　＊

道教的なつながり方。農夫の依存性。アレキサンダー大王の略奪。

曼荼羅に存在する関係性には、多種多様な、さまざまな色合いがある。強盗と善良な住民の間に線を引くのは、簡単に見えてそうでもない。実際、進化の過程ではどんな線引きもなされなかったのだ。あらゆる生命には、略奪と連帯が混ざり合っている。寄生性の略奪者は体内にいる協力的なミトコンドリアによって栄養を与えられているし、藻は古（いにしえ）のバクテリアからその鮮やかな緑色を引きつぎ、灰色の菌類の壁の中でおとなしくしている。生命の化学的基盤であるＤＮＡでさえ、さまざまな色が混ざり合い、ゴーディアンの結び目のように関係性がからまり合っているのだ。

1月17日

ケプラーの贈り物
雪の結晶

January 17th, Kepler's Gift

足首まで積もった雪が、さまざまな破片ででこぼこした森の地面をなめらかに覆い、おだやかな起伏を作っていた。地面を覆う雪が岩と岩の間の深い溝を隠してしまうので、足元が危険だ。私はゆっくりと、木の幹につかまって、滑ったりよじ登ったりしながら曼荼羅にたどり着く。私の岩の雪をはらい、コートにくるまって腰を下ろす。一〇分に一度くらい、発砲音のような大きな音が谷間に響く。雪で凍りついた、葉の落ちた灰色の木の枝の中で、繊維組織が折れる音だ。気温は摂氏マイナス五度まで下がっている。厳しい凍結ではないが、この冬初めての本格的な寒さで、木々の木部（もくぶ）にストレスがかかるには十分だ。

太陽が顔を出し、白くて柔らかい雪の層を、鋭くて明るい無数の光の点に変容させる。私は曼荼羅の表面から、このキラキラした塊を指ですくいとる。近くで見ると雪は鏡張りの星の寄り集まりだ。一つひとつ、その表面が太陽と私の目に合った角度になるとピカッと光る。一つひとつの結晶のごくごく小さな装飾面に陽の光が当たると、完璧に左右対称な柱や針、そして六角形が露わになる。この優美な氷の結晶が、指一本の上に何百も集まっているのだ。

　どうしたらこんなに美しいものができるのだろうか？

　一六一一年、ヨハネス・ケプラーは、惑星の動きを解明するのをしばし休んで、雪の結晶について思索した。彼がことのほか興味を引かれたのは、雪片が規則正しい六角形をしていることだった。

「雪が降りはじめるとき、それが最初に必ず六角形の星の形をとるのには、何か明確な理由があるに違いない」

　ケプラーはその答えを、数学の規則や自然史にみられるパターンの中に探し求めた。ミツバチの巣やザクロのタネが、おそらくは幾何学的な効率を反映して六角形に並んでいることに彼は気づいた。だが水蒸気はザクロのタネのように外皮に閉じこめられているわけでもなければ昆虫が作り上げるわけでもなかったから、ケプラーは、この二つの生きた手本からは雪の結晶があのような構造になる原因はわからない、と考えた。

　花や鉱物の多くは六角形の規則に従っておらず、そのこともケプラーの探究を妨げた。三角形、四角形、五角形も、整然とした幾何学模様に積み上げることが可能だったから、答えが純粋に幾何学的なものであるという可能性も排除された。

　雪の結晶は、大地と神の霊、すなわちすべての生き物に宿る「形成する魂」を私たちに示しているのだ、とケプラーは書いている。だがこの古くさい解答に彼は満足しなかった。彼が求めたのは実体のある説明であって、謎を指し示す指ではなかったのである。その答えが隠された氷の宮殿の扉の向こう側を見ることができず、ケプラーは不満げにエッセイを終えている。

　原子という概念を真剣に受けとめていたならば、ケプラーの苛立ちはやわらいだかもしれない。それは古代ギリシャの哲学者によって提唱された考え方だが、その後、ケプラーやほとんどの一七世紀の科学者には支持されなくなっていた。けれども、二〇〇〇年間におよぶ原子の島流し状態もついに終わろうとしており、一七世紀の末には、原子は再び人気を取り戻して、球と直線が得意げに教科書や黒板に躍っていた。

今日では、私たちは氷にX線を照射して原子を観察する。照射によって放射光に生じるパターンを利用して、人間の日常的なスケールの千兆分の一という世界の秘密を露わにするのである。

酸素原子の輪郭はでこぼこしていて、それぞれの原子が絶えず動いている二つの水素原子と結合しており、そのまわりを電子が高速で回転している。水分子の周囲を旋回し、あらゆる角度からその規則性を調べてみると、驚いたことに原子はケプラーが観察したザクロのタネのように並んでいることがわかる。雪の結晶の対称性はここに端を発するのだ。水分子が連なった六角形は重なり合い、六辺形のリズムを何度も何度も繰り返して、人間の目に見える大きさになるまでその配列を拡大させていくのである。

雪の結晶の基本的な六角形は、結晶が成長するにしたがい、さまざまな形でより精巧になっていく。最終的な形を決定するのは気温と湿度だ。

非常に気温が低く乾燥したところでは六角柱ができる。南極はこのシンプルな形の結晶で覆われている。気温が上がるにつれ、単純な六角形の結晶は安定性を欠きはじめる。不安定になる原因は未だ完全にはわかっていないが、どうやら水蒸気は、雪の結晶の辺のうち、ある一部にはほかの部分より速く凍結付着し、そして付着のスピードは、空気の状態の微妙な変化に大きく左右されるらしい。

空気の湿度が非常に高いところでは、結晶の六つの角から柱が伸びる。伸びた柱が新しい皿状の六角形になったり、気温が十分に高ければさらに付属肢が生えて、成長する星の腕の数は増えていく。気温と湿度の組み合わせによっては、中が空の角柱や、針状の突起、溝のある皿状のものが形成されたりもする。

一片の雪が舞い落ちるとき、風に乗って、数えきれないほどさまざまな気温と湿度の組み合わせのなかを通過する。二つの雪片がまったく同一の順番でそれらを通過することは決してなく、それぞれに異なった落下の過程が、雪の一片一片を唯一無二の結晶にするのである。こうして、一連なりの偶然の出来事が結晶形成の規則と相まって生み出す秩序と多様性の葛藤が、私たちの美的感覚に訴えるのだ。

ケプラーが今日の私たちを訪ねてくることができるなら、雪の結晶の美しさの謎に対する私たちの解答にたぶん満足するだろう。ザクロのタネやミツバチの巣の配列に関する彼の洞察は、方向としては正しかった。ある平面が並んだ配列が、最終的な雪の結晶の形を作っていたのである。だがケプラーは物質界の基盤となる原子のことを何も知らなかったために、雪の結晶の形状を生む極小の酸素原子を想像することができなかったのだ。

しかし、遠まわりではあったが、ケプラーはこの問題の解決に貢献している。雪の結晶に関する彼の思索がほかの数学者たちに、ぎっしりと並んだ平面の幾何学について研究することをうながし、そうした研究が、原子に関する現在の理解の発達に寄与したのだから。ケプラーのエッセイは今日、現代原子論の土台の一つと見なされている。その世界観をケプラー自身は否定し、仲間に向かって「*ad atomos et vacua*〔原子と虚空〕」という考え方は自分にはできない、と言ったが、ケプラーの洞察は、彼自身には見えなかったものをほかの者が見る助けとなったのである。

私はもう一度、指の先にあるガラスのような星を観察する。ケプラーと彼に続いた人びとのおかげで、私には単なる雪の結晶だけでなく、原子が作り上げた彫刻が見える。曼荼羅の中で、想像を絶して小さい原子の世界と私の感覚が捉えるもっと大きな世界との関係性が、これほどシンプルなものはほかにはない。

岩、樹皮、私の肌や服といったそのほかの平面は、さまざまな分子が複雑にからみ合ってできているため、それらを見てもその微細な構造について直接わかることは何もない。だが六角形をした雪の結晶の形は、目に見えないはずの原子の形状を直接見せてくれるのだ。

私は手の上の雪の結晶を落とす。結晶は、真っ白な雪の塊に返り、見えなくなってしまう。

1月21日

ある実験

January 21st, The Experiment

雪の中のコガラ

極風が曼荼羅を吹き抜け、私のスカーフを通り抜けると、顎に痛みが走る。風の冷却効果を考慮しなくても気温は摂氏マイナス一一度だ。このあたりの南部の森ではこんな寒さはめずらしい。南部では、冬と言えば普通、霜が解けるのと軽い氷結状態とを行ったり来たりして、厳しい寒気が降りるのは年に数日である。今日のような寒さは曼荼羅の生き物を生理学的な限界まで追いこむだろう。

私はこの寒さを、森の動物たちと同じように、洋服に保護されずに体験したくなり、ほんの思いつきで手袋と帽子を凍った地面に投げ出す。次はスカーフ。それから素早く、断熱素材のオーバーオール、シャツ、Tシャツ、そしてズボンを脱ぎ捨てる。

実験の最初の二秒間は、風通しの悪い服を着ていたあとなので、涼しくて意外に気持ちがいい。それから風がそんな幻想を吹き飛ばし、私の頭は痛みでボーッとなる。体から流れ出していく熱が肌をこがす。

カロライナコガラのさえずりが、このばかげたストリップショーの伴奏だ。小鳥たちはすばしこく枝から枝へと飛び移り、焚き火から火花が飛ぶように木々の間を舞い踊る。一カ所に一秒以上とどまることはなく、すぐに飛び立っていく。

この寒さの中、コガラたちの元気のよさと私の生理学的な無能さのコントラストは、自然界のルールに逆らっているように思える。小さな動物は、体が大きい動物よりも寒さに耐えられないはずなのだ。動物の体もだが、あらゆる物体の体積はその物体の長さの三乗分になる。動物が作り出せる熱はその体の体積に比例するから、つまり発熱量も体長の三乗分増す。一方、熱が失われる表面積は、長さの二乗分増えるだけなのだ。小さな動物が急速に冷えるのは、比率で言うと、体の体積にくらべてずっと大きな体表面積をもっているからである。

動物の大きさと熱損失の関係は、体の大きさに地理的な傾向を生んだ。ある動物種が広範囲にわたって生息する場合、普通は北方地域の個体のほうが南方地域の個体よりも大きい。これは、この関係を最初に説明した一九世紀の解剖学者にちなんで「ベルクマンの規則」として知られている。テネシー州はカロライナコガラの分布域の北限に近く、ここのカロライナコガラはフロリダの南限に棲む個体より一〇〜二〇パーセント体が大きい。より厳しい冬の寒さに合わせて、体表面積と体積のバランスを変化させたのだ。さらに北へ行くと、カロライナコガラは近縁のアメリカコガラにとってかわられるが、これはさらに一〇パーセント体が大きい。

裸で森の中に立っている私には、ベルクマンの規則は全然当てはまりそうにない。突風が吹き、私の肌の焼けつくような感覚が激しくなる。それから、もっと深い痛みが始まる。私の意識の背後にある何かが逃げ場を失い、怖がっている。この冬の寒さの中にたった一分いただけで私の体は機能しなくなっている。だが私はコガラの一万倍の体重があるのだ——私が耐えられないとしたら、この小鳥たちは数秒で死んでしまうはずではないか。

カロライナコガラが死なないのは、一つには断熱効果のある羽のおかげだ。私のつるんとした肌より有利である。上層のなめらかな羽根は、その下に隠れた綿毛で膨らんでいる。綿毛の一本一本は、何千という細いタンパク質の糸でできている。この極小の糸が集まって、同じ厚さの発泡スチロールの一〇倍の保温力がある軽い綿毛になるのだ。

冬になると鳥の体に生える羽根の数は五〇パーセント増え、羽の保温力が増す。寒い日には羽根の根元の筋肉が緊張し、鳥の体は膨らんで保温層の厚さが二倍になる。だがこうしたみごとな保護機能も、避けられない結末を先のばしにしているにすぎない。コガラの肌は私の肌のように寒さで焼かれたりはしないが、それでも熱は出ていく。一センチや二センチのフワフワした綿毛は、極寒の中ではほんの数時間命をながらえさせるにすぎないのだ。

私は風に身をもたせる。恐怖感が高まる。体は痙攣し、制御不可能だ。

普段の化学反応による発熱は今ではまったく無力で、筋肉が発作的に震えているのは深部体温が下がるのを防ぐ最後の防衛手段である。筋肉は一見やみくもに興奮して互いを反対方向に引っ張り合い、私は激しく身震いする。体内では食べ物の分子と酸素が燃えている。走ったり物を持ち上げたりするときと同じだが、今はそれによって熱を作っているのだ。足、胸、腕が激しく震えることで血液が温まり、それが今度は脳と心臓に熱を運ぶ。

身震いはコガラにとっても寒さに対するおもな防衛方法だ。冬の間中、コガラは筋肉を熱ポンプのように使い、気温が低くて自分が活発に動いていないときには身体を震わせる。コガラの胸にある厚い飛翔筋が主要な熱源である。飛翔筋は鳥の全体重の約四分の一を占めるので、身震いによって温かい血液の大きな流れができる。人間の体にはこれに比肩するような大きな筋肉はないから、私たちの身震いは鳥にくらべて微力だ。

震えながら立っていると、恐怖に襲われる。私はパニックになり、大急ぎで服を着る。指は感覚がなくなり、服をうまくつかむことができなくて、ファスナーやボタンがうまくはめられない。頭は突然血圧が急上昇したかのように痛む。私はとにかく速く動きたくて、歩き、飛び上がり、腕を振りまわす。脳が信号を送っている——熱を作るんだ、急げ。

この実験はたった一分間で終わった。今週の、極風が吹いている時間のほんの一万分の一の長さだ。それなのに私の生理機能はフラフラだ。頭はガンガンするし、肺は十分に息を吸いこむことができないし、四肢は麻痺しているがごとくである。実験があと数分続いていたら、私の深部体温は低体温にまで落ちていただろう。筋肉は協調運動ができなくなり、眠気と幻覚が私の意識を支配しただろう。

人間の体は通常、摂氏三七度くらいに保たれている。体温がほんの数度下がって三四度になると、精神錯乱が始まる。三〇度まで下がれば、内臓は機能が停止する。今日のような冷たい風の中では、ほんの数度の体温を失うには一時間も裸でいればいい。寒さに対する巧妙な文化的適応手段を奪われては、私は熱帯のサルのようなもので、冬の森にはまったくの場違いだ。コガラがさりげなくこの場所を自分のものにしているのを見ると、自分が情けなくなる。

五分ほど手を振りまわしたり足踏みをしたりしたあと、私は服の中にうずくまる。まだ震えてはいるがパニックは治まった。まるで短距離を全力で走ったあとのように、筋肉は疲れているし息切れがしている。熱を作るのに頑張った残響だ。身震いが数分以上続くと、動物の体に蓄えられたエネルギーは急速に失われる。探検する人間にとっても野生の動物にとっても、飢えは死の一歩手前だ。食べ物がある限り、私たちは身を震わせることで生き延びることができるが、胃が空っぽで脂肪の蓄えがなくなれば生きてはいけない。

私の暖かなキッチンに戻れば、食料を運搬し保存する冬知らずのテクノロジーのおかげで、私は備蓄エネルギーを補給することができる。だが、コガラたちには乾燥した穀物も畜産された肉も輸入された野菜もない。コガラたちが冬の森で生き抜くには、彼らの体という六グラムばかりのかまどにくべるのに十分な食べ物を見つけなければならない。

コガラが消費するエネルギーの量は、研究室でも、また野生の個体でも計測されている。冬にコガラが一日生存するために必要なエネルギーは六万五〇〇〇ジュールである。そのうちの半分が体を震わせるために使われる。

この抽象的なエネルギー量は、鳥の餌に換算すると理解しやすい。このページの句点ほどの大きさのクモには一ジュールのエネルギーがある。二・五ミリ四方に収まるくらいのクモなら一〇〇ジュール、一～二センチの大きさの甲虫なら二五〇ジュールだ。脂分の多いヒマワリのタネには一〇〇〇ジュール以上のエネルギーが含まれているが、曼荼羅にやってくる鳥たちには、タネのつまった餌箱はない。コガラたちは毎日、エネルギー収支に見合うだけの食物を見つけなければならないのだ。だが曼荼羅の食料貯蔵庫はからっぽに見える。雪の吹きすさぶ森には、甲虫もクモも、どんな食料も見あたらない。

一見不毛の森で、コガラがその生命を維持するのに必要な食料を集められる理由の一つは、ずば抜けた視力だ。コガラの目の奥にある網膜には、私の網膜の二倍の密度で視細胞が並んでいる。だからコガラは視覚が鋭敏で、私の目には見えない細部も見えるのだ。私にはつるつるの小枝に見えるものも、鳥の目には、食べ物が隠れているかもしれない割れ目や、樹皮が剝がれたねじれなどが見えるのである。たくさんの昆虫が樹皮にある小さな亀裂の中に身を隠して冬を越すが、コガラの鋭い目はこうした昆虫の隠れ家を見つける。

こんな豊かな視覚世界を私たちが完全に経験することは不可能だが、拡大鏡をのぞいてみれば疑似体験はできる。通常は目に見えない細部がぱっと見えるようになるのだ。冬の間、コガラはほぼ一日中、森の小枝や木の幹、積もった落ち葉をその優れた目で眺めまわし、隠れた食料を探すのである。

　コガラの目はまた、私の目よりもたくさんの色を認識することができる。私は曼荼羅を、三種類の色覚受容体をもった目で見ており、三原色と三原色をかけ合わせてできる主要な四色を認識するが、コガラにはそのほかにもう一つ、紫外線を感知する色覚受容体がある。それによってコガラは、四つの原色と一一種類のおもだったかけ合わせを認識し、その色覚は、人間には体験することはおろか想像すらできないほどの拡がりをもつのである。

　鳥の色覚受容体にはまた、色のついた油の球が備わっていて、これがカラーフィルターの役割を果たし、それぞれの色覚受容体が狭い範囲の色彩のみに反応するようになっている。それによって色覚の精度が増すのである。私たちはこのカラーフィルターをもっていないので、たとえ人間の目に見える光の範囲内であっても、鳥のほうが微妙な色彩の違いを識別できる。

　コガラは、私たち人間の鈍感な目には見えない、とてつもない色彩の世界に棲んでいるのだ。曼荼羅の中で、彼らはこの能力を使って食料を探す。林床にまばらに散在する枯れた野生のブドウが反射する紫外線。甲虫や蛾の羽には紫外線を帯びているものもあるし、ケムシの一部も同様だ。仮に紫外線が見えるという強みがなかったとしても、鳥の正確な色彩認識力は、昆虫の擬態を、そのわずかな不完全さを察知して看破する。

　鳥類と哺乳類の視覚能力の違いは、一億五〇〇〇万年前、ジュラ紀に起きた出来事にその理由がある。今日の鳥類につながる種は、この時代に爬虫類から分化した。この古代鳥類は、祖先である爬虫類から四つの色覚受容体を受けついだ。哺乳類もまた、鳥類よりも早く爬虫類から分かれて進化した。だが哺乳類の祖先は鳥類とは異なり、ジュラ紀には夜行性のネズミのような生き物だった。自然淘汰のプロセスにおける短絡的な功利主義にあっては、闇の中で生きる動物にぜいたくな色彩は不必要だった。そのため哺乳類の祖先から引きつがれた四つの色覚受容体のうちの二つは失われた。今日に至るまで、哺乳類のほとんどは色覚受容体を二つしかもっていない。人間につながるものも含めて霊長類の一部のみが、のちに三つめの受容体を進化させたのである。

　曲芸向きにできている体のおかげで、コガラはその視覚を有効に活用することができる。翼を一度パタつかせればコガラは枝から別の枝に飛び移れる。足で小枝につかまると、枝の先からぶら下がるようにしてコガラの体はクルリと下に落ちる。体を回転させながら、枝にぶら下がったまま、コガラは嘴（くちばし）で枝をつついて探り、それからパッと翼を広げて別の小枝に飛び移る。枝は隅から隅までくまなく検査ずみだ。コガラは頭を上にした状態でいるのと同じくらいの時間を、逆さまで小枝の下側をのぞいて過ごすのである。

　精力的な餌探しにもかかわらず、私が見ている間、コガラは餌を捕まえられない。鳥のほとんどがそうだが、コガラは餌を呑みこむときに頭を特徴的に後ろにククッと動かす。見つけた餌が大きければ、足で押さえておいて嘴でつつく。コガラの一団は私から見えるところに一五分ほどいたが、食料は見つけられなかった。寒さを乗り切るには、蓄えた脂肪を消費しなければならないかもしれない。脂肪の蓄えは生きて冬を越すためには欠かせないもので、そのおかげでコガラは冬の気候の変わりやすさにうまく対処できる。暖かいとき、あるいはクモの群れや固まってなっている木の実を見つけたときは、その潤沢な食料は脂肪となって、餌が少なかったり気温が低いときにコガラを生きながらえさせるのだ。

　太り具合は鳥の個体によってさまざまだ。一緒に餌を捕るコガラの群れには階層性があり、通常、支配的位置にある一対のつがいとそれに従属する数羽からなる。支配的位置にある鳥は、群れが見つけたすべての食料を食べることができるので、天候がどうであっても食べるに困らないことが多い。こういう上位階層にいる鳥の体はほっそりしている。冬の厳しさの矛先が向かうのは従属的な位置にいるコガラで、十分に食べられるのはときたまでしかない。地位の低い鳥というのは若鳥や繁殖期につがいになれなかった鳥であることが多いが、彼らは摂れる食べ物の量が上下するのを埋め合わせるために太り、足りないときの保険とする。だがコガラが太るのには代償がついてくる。丸っこい鳥のほうが、タカにとっては捕まえやすいのだ。それぞれのコガラの太り具合は、餓死する危険と捕食される危険の釣り合うところなのである。

コガラは、剝がれかけた木の皮の下に昆虫やタネをつき刺しておくことで脂肪の蓄えを補う。あとで食べる食料を保存しておくのだ。中でもカロライナコガラは、小枝の下側に食料をつっこんで隠しておくのが好きだ。これは、コガラほど機敏でない鳥に食料を盗まれるのを防ぐための習慣なのかもしれない。とはいえ、隠した食料は略奪されやすいから、森の中のコガラの群れはそれぞれ、冬場の縄張りを護り、群れ以外のコガラを積極的に排除する。世界のほかの地域に棲む、食べ物を隠さないコガラは縄張り意識がはるかに低い。

冬になると、もっと大きい鳥がコガラの群れに交じることが多い。今日はセジロコゲラがオークの樹皮中の幼虫を求めて木をつつき、コガラが東に移動するとあとを追って飛んでいった。エボシガラも一羽、コガラの群れと一緒に移動している。エボシガラはコガラのように枝から枝へと飛びまわるが、コガラほど身のこなしは軽くなく、小枝に止まっても先端からぶら下がったりはしない。これらの鳥はみな、群れがバラバラにならないように鳴き声を上げる。コガラとエボシガラはさかんにピーチクパーチクさえずったりピーッと口笛のように鳴いたりするし、キツツキは甲高いピピッという声を出す。

こうして群れを作るのはタカから身を護るためで、

タカの攻撃はたくさんの目で見張っているほうが防ぎやすいのだ。だが集団でいることの安全性と引き換えに、コガラがはらう代償もある。群れを支配するのは大きな鳥なので、体重がエボシガラの半分しかないコガラは、枯れた枝や、より高い位置にある小枝など、採餌しやすい場所から追いはらわれてしまうのだ。コガラにとっては、こうして餌を探す場所がわずかに変わるだけで、餌が見つかる機会が著しく減る結果になる。エボシガラがいない群れではコガラはよりたくさんの餌にありつける。冬の曼荼羅で生き残るためには、生理学的な機能が優れているだけでなく、群れの中での自分の立場を慎重に確保することが必要なのだ。

　日が暮れはじめた。私は冷えた手足を動かし、凍りついた睫毛（まつげ）をこすって、森を去る支度をする。小鳥たちはあと数分餌を探し、それからねぐらに戻っていくだろう。日がかげって気温が下がると、コガラたちは枝が折れて落ちたあとに開いた穴に身を寄せ合い、体温を奪う風から身を護るのである。

　集団になってうずくまったコガラたちは、体積が大きくて表面積は比較的小さい鳥のボールを作り、ベルクマンの規則が正しいことを示している。それからコガラの体温は一〇度下がり、低体温の休眠状態に入ってエネルギーの消耗を防ぐ。昼と同じく夜間も、行動様式と生理機能を統合的に順応させることによって、鳥は冬に対して優位に立つ。休眠状態と身を寄せ合うことの組み合わせによって、コガラが夜間に必要とするエネルギーは半分になるのだ。

　寒さに対するコガラの順応ぶりはみごとだが、それでも不十分なこともある。明日、森のコガラは今日より数が減っているだろう。冷たい冬の手はたくさんの鳥たちを捕まえ、私がその寒さを体感したときに感じたゾッとするような空虚よりももっと深いところに引きずり下ろすのだ。秋の落ち葉の中で餌をついばんでいたコガラのうち、生き残って春にオークの芽が開くのを目にするのはわずか半数である。冬の間に鳥たちが死ぬのは、ほとんどが今夜のような夜だ。

今週の厳しい寒さはほんの数日しか続かないが、鳥の死亡率の急激な上昇が森に与える変化は向こう一年続く。冬の夜の死神はコガラの個体数を監視し、冬のわずかな食物供給量を超える分だけ鳥を排除するのだ。カロライナコガラ一羽が生きていくには、平均して三万平方メートル以上の森を必要とする。つまりこの一平方メートルの曼荼羅は、三万分の一羽のコガラを支えているにすぎない。今夜の寒さは超過分をすべて排除するだろう。

夏が来れば、曼荼羅はもっとたくさんの鳥を養うことができる。だが、コガラのような留鳥の数は、冬の間の食物不足のために低く抑えられるので、夏に手に入る食物は留鳥の食欲をはるかに凌駕する。この季節ならではの食物の潤沢さは、中南米から長距離移動の危険を冒し、北米大陸中の森で余剰な食物を食べようとする渡り鳥に恰好の状況を生む。つまり、冬の寒さがあるからこそ、毎年何百万羽というアカフウキンチョウ、アメリカムシクイの類、モズモドキ科の小鳥などが移動するのである。

急激なコガラの死はまた、コガラという種の環境との適合性を高めもする。小柄なカロライナコガラはより大型の近縁種よりも死ぬ可能性が高く、ベルクマンが発見した緯度と大きさの関係をより強化する。同様に極度の寒さは、身震いする能力が低かったり、羽がフワフワでなかったり、エネルギーの蓄えが十分でない鳥を集団から排除する。明日の朝には、この森のコガラたちは冬の要求によりよく適合しているだろう。これは自然淘汰のパラドックスだ――生命は死によってより完璧に近づくのである。

私が寒さの中で生理的に機能できないのも、発端は自然淘汰だ。凍りついた曼荼羅で私が場違いなのは、人間の祖先が耐寒性の有無で淘汰されるのを巧妙に避けたからなのだ。人間は、アフリカの熱帯気候に何千万年も暮らしていたサルから進化した。暖をとることよりも、暑さから逃れることのほうがずっと重要な課題だったから、人間には極度の寒さに対する防御機能がほとんどない。人間の祖先は、アフリカから北ヨーロッパに移動した際には火と衣服を持っており、温帯と極北の地に熱帯を持ちこんだ。その賢さのおかげで苦痛も死も少なくてすみ、それが好ましい結果であったことは間違いないが、その快適さが自然淘汰を回避させてしまった。火と衣服を操る技術を持っていたがために、人間は冬の世界では永遠に場違いな存在になってしまったのだ。

闇がせまり、私は冬に負けない鳥たちに曼荼羅をまかせて、祖先から受けついだ暖かな暖炉へと撤退する。鳥たちは、何千世代にもわたる苦闘を重ね、苦労して冬を支配できるようになったのだ。曼荼羅の動物たちと同じように寒さを体験したい、と私は思ったが、今ではそれは無理であることがわかる。私の経験は、コガラとは違う進化の過程をとった肉体を通したものであり、彼らと完全に体験を共有することは不可能なのだ。それでも、冷たい風の中に裸で立ったことは、ほかの生き物たちへの感嘆の気持ちをいっそう深いものにした。驚異的だ、と言うほかない。

1月30日

冬の植物

春を待つ知恵

January 30th, Winter Plants

曼荼羅の上方にある高い断崖の上の木々をゆらす風が、間断なく低いうなり声をあげる。今週初めの強い北風とは違い、これは南風で、しかも崖が曼荼羅をほとんどの旋風や突風から護ってくれる。風が変わって寒さも緩んだ。気温は氷点を一、二度下まわるだけで、防寒服を着て一時間かそれ以上座っていても辛く感じる寒さではない。寒さからくる、切迫した容赦のない体の痛みはなくなって、私の体はおだやかな空気を静かな喜びとともに歓迎する。

通り過ぎる一群れの鳥たちも、極風による死の脅威から解放されて喜んでいるように見える。群れには五種類の鳥がいて、一緒に移動している――エボシガラが五羽、カロライナコガラのつがいが一組、チャバラミソサザイが一羽、アメリカキクイタダキが一羽、それにシマセゲラが一羽。群れはまるで目に見えないゴム紐でつながれているかのように、一羽でも群れから取り残されたり、群れから半径一〇メートルの範囲を出たりすれば、円の中央に引っ張り戻される。群れは興奮の塊となって、生気のない雪の森を転がるように移動していく。

一番よく鳴くのはエボシガラで、いろいろな音が混じった鳴き声をひっきりなしに響かせている。甲高いチーッという声が不規則なビートを作り、そこに別の鳴き声、しわがれたピーピー、ガーガーという声が重なる。ピーポー、ピーポーという声を繰り返している鳥もいる。今週初め、ものすごく寒かったときには彼らの鳴き声には交ざっていなかった音だ。この、二つの音程からなる明るい鳴き声は、求愛の歌である。雪が降っているのに、鳥たちはすでに春に心を向けている。卵を産む季節はまだ二カ月ほど先だが、求愛という長期的な社会交渉は始まっているのだ。

生命感に溢れ、元気いっぱいな鳥たちと対照的なのが、曼荼羅の植物だ。灰色の枝やその下の裸の小枝は、荒れはてた景色を見せている。雪の間からは死が顔をのぞかせている。枯れ落ちて半ば腐敗したカエデの木の枝や、ボロボロになったリーフカップ〔*Polymnia canadensis*。キク科〕の茎の先端が雪から飛び出し、それぞれの茎の根元の雪は環状に解けて雪の下の暗い腐葉層が見える。冬がすべてを打ち負かしてしまったかのようだ。

それでも生命は続いている。

葉のない灌木や木は一見死骸のようだが、じつはそうではない。あらゆる小枝や幹は、生きた細胞に包まれているのだ。冬がきつく握りしめた拳から奪いとった食べ物で、寒さと闘って生き抜く鳥たちと違って、植物は体内に夏を再現することなく冬を耐えることができる。鳥が生き残るのは驚異的だが、植物が一度完全に生気を失ったあとで復活する様子は、人間の身に起きることとあまりにもかけ離れていて、まったくあきれてしまう。死者は——しかも死んで凍ったものは——生き返ったりしないはずだ。

だが彼らは生き返るのだ。植物が生き残る仕組みは、剣を呑む芸人が死なないのと同じだ——周到に準備をし、鋭い刃を慎重に扱うのである。植物の生理機能は普通の寒さには通常耐えられるようにできている。人間の生命を支える化学反応とは違って、植物の生理機能はさまざまな温度で働くようにできていて、温度が下がっても停止しない。ただし、寒さが氷点を下まわれば問題が起きる。成長する氷の結晶が、繊細な細胞の内部構造に穴を開け、切り裂き、破壊してしまうのだ。冬の植物は何万本という剣を呑みこみ、それらをその壊れやすい心臓から遠ざけておかなければならないのである。

植物は初氷の何週間も前に冬支度を始める。ＤＮＡやそのほかの繊細な細胞小器官を細胞の中心に移動させて、それらを緩衝材で包みこむのだ。細胞は脂肪が多くなり、脂肪中の化学結合は形を変えて、低気温中でも流体でいられるようになる。細胞の膜組織は液体が漏れやすく柔軟になる。こうして変容した細胞はクッションが利いていて柔らかく、氷の暴力を吸収し、傷つくことがない。

冬支度の完了までには、何日も、何週間もかかる。適切な段階を踏んで環境に順応すればどんなに寒い日でも耐えられる木の枝も、季節はずれの霜が降りれば枯れてしまう。在来の植物が霜にやられることはめったにはない――自然淘汰のプロセスが、生息地の季節のリズムを教えたからだ。だが外来植物はその土地について何も知らないから、冬に大々的に淘汰されることが多い。

細胞はその物理的構造を変化させるだけでなく、細胞内に糖分をたっぷり含んで氷点を下げる。凍結した道路に塩を撒くのと同じだ。糖分が高くなるのは細胞の内部だけで、細胞の周囲の水は糖液にはならない。この非対称のおかげで植物は、物理の法則の恩恵を活用することができる――水が氷になる際に放出する熱である。氷点近い温度の水に囲まれた細胞は、それによって温度が数度上昇する。冬の最初の霜が降りると、糖分が高くなった細胞の内部は、そのまわりを囲む糖分の高くない水に護られる。農夫はこの急激な温度上昇を利用するために、霜の降りた夜に作物に霧状の水を吹きつける。熱を発する水の層をもう一つ加えるわけだ。
細胞間の水がすべて氷結すると、それ以上の熱は放出されない。だが細胞内部の水は液体のままだ。この液体が、細胞を囲む皮膜から染み出す。水が染み出したあとには糖が残るが、分子が大きいので皮膜を透過できない。このプロセスは、温度が下がるにつれてゆっくりと水を細胞から引き出し、細胞内部の糖分濃度が上がって氷点がさらに下がる。温度が非常に低くなると、細胞はしぼんでシロップの玉になる――氷のかけらに囲まれた、凍らぬ生命の保管庫だ。

曼荼羅のクリスマスシダ〔オシダ科イノデ属のシダ〕とコケにはもう一つの試練が待っている。常緑の葉や茎は、冬でも暖かい日には栄養を補給できるが、緑色のもとである葉緑体は寒い気候ではそうはいかなかったりするのだ。
葉緑体は太陽のエネルギーを捉えて、それを励起電子〔高いエネルギーで運動している状態の電子〕に変換する。暖かいときは、電子のエネルギーはあっという間に細胞内の食物生成プロセスにまわされる。だがこの転送は寒いと止まってしまい、細胞は過剰に興奮した電子で溢れてしまう。抑制が利かなくなり方向性を失ったエネルギーは、細胞を破壊する。電子の暴動を未然に防ぐため、常緑植物は細胞の中に、不要な電子エネルギーを遮断し無力化する化学物質をためこむ。これがビタミンと呼ばれる化学物質で、特にビタミンCとEである。ネイティブアメリカンもこのことを知っていて、冬の間健康でいるために、冬場の常緑植物を嚙む習慣があった。

氷は曼荼羅の植物の中にくまなく浸透するが、細胞は一つひとつ慎重にその身を縮め、微細なレベルで氷と生命体を分離する。そしてこの細胞収縮のプロセスを逆転させることで、小枝が、芽が、根が、春になれば息を吹き返し、まるで冬などなかったかのようにその生命を維持していくことができるのだ。

だが、それとは違う道をたどる植物もいくつかある。リーフカップという草は一八ヵ月の短い命を昨秋終えて、冬に完全に降伏し、立ち枯れている。雪が蒸気になるように、新しい形に昇華したのだ。蒸気と同じで、この新しい形状は目には見えないが、私のまわりじゅうにある。曼荼羅の腐葉層の中に何千というリーフカップのタネが埋まり、冬が終わるのを待っているのだ。種子は外皮が硬くて内部が乾いているので、氷の攻撃からほぼ護られて、寒い数ヵ月をやり過ごすことができる。

　曼荼羅の荒廃した印象はうわべだけだ。この一平方メートルという範囲の中に数十万個の植物の細胞があり、その一つひとつが、自分の中にうずくまり、引きこもることによって生命力をより高めている。地味な灰色をした植物の外見は、火薬のように、内に秘められたエネルギーを覆い隠す。一月にはエボシガラやほかの鳥たちが元気溌剌（はつらつ）とその生命力を示してみせるが、休眠状態にある植物に蓄えられたパワーにくらべれば、それはとるに足らない。春が来て曼荼羅に火がつくと、解き放たれたそのエネルギーが、森のすべてをもう一年支えるのだ——鳥たちも含めて。

2月2日

足跡

February 2nd, Footprints

シカの胃袋と微生物と森

メープルリーフ・ヴィブルヌム〔*Viburnum acerifolium*。レンプクソウ科ガマズミ属の一種〕の茎の先端が何者かによって切りとられ、あとには枝と、斜めにちぎれた若い茎が残されている。この柔らかい芽を齧りとった動物は、曼荼羅に、東から西に向かう足跡を三つ残していった。足跡は二つのアーモンド形でできていて、落ち葉の中に五センチほど沈んでいる。割れた蹄（ひづめ）が特徴の、偶蹄類の足跡である。世界中のほとんどの森と同様に、ここ曼荼羅にも偶蹄類の哺乳動物が餌を食べに来たのだ。オジロジカである。

昨夜曼荼羅を通っていったシカは、慎重に餌場を選んだ。ガマズミの灌木は、春に備えて養分を枝の先端に蓄え、若い枝先はまだ硬い木質ができていなかった。そしてその柔らかな若芽は、奪われ、消化され、牡ジカの筋肉に、あるいは牝ジカの胎内に宿る子ジカの体の一部になってしまったのだ。

シカには協力者がいた。小枝や葉の硬い細胞の中に閉じこめられた食べ物をそこから取り出すには、とても大きな生き物ととても小さな生き物の協働関係が必要なのである。大きな多細胞動物は、木質のものを噛み切って嚙み砕くことはできるが、ほとんどの植物の構成分子であるセルロースを消化することができない。一方バクテリアや原生生物のように、小さな単細胞生物である微生物は、体は小さくてか弱いが、強力な化学反応を引き起こすことができる。セルロースは彼らには太刀打ちできない。こうして盗人仲間ができあがる——歩きまわって植物を嚙み砕く動物と、粉砕されたセルロースを消化する微生物の組み合わせだ。

この仕組みを考えた生き物のグループはいくつもある。シロアリは体内の原生生物と協働する。ウサギとその一族は、消化管の末端に微生物が棲む大きな室がある。南米に棲む、木の葉を食べるめずらしい鳥ツメバケイは、首に発酵用の袋をもっている。シカを含む反芻（はんすう）動物には、第一胃という特別の胃の中にたくさんの助っ人がいる。

微生物とのパートナーシップによって大型動物は、植物細胞に閉じこめられた膨大な備蓄エネルギーを利用することができる。一方、人間をはじめ微生物と協定を結ばなかった動物は、柔らかな果実や、消化が簡単ないくつかの種子、そして用途が広い動物の乳や肉しか食べられない。

シカは曼荼羅の若い芽を、下顎の歯と、上顎の前歯のかわりに歯茎が硬く板状になったもの〔歯板（しばん）〕ではさんでつまみとる。木質の食料は奥歯に送って嚙み砕き、それから呑みこむ。嚙み砕いた食べ物は、第一胃に達すると別の生態系に入る——微生物の攪拌（かくはん）器だ。第一胃はシカの胃腸から枝分かれした袋のことで、母乳以外のすべての食物が、まず第一胃に送られてから残りの胃に、それから腸に送られる。第一胃は中身をかきまわす筋肉に囲まれていて、第一胃内部にある垂れ下がった皮膚が、洗濯機のパルセーターのように、動きながら食べ物をひっくり返す。

第一胃中の微生物のほとんどは、酸素のあるところでは生きられない。これらの微生物は、今とはまったく異なった大気の中で進化した生物の末裔である。地球の大気に酸素が含まれるようになったのは、約二五億年前に光合成が発明されてからのことであり、酸素というのは、危険な、化学反応性の高い物質であるため、酸素に毒された地球からは多くの生き物が姿を消し、あるいは身を隠さざるを得なかった。こうした酸素嫌いの生物たちは今も、湖の底や沼地や地中深くに棲み、酸素のない環境の中でかろうじて生存している。

ほかの生物はこの新しい汚染物質に順応し、問題をみごとに回避して、毒性のある酸素を自分たちが都合よく使えるようにした。こうして、エネルギーを解放するための生化学の手品とも言える、酸素を使った呼吸が誕生し、それを私たちが受けついだ。つまり私たちの生命は、大昔の汚染に依存しているのである。

動物の消化管の進化は、嫌気性の避難民たちに、隠れる場所を新たに提供した。消化管内は比較的酸素が少ないだけでなく、微生物なら誰もが夢に見るように、噛み砕かれた食べ物がとぎれなく供給される。

だが問題が一つあった。動物の胃袋は普通、生体組織をバラバラにするための酸性消化液でいっぱいなのである。このためほとんどの動物は、植物を消化する微生物を体内に持つことができない。

ところが反芻動物は、その消化器官を変化させて卓越した宿主となり、進化の成功という意味では四ツ星を獲得したのである。客をもてなすにあたってもっとも重要なのは、第一胃の位置とその暮らしやすさで、残りの消化管より手前にあり、酸性でもアルカリ性でもない中性に保たれなければならない。微生物はこの、ぐるぐる渦を巻く温かな湯船の中で元気に育つ。動物の唾液はアルカリ性なので、消化のための酸性物質は中和される。少しでも酸素が入ってくれば、客室係の細菌チームが吸収してしまう。

第一胃の機能があまりにもみごとなので、最先端の実験器具をもつ科学者たちでさえ、第一胃の中の微生物の成長率や消化能力を超えるどころか再現することすらできない。第一胃の性能が優れているのは、このぜいたくな部屋の中に、みごとな生物学的複雑性があるからだ。少なくとも二〇〇種類におよぶ一兆個のバクテリアが、第一胃液一ミリリットルの中を泳いでいるのである。すでに解明された微生物もあるが、解明が待たれるもの、未発見のものもある。それらの微生物の多くは第一胃の中にのみ見られるもので、第一胃が発生してからの五五〇〇万年という年月の間に、どこにでも棲むことのできた祖先から枝分かれしたものらしい。

第一胃の内部では、プロレタリアート階級のバクテリアを原生生物の一群が攻撃する。どれも単細胞ではあるが、バクテリアの何百倍、何千倍も大きい。これらの原生生物に菌類が寄生し、感染したあと、脂肪細胞を破壊する。第一胃液の中を自由に泳ぎまわったり、植物質の小片にコロニーを作る菌類もいる。第一胃内の生物の多様性のおかげで、植物の残骸を完全に消化することが可能になる。

植物細胞を単独で完全に消化できる生物はなく、各生物種がそれぞれに、全体のプロセスの中で小さな役割を果たす——好みの分子を切り刻んで自分の成長に必要なエネルギーを収穫すると、残りを第一胃液に戻すのだ。それが別の生き物の食べ物となり、次々と連鎖する分解のネットワークができる。バクテリアは、菌類の助けを得てセルロースのほとんどを破壊する。原生生物はでんぷん粒がことのほかお気に入りだ。バクテリアというソーセージに添えるポテトだと思っているのかもしれない。

第一胃の中の養分はミニチュアの食物網を上がっていって、それから第一胃液に再び放出される。より大きな生態系の養分循環によく似ている。シカのお腹の中にはシカ独自の曼荼羅があり、複雑に入り組んだ命の舞踏は、餌を貪る唇と歯で支えられている。

反芻動物の子どもは第一胃の中のコミュニティをゼロから作らなければならず、それには数週間かかる。その間、母親、土、草木などを齧り、微生物を集めて呑みこむ。それがやがて彼らの助っ人となるのだ。

第一胃の中の生態系は自己犠牲の上に描かれる曼荼

羅であり、そこには果てしない変化がある。微生物の一部は、消化ずみの植物細胞と一緒に、第一胃からシカの二つ目の胃に運ばれて、酸と消化液攻めにあう。これらの微生物にとって、胃はもはや居心地のよい宿主ではない。宿主は彼らを殺して消化し、そのタンパク質とビタミンを、液状化した植物の残骸とともに我がものにする。

　第一胃には植物の固形物とそれにしがみつく微生物が残る。植物の完全な消化と、第一胃の中の微生物コミュニティの継続を確かなものにするためだ。シカは固形物の分解を早めるためにそれを自分の口に戻し、反芻し、粉々になった残骸を呑みこむ。反芻というこの仕組みがあるために、シカは文字通り歩きながら食べ物をガツガツと呑みこんでおいて、敵のいない安全なところで咀嚼（そしゃく）することができるのである。

　季節の変化とともに、シカが食べる植物の部位は移動する。冬場には木質の部分を食べていたのが、春になると葉の部分になり、秋にはドングリになる。第一胃は、コミュニティの構成員の数を増やしたり減らしたりすることで、こうした変化に適応する。柔らかな葉を消化するのに適したバクテリアは春に増え、冬には減っていく。こうした変化をシカが上から指示する必要はない——第一胃の住民間の競争が自動的に、入手可能な食べ物と第一胃の消化能力を適合させるからだ。

　だが食べるものが突然変化すると、第一胃のコミュニティを環境に合わせるこのみごとな仕組みが混乱する。真冬にシカにトウモロコシや葉物野菜を与えると、第一胃のバランスが狂い、制御できないほどに酸性が高くなって気体が第一胃を膨張させる。こういう消化不良は致命傷になることもある。また反芻動物の子どもは母親の乳を吸っているときに同様の消化不良を起こすことがある。まだ第一胃に微生物のコロニーが完全にできあがっていない未成熟な個体では、乳が発酵し、第一胃内に気体が発生するのだ。そこで吸いつき反射が引き金となって、第一胃を通り越して乳をその次の胃に送りこむバイパスが開通する。

自然界では反芻動物の食生活が急激に変化することはめったにないが、人間が家畜化したウシ、ヤギ、ヒツジなどに餌を与えるときには、第一胃が必要としているものを考慮しなければならない。それは必ずしも人間の一次産品市場が欲するものと合致しないので、第一胃のバランスは大規模機械化農業泣かせである。ウシが牧草地から突然飼育場に押しこめられてトウモロコシで太らされる場合、投薬で第一胃のコミュニティを静める必要がある。微生物の助っ人を抑えこまないかぎり、ウシの体に私たち人間の意思を押しつけることはできないのである。

五五〇〇万年におよぶ第一胃の設計対五〇年間の機械化農業――私たちが勝てる見こみは少ない。

シカが曼荼羅におよぼした影響はわかりにくかった。一見したところ繁みも若い芽も被害はないようだった。だが近くでよく見ると、枝の先端がなくなっていたり、分かれた枝が切断されているのがわかった。曼荼羅にある灌木の枝のうち六本ほどが齧りとられていたが、根元までなくなったものは一本もなかった。察するところ、シカとその微生物の仲間たちは頻繁に曼荼羅を訪れたようだったが、シカは飢えてはいなかったのだ。みずみずしい小枝の先端だけを少しばかり齧り、硬い茎は残す余裕があったのだから。だが東部の森では、オジロジカにはこうした選り好みをするぜいたくが許されなくなりつつある。オジロジカの生息域の大部分では、植物を護る努力も効果がない――シカの数が急速に増加し、彼らの歯と第一胃が、若木や灌木や野草を食いつくしているのだ。

多くの生態学者が、近年のシカの増加は全国的な大惨事であると主張している。それはおそらく冬の第一胃にトウモロコシを送りこむのに等しく、自然界のコミュニティは不自然な不均衡に陥っているというのである。シカに罪があるのは否定できないように見える――シカの数は増えており、植物の数は減少しているのだから。灌木に巣をかける鳥たちが、巣をかける場所を見つけられない。ダニが媒介する病気が都会の近郊の芝生に潜む。

シカの捕食者を排除してきたのは私たちだ。まずネイティブアメリカンを排除し、次にオオカミを排除し、それから現代のハンターだ——その数は年々減少している。人間の畑や町は森を帯状や長方形に分断し、二つの生態系が隣り合う辺縁生息地を作り出した。シカが大好きな餌場だ。また人間は、野生動物を保護する法律で、シカの数への影響を最小限にとどめるように狩猟期を定め、シカの群れを慎重に育んできたのである。森の存続が危険にさらされているのは間違いないではないか?

そうかもしれない。だが、長期的に見れば、東部の森でシカが犯した罪を断ずる極端な考え方に曇りが生まれる。私たちがもっている、「正常な」森とはどういうものかということに関する文化的、科学的な記憶は、歴史上のある特異な一点で生まれた。そのときシカは、何千年もの歴史で初めて、森から根こそぎにされようとしていたのである。一九世紀後半の大規模な商業狩猟が、シカを絶滅に追いこもうとしていた。この曼荼羅も含むテネシー州のほとんどの森からシカがいなくなった。一九〇〇年から一九五〇年代までの間、曼荼羅を訪れるシカはいなかったのだ。その後、ボブキャット〔オオヤマネコ属〕と野犬が排除されたのと同時に、他所からのシカの移住が始まり、シカの群れは徐々に北上して、一九八〇年代には再びシカが森に溢れた。同様のパターンが東部の森全体で繰り返された。

こうした歴史が、森というものについての私たちの科学的な理解をゆがめている。北米大陸東部の森の生態系に関する二〇世紀の科学的な研究のほとんどは、草や葉を食べる動物が異常に少なかった時代の森で行なわれたものだ。私たちが生態系の変化を測るベンチマークとして使っている初期の研究は特にそうだ。ベンチマークが間違っているのである——その時代をのぞいて、これらの森に反芻動物や大型草食動物がいなかったことなど歴史上一度もなかったのだから。つまり私たちの記憶にあるのは、大型草食動物なしでかろうじて存続している、正常ならざる森の姿なのである。

こうした歴史からは、不穏な可能性が浮上する。ひょっとすると、野草や、灌木に巣を作るアメリカムシクイたちは今、まれにみる恵まれた時代の終わりを生きているのかもしれない。シカによる「草木の食べすぎ」は、森をもっとまばらで広々した、本来の状態に戻しているのかもしれないのだ。

ヨーロッパからの初期の入植者の、現存している日記や手紙に、そんな考えを裏づける記述がある。トーマス・ハリオットは一五八〇年にバージニア州から送った手紙に「シカについて言えば、場所によっては大群がいる」と書いているし、トーマス・アッシュは一六八二年に「莫大な数の群れがおり、国中がひと続きの公園のよう」であると報告している。同様にラオンタン男爵も「このあたりの森にどれほどの数のシカとシチメンチョウがいるか、言葉にできない」と言った。

これらヨーロッパからの入植者たちの言葉は、示唆に富んではいるが信頼性は低い。入植というプロジェクトを宣伝するというバイアスがかかっているかもしれないし、彼らが入植した大陸では、ほとんどが狩猟民であった先住民が、病と大量殺戮（さつりく）によって壊滅的な打撃を受けたばかりだったからである。

だが、大量殺戮を生き残った者の話や考古学的な痕跡は、ヨーロッパ人が上陸する以前にもシカが豊富にいたことを示している。ネイティブアメリカンは若い植物が育つのを助けるために森を伐採し、火を放った。それが今度はシカの繁殖力に火を点けた。シカの肉と皮のおかげで人間は冬を越すことができ、南北米大陸の最初の住民であった人間たちの神話にはシカの霊魂が飛びまわった。

つまり、歴史的情報も考古学的情報も、すべてが同じ結論を指し示すのだ――一八〇〇年代に銃で彼らを殺戮するまで、私たちの森にはたくさんのシカが棲んでいたのである。一九〇〇年代初期と中期の、シカのいない森のほうが例外だったのだ。

現代の私たちのシカ恐怖症が誤りである可能性は、この大陸に人間がやってくる以前のことを振り返るといっそう強まる。北米大陸東部では、過去五〇〇〇万年にわたって温帯林が存在する。大昔の森は、アジア大陸、北米大陸、ヨーロッパ大陸をまたいで幅広い帯状に繋っていた。森の帯は地球の寒冷化によって分断され、中でも周期的に訪れる氷河期は温帯林を南に押しやり、氷が後退すると再び北に引き寄せた。今日、この温帯林の名残が、中国東部、日本、ヨーロッパ、メキシコの山岳地方、そして北米大陸東部と、広範囲にわたってバラバラの区画として存在する。大陸によって多少の違いはあるが、変わらない主題が一つある。そこの草木を餌にする哺乳動物が、多くの場合大量に存在する、ということだ。

曼荼羅を横切っていったシカは、動物寓話に登場するもっとずっと大きい草食動物たちの最後の名残だ。かつて森には、巨大な地上性ナマケモノが、サイほどもある体でのし歩き、草木を食べていた。その周囲には、森林性のジャコウウシ、巨大な草食性のクマ、鼻の長いバク、ペッカリー、シンリンバイソン、すでに絶滅したシカとアンテロープ数種、そしてもっともドラマチックなアメリカマストドンなどがいた。マストドンは現在のゾウの親類で、長い鼻があり、頭は幅広で平たかった。体高が三メートルあり、東部地帯の森の北辺を餌場とした。

多くの大型草食動物がそうであったように、彼らは約一万一〇〇〇年前、最後の氷河期の終わりに絶滅した。それまでも氷河期は何度か来ては去っていったが、最後の氷河期が終わるのと同時に新しい捕食者が現われた——人間である。人間が登場して間もなく、ほとんどの大型草食動物はいなくなった。だが小型の哺乳類はこの根絶やしの被害にはほとんど遭わなかった。姿を消したのは、大型の、肉づきのいい動物だけだったのだ。

米国東部の洞窟や沼地には、こうした大型草食動物の化石が豊富にある。化石は、進化に関して一九世紀に起こった議論に油を注いだ。ダーウィンはこれらの動物を、自然界が常に変化しているという考え方をさらに裏づけるものと考えた。彼は、「アメリカ大陸の状況を考えると驚愕せずにはいられない。かつてそこには巨大な怪物たちが群れていたに違いないが、今見られるのは、同類の祖先とくらべれば矮小な動物である」と意見を述べた。

トーマス・ジェファーソンはこれに反論した。彼は巨大ナマケモノなどの生き物がまだ生きていると信じていたのだ。なんとなれば、神が造りたもうたものを神が全滅させるはずがないではないか？　地上の生物は完全なる神の創造を映し出しているのだから、その一部が見捨てられてしまえば世界が解体してしまう。ジェファーソンは、探検家のルイスとクラークに、太平洋沿岸の遠征先からこれらの生き物に関する報告を持ち帰るように、と指示した。

だが遠征隊は、マストドン、巨大ナマケモノ、あるいはほかのどんな絶滅種についても、生きているという証拠を得られなかった。ダーウィンは正しかった。神の創造物の一部が破壊されることもあり得るのである。

曼荼羅に残されたシカの足跡のように、草食動物が通り過ぎたあとには、自生する植物の構造にその形跡が残された。アメリカサイカチやアメリカヒイラギ〔アメリカヒイラギモチ〕の茎や葉には棘があるが、それは地上三メートルまでに限られる。現存するいかなる草食動物も背が届くのはその半分までだが、絶滅した巨大草食動物から身を護るためには、まさに適切な高さだったのだ。

アメリカサイカチの場合、困った問題がもう一つある。その種子の莢は六〇センチもあって、マストドンや地上性ナマケモノのような絶滅種にはぴったりの大きさでも、現存する在来種の動物はそれを丸ごと食べてタネを拡散させることができないのだ。乳白色のソフトボールのようなオーセージ・オレンジ〔アメリカハリグワ〕の実も、タネを散布してくれるパートナーが死に絶えてしまった。

　ほかの大陸ではこれに似た果実を、ゾウやバクなど、北米大陸では化石しか存在しない大型草食動物種が食べる。パートナーに先立たれた植物たちは歴史をその身にまとっていて、森全体を覆う死別の悲しみを垣間見せてくれる。

　古代の森がどんな構成であったかを私たちが知ることは決してないが、絶滅した草食動物の骨やネイティブアメリカンに伝わる物語からは、灌木や若木が繁殖するのが容易な場所ではなかったことがうかがえる。

　五〇〇〇万年にわたって動物たちの餌場であった北米大陸の森は、続く一万年間は草食哺乳動物が激減し、それから、誰もそこを餌場としない不思議な一〇〇年間があった。ひょっとすると古代の森は、さすらう草食動物の群れに食べられてしまって、草木がまばらにしかなかったのではないか？

　もちろん、草食動物にも敵はいたが、それらは今では絶滅したか、絶滅に近づいている。スミロドンやダイアウルフは死に絶えた。ハイイロオオカミ〔タイリクオオカミ〕、マウンテン・ライオン、ボブキャットは希少である。米国西部地域では、巨大なアメリカライオンやチータが草食動物を襲った。大型の肉食動物がこうして多種存在するという事実は、草食動物が豊富であったことのさらなる証拠だ。大型のネコ科動物やオオカミは、巨大な餌の群れを必要とする。肉食動物が多数生息できるのは、草食動物が豊富な土地だけだ。結局のところ肉食動物の肉は、食物網を上昇した植物にすぎない。

　つまり、大型の捕食動物の化石が多いというのは、植物が大々的に食されていたことを強く裏づけているのだ。

　人間はシカの捕食動物の一部を排除したが、近年になって三種、シカを殺す新たな生物を加えてしまった。

飼い犬、西部から侵入してきた外来のコヨーテ、そして車のフェンダーである。飼い犬とコヨーテは子ジカを捕食するのがうまく、車のフェンダーは、郊外でシカの成体を殺すおもな犯人だ。

私たちは解答不可能な方程式に直面している。一方では、何十種類もの草食動物が失われた。他方では、ある種の肉食動物にほかの肉食動物がとってかわった。では森の植物は、どの程度まで食べられるのが普通であり、許容範囲であり、自然なのか？　難しい質問だ。だが、二〇世紀に育った豊かな森の緑は、異常とも言えるほど植物がついばまれていない状態だったことはたしかである。

大型草食動物のいない森は、バイオリン奏者のいないオーケストラのようなものだ。私たちは協奏曲の不完全な演奏に慣れてしまい、バイオリンの絶え間ない音色が戻ってきて、ほかの、もっと耳に慣れた楽器を押しのけようとすると大騒ぎする。草食動物が戻ってきたことに対するこうした反発は、歴史的な根拠にもとづいたものではない。私たちはもっと長期的にものを見、協奏曲の全体に耳を傾け、何百万年にわたって若芽を引き裂いてきた動物と微生物のパートナーシップを称賛すべきではないのだろうか。

低木よさようなら、ダニよこんにちは。おかえりなさい、更新世へ。

2月16日

コケ

水と化学物質を自由に操る生物

February 16th, Moss

雨雲が雨の一斉射撃を浴びせ、しばしやんではさらに砲撃をしかけている曼荼羅（まんだら）の表面は、けたたましい水音を立てる。メキシコ湾からやってくる雨の軍勢がまる一週間森を攻撃している。世界中が、流れる水、爆発する水でできているかのようだ。

コケは濡れているところでは意気揚々としている。雨に向かって体を弓なりに伸ばし、緑色に膨れあがる、その変容ぶりには目を見張る。先週は曼荼羅の岩の表面で干からび、色褪せて、冬に打ち負かされていたのに。だがもうそんなことはない。コケの体は雨雲のエネルギーを取りこんだのだ。

私自身が冬で乾燥しているせいで、濡れた緑色の新しいものに飢えていて、もっとよく見たくなる。私は曼荼羅の縁に寝そべり、顔をコケに近づける。土と命の匂いがする。そして、近くで見るとコケは桁違いに美しい。私はそれでも満足せずに拡大鏡を取り出し、もっと近くに這い寄りながら拡大鏡に目を押しつける。

岩の表面には二種類のコケが交じり合っている。研究室に持ち帰って顕微鏡で細胞の形を調べなければその種類を確実に同定することはできないので、名なしのまま観察する。

一方の種類は太い綱状に横に生えていて、綱の一本一本がぎっしり並んだ小葉（しょうよう）に包まれている。遠目にはその茎は生きたドレッドロックスのように見えるが、近くで見ると小葉は優雅な螺旋模様を繰り返していて、緑の花びらが何列にも並んでいるようだ。もう一方はまっすぐに立ち、茎がミニチュアのトウヒのように枝分かれしている。

両方とも、伸びる茎の先端はベビーレタスのような緑色だ。先端から徐々に色は濃くなり、成熟したオークの葉のようなオリーブ色になる。コケの世界は光が支配している——個々の葉は細胞一個分の厚さしかないので、踊り、流れるように光がコケを通り抜け、内側から輝くのだ。水、光、そして生命力がそのパワーを合体させて、冬の錠前をこじ開けたのである。

その青々とした生命力にもかかわらず、コケは誰にも顧みられない。教科書はコケを、昔の名残の原始的なはみ出し者で、シダや顕花植物など、より進化した植物にとってかわられた原型であると言い捨てる。コケを進化に取り残されたものと見なすこの考え方は、いくつもの点で間違っている。もしもコケが時代遅れの田舎者で、より優れた、現代的なものの前に滅びようとしているのであれば、コケが栄えていた初期、続いてゆっくりと消えていった痕跡が、化石として残っているはずだ。だがわずかに残された化石はそれとは逆のことを示している。さらに、ごく初期の原始的な陸生植物の化石は、今日のコケの、丁寧に並んだ小葉や、精巧に作られた胞子体とは似ても似つかないのである。

遺伝子の比較は化石が示す物語を裏づけ、コケの系譜が四つの主要な枝に分かれたこと、それらは分かれてから五億年近くたっていることを示している。四つの枝がどういう順番で分かれたのかは未だ論争中だが、最初に枝分かれしたのは、ワニの皮膚のような外見をした、川べりや濡れた岩肌を好んで這う苔類（たいるい）だったかもしれない。その次に枝分かれしたのがコケの祖先で、その次が、シダや花やその一族に一番近いツノゴケ類だった。コケは独特の存在に進化したが、それは、今も、これまでも、「より高等な」形状に至る中間地点などではなかった。

拡大鏡をのぞくと、コケのあらゆる部位に水がたまっているのが見える。葉と茎が交差する角に、水は表面張力によって捉えられ、弧を描いて銀色のプールを作っている。まるでコケが重力の法則を消し去ったかのごとく、水はヘビが鎌首をもたげるように上昇する。これが、ガラスのコップの壁を水のへりがのぼっていくメニスカス*の世界だ。コケは全体がガラスの縁のようなもので、まず水を引き寄せ、それからその迷宮のような中心部に閉じこめる構造になっているのである。

*——液体と、それが接する表面との相互作用によって形成される、液面の屈曲。

水とコケの関係は私たちには理解するのが難しい。人間の配管は内部にあって、パイプやポンプはすべて体内に埋まっている。木も同様に、導管（どうかん）は木肌の内側にある。私たちの家でさえ配管は屋内だ。哺乳類と、木と、家。それらはすべて非常に大きなものの世界に属している。だが、コケが棲むミクロの世界は別のルールに従っているのだ。水と植物細胞の表面の間にある電気的引力は短い距離においては強力なエネルギーで、コケの体はこの引力を使いこなすようにできていて、そのこみ入った表面構造の上で水を動かし、ためるのである。

茎の表面にある溝が、水分を含んだコケの奥から乾いた先端へと水を伝達する。こぼれた水にティッシュペーパーを浸したときのような感じだ。小さな茎には水を抱えこむカールがびっしりと並んでいるし、葉にはたくさんの突起があって水がくっつく表面積が大きい。葉はちょうどいい角度で茎を抱えていて、三日月形に水をためる。こうして閉じこめられた水滴と水滴は、ウールのような細い毛と表面のシワにたまった水を介して、相互につながっている。コケの体はまるで、河川デルタの沼地を小さくして縦にしたようだ。水は沼から潟湖（せきこ）へ、そして小川へとゆっくり進み、コケの体を水分で包む。雨がやんだときには、コケは細胞内に蓄えた水の五〜一〇倍の水を体の外側に捉えている。長く続く乾燥期を耐えるコケには、植物版ラクダの瘤*があるのだ。

*――ラクダの瘤には脂肪が蓄えられている。

コケは、木とは異なった建築学の教科書に準じているが、その仕上がりはおそらく木に劣らず複雑だし、進化の過程における長期的な生き残りに成功したという意味でも木にひけをとらないことは確かである。だがコケのデザインの精巧さは、水の移送と保管の仕方だけではないのだ。

一週間前に降りはじめた雨は、今日のような青々とした成長を可能にする一連の生理的変化を引き起こした。水はまず干からびたコケを包み、それから細胞一個一個の薄い細胞壁の中に浸透して、その中にある干しブドウの表面をスベスベにした。このしなびた球状のものは休眠状態にある生きた細胞で、一個一個の細胞膜は、雨の恵みを吸収できるように準備が整っていたのである。細胞は膨れあがり、細胞膜は細胞壁を押し広げ、そうして生命が戻ってきた。

何千という細胞からの圧力でコケは膨らみ、冬の間の緩慢さから目覚めた。一枚一枚の葉の角では、弓なりになった大きな細胞が水で風船のように膨らみ、テコのように葉を茎の軸から遠ざけて水をためるスペースを作り、葉の表面を空に向けさせた。葉の内側の凹面は水をため、外側の凸面は日光と空気を取りこんでコケの食物を作る。雨によって膨らんだ葉は、一枚一枚が水を収穫し、太陽の光を捉え、根であると同時に枝なのである。

細胞の内部では大混乱が起きていた。侵入してきた水が細胞の中身をごちゃ混ぜにしたのである。濡れた細胞膜が急速に緩んだため細胞の内容物の一部が漏れ出した。漏れ出した糖とミネラルは二度とは戻ってこない。柔軟さの代償だ。だが混乱は長くは続かない。乾燥する前に、コケはちゃっかりと細胞内に修復用の化学物質を蓄えてあったのだ。細胞が膨張すると、この化学物質が細胞を修復し、水攻めにあった細胞の機能を安定させる。濡れた細胞は、そのバランスを取り戻すやいなや、修復用の化学物質を補充する。また細胞は自らを糖分とタンパク質で満たして、乾燥状態になったときに細胞の機能をしまいこむのに役立てる。

こんなふうに、コケはいつでも日照りと洪水のどちらにも対応できるように備えているのだ。ほかの植物のほとんどは、緊急事態に対する備えに関してもっとのんびりしていて、厳しい状況が起きるとゼロからレスキューキットを作り上げる。それには時間がかかるので、急激に乾いたり濡れたりすれば、のろのろしているものは枯れてしまう。が、コケは枯れない。

コケが日照りを乗り越える手段は周到な準備だけではない。コケは、ほかの植物なら細胞がカラカラになって枯れてしまうような極度の乾燥にも耐えられる。細胞を糖分で満たすことによって、乾いたコケは氷砂糖のように結晶化し、ガラス状になって細胞の中身を保存するのである。この砂糖漬けの細胞が繊維質の苦い皮に包まれていなければ、乾燥したコケは美味しいことだろう。

陸上での五億年にわたる生活のおかげで、コケは水と化学物質を自在に操れるようになった。曼荼羅の岩の表面に青々と繁るコケは、柔軟な体と俊敏な生理機能を持つことの強みを示している。まわりの木や灌木や草はまだ冬の鎖につながれているのに、コケだけは束縛から放たれ、自由に成長することができる。普段より早く雪が解けても、木はそれを活用できないのだ。この状況はやがて逆転し、木々がその根と内部の管状組織を使って曼荼羅の夏に君臨して、足元の根なしのコケに影を落とすだろう。だが今はまだ、木々はその図体の大きさのために身動きできずにいる。

冬の終わりにコケが元気なことがもたらす恩恵は、コケ自身の成長だけではない。曼荼羅より下流の生物は、コケが水を蓄えることで得をする。暴風雨のエネルギーが山腹を引っかきまわしても、曼荼羅から流れ出る水は澄んだままだ。まわりの畑や町が吐き出す泥やシルトの気配も見えない。コケと林床（りんしょう）に厚く積もった落ち葉が水を吸収し、汚れを含んだ雨粒の流れを遅くして、地面に加えられる大砲射撃を愛撫に変えるのだ。

水が山の中を流れ落ちるとき、土は、草木、灌木、木の根などのつづれ織りに支えられて動かない。何百種類もの植物が機織り機にかけられ、縦糸と横糸が互いに交差し、丈夫な、みっちりと目のつんだデニムを織り上げる。それは雨にも破れない。一方、若い小麦の畑や都市郊外の芝生にはまばらで織りの緩い根しかなく、土を押さえておくことができない。

コケが役に立つのは、水がもっている浸食力に対する防御の最前線としてだけではない。コケには根がないので、水分や養分を空中から取りこむ。ざらざらした表面は粉塵を捉え、風が一吹きすればミネラルをたっぷり捕獲する。排気管からの酸性の風や、発電所からの有毒金属を含んだ風が吹いてくれれば、コケは水分たっぷりの腕を広げてこれらの毒物を歓迎し、汚染を自らに取りこむ。曼荼羅のコケはこうやって、車の排気や、石炭を燃料とする発電所の煙から重金属をつかみとって抱えこみ、工場廃棄物を含んだ雨を浄化するのである。

雨がやむと、多孔性のコケは水を保持し、それからゆっくりと放出する。だから森は、川に突然泥水が流れこむのを防ぎ、日照り続きのときに川が干上がるのを防いで、自分より下流の生き物を育むことになる。濡れた森から上がる水蒸気は湿気を含んだ雲となり、森が十分の広さならば、自分で雨を降らせもする。私たちは普段こうした贈り物を、自分がそれに依存していることを認識せずに受けとっているが、時折、経済的な必要性が私たちの目を覚まさせる。

ニューヨーク市は、人工の浄水施設を作るかわりにキャッツキル山地を保護することを決めた。キャッツキル山地の何百万という苔むした曼荼羅を護るほうが、技術を駆使した「解決策」より安上がりなのだ。コスタリカでは一部の川の流域で、川下で水を使う住民が川上の森の所有者に、植林された土地が提供するサービスに対する対価を支払う。こうして人間の経済は自然経済の実際のあり方を模倣したものになり、森を破壊する動機が少なくなるのである。

曼荼羅では雨音が鳴りつづいている。私が座っている位置からは、二本の川の轟音が聞こえる。曼荼羅をはさみ、ともに少なくとも曼荼羅から一〇〇メートルは離れている。大雨が降って、普段は静かにちょろちょろと流れる川は雷鳴のように轟く濁流と化している。防水服にくるまって一時間以上もたつと、この絶え間ない自然の猛威に圧迫されているように感じる。だがコケは、いつにも増してくつろいでいるように見える。五億年にわたる進化のおかげで、彼らは雨の日の完璧な過ごし方を身につけたのだ。

2月28日

サラマンダー
肉を担保にした二つの取引

February 28th, Salamander

脚が一本、積もった落ち葉の隙間をサッと横切る。切れた尻尾の根元がそれに続き、幾重にも重なった濡れた葉の中に消える。私は落ち葉を引き剝がしたいという衝動を抑え、サラマンダー*が再び出てくるのを願ってじっと待つ。数分後、きらきら光る頭をひょこっともたげ、サラマンダーが飛び出してくる。別の穴に飛びこみ、再び現われ、突如走り出し、葉の茎につまずいてぶざまにでんぐり返って窪みに落ちる。動揺したサラマンダーは起き上がると窪みから這い出し、最後には頭を枯れ葉の下につっこんでこっそりと動かす。

冷たい霧が空気をよどませ、ほんの数十センチしか先が見えないが、サラマンダーはまるで透き通った陽の光に照らされているかのように光っている。黒っぽいつるつるの肌には銀色の斑点があり、背中には細い赤い線が走る。その肌は信じられないほど水分たっぷりで、まるで雲が凝縮して生き物になったかのようだ。

*――両生類のうち、有尾目(サンショウウオ目)に属する動物を総称する英名で、イモリ亜目とサンショウウオ亜目を区別せずに呼ぶ言葉。

コケと同様に、サラマンダーは水分があると元気だが、乾燥した状態で雨が降るのをじっと待つというコケのような戦略をとることはできない。かわりにサラマンダーは、冷たくて湿った空気を遊牧民のように追いかけ、湿度の変化に応じて地面を出たり入ったりする。冬の間は石や岩の隙間を這い下りて地表の凍結を逃れ、深いところでは地下七メートルの地中の暗闇に地下生活動物として暮らす。春と秋には地表に戻り、落ち葉の間にせっせとアリやシロアリ、小バエなどを探す。夏の乾燥した暑さは彼らを地下に追い戻すが、湿度の高い夏の夜には地上に出てきて、脱水の危険なしにご馳走にありつく。

サラマンダーの体長は私の親指の二倍ほどだ。首と脚は細く、アメリカサンショウウオ属であることがわかる。おそらくジグザグサラマンダーか、あるいはサザン・レッドバックサラマンダーかもしれない。アメリカサンショウウオ属の種はどれも色が変化しやすく、あまり研究もされていないために、私の識別はますます不正確である。とは言え、サラマンダーという種自体、本当は何者なのか、確かなことは誰も知らないのであって、そのことは、はっきりと線引きをしたがる私たちの欲求に自然が合わせてくれるわけではないことを示している。

このサラマンダーは小さいから、たぶん夏の終わりに孵化（ふか）した子どもだろう。この子の両親が、優美な足さばきと優しい頬ずりで求愛したのは春のことだ。サラマンダーの肌にはいろいろな臭腺が集まっていて、頬ずりは化学物質による囁きでありフェロモンが語る愛の詩なのだ。

オスとメスがカップルになると、メスは頭を持ち上げ、オスがメスの胸の下に滑りこむ。オスは前進し、メスはオスの尾にまたがってあとに続く。二人で踊るコンガである。数歩進むとオスは、ゼリー状で先端に精子の袋が乗った小さな円錐状のものを排出する。オスは尾をゆすりながらさらに前進し、後ろに続くメスが立ち止まって、筋肉質の総排出腔を使って精子を拾い上げる。ここでダンスは終了し、二匹のサラマンダーは別れていき、二度と接触をもつことはない。

メスは岩の割れ目や中が空洞の倒木を探し、そこに卵を産みつける。それから卵に巻きついた恰好で巣穴に六週間居つづける。これはほとんどの鳴禽類〔スズメ亜目に属する鳥の総称〕が卵を抱く期間よりも長い。メスのサラマンダーは、発育中の胎児が卵の一辺にくっついてしまわないように卵を回転させる。また、死んだ卵は食べ、そこに生えたカビで卵の塊が全滅するのを防ぐ。卵をおやつにしようとほかのサラマンダーが巣穴にやってくることもあり、卵を抱えた母親はそういう輩を追いはらう。母親に抱かれていない卵は例外なく菌類に感染するか捕食動物に食べられてしまうので、こうして寝ずの番をすることが絶対に必要なのだ。卵が孵れば母親の仕事は完了し、母親は落ち葉の中で餌をあさって、枯渇したエネルギーを補充する。

サラマンダーの子どもは親をそのまま小さくした形をしており、林床を歩きまわって誰の助けもなしに自分で餌を食べる。ちょこまかと曼荼羅を走りまわるサラマンダーはこうして、一度も小川や水たまりや池に足を踏み入れることなく一生を過ごすのだ。

この繁殖のプロセスは二つの誤った通説を覆す。一つは、両生類の繁殖は水に依存しているというもの。アメリカサンショウウオ属の生き物は両生類らしからぬ両生類で、滑って手でつかみにくいのと同様に分類もしにくいのである。二つめの誤りは、両生類は「原始的」であり、したがって子どもを大事にしない、というもの。この二つめの誤解は、脳の進化に関する理論が、親が子を思う気持ちといった「高等な」機能をもつのは哺乳類や鳥類のように「高等な」動物に限られる、と主張していることがその原因である。

サラマンダーの母親の用心深い見張りぶりは、親としての心遣いが、階級主義の脳科学者が想像するよりも幅広く動物界に存在することを示している。実際、卵や子どもを大切にする両生類は多いし、魚類、爬虫類、ハチ、甲虫、それにさまざまな「原始的」動物の親が、子どもを溺愛するのである。

曼荼羅で生まれたサラマンダーの子どもは、性成熟するのに一年から二年かかり、その間落ち葉の中で餌を食べて過ごす。肉食動物並みの食欲だ。サラマンダーはいわば落ち葉の中のサメのような存在で、水気の中を行ったり来たりしながら自分より小さい無脊椎動物を貪るのである。

進化というプロセスはアメリカサンショウウオ属のサラマンダーの肺を切り捨てたが、それはその口をより効果的な罠にするためである。気管を排除し皮膚呼吸をすることによって、サラマンダーの口は呼吸に中断されることなく自由に獲物を捕らえることができる。

アメリカサンショウウオ属のサラマンダーは、進化の過程のシャイロックと契約を結んだのだ――数グラムの肺を差し出して、より優れた舌を買ったのである。サラマンダーは、三〇〇〇ダカットの借金*を大いに活用し、広く東部の森で、濡れた落ち葉を蹂躙(じゅうりん)している。

*――シャイロックはシェイクスピアの戯曲『ベニスの商人』に登場するユダヤ人高利貸しで、ベニスの商人アントーニオがシャイロックから自身の肉を担保に借金したのは「三〇〇〇ダカット」だった。

今のところは賭け金は取り戻しているが、高利貸しがまだこれから借金の取り立てに来ないとは限らない。もしも環境汚染や地球温暖化が堆積した落ち葉の状態を変化させれば、アメリカサンショウウオ属の生き物はそれに対応できないだろう。実際、地球温暖化がもたらす生息環境の変化の予測は、寒冷で湿った生息場所がなくなるにつれて、山に棲むサラマンダーの数が大幅に減少する可能性を示唆している。

アメリカサンショウウオ属のサラマンダーがどのようにして肺のない状態に至ったのかは誰にもわからない。彼らの近縁種にはみな肺がある。ただし山の小川に棲むものの肺はかなり小さいが。冷たい川の流れは酸素をたっぷり含んでいるので、水中に棲むサラマンダーは皮膚を呼吸器として使えるのである。もしかしたら、陸生の肺のないサラマンダーは、それら小川に棲む近縁種から進化したのではないか？　研究者が地質学的な記録をより詳細に調べるまでは、それが生物学者がもっとも好む説明だった。

だが岩盤が語ったのは不都合な真実だった――東部の山地は、アメリカサンショウウオ属のサラマンダーが進化したころは小さな起伏にすぎなかった。そのおだやかな傾斜面には、肺が小さいサラマンダーが棲むような冷たい急流はできないのだ。つまり私たちは、アメリカサンショウウオ属のサラマンダーにはなぜ肺がないのか、それを説明する歴史的な物語をもたないのである。

曼荼羅は、この生き物の世界全体を包含するのにほぼ十分な大きさがある。成体は縄張り意識が強く、二、三メートルの範囲を越えて動くことはめったにない。個体によっては、落ち葉の表面を水平方向に動く距離よりも深く地中に潜る。このように一つところに定着する性癖が、森林に棲むサラマンダーの多様性の原因である。遠くに移動することがまれであるために、一つの山あるいは谷でも別々の方角に棲むサラマンダーの異種交配は起こりにくい。その結果、ある場所に棲むサラマンダーはその生息場所の特殊性に適応するようになる。

この相違が十分な期間継続すれば、別々に暮らす集団は見た目も遺伝的な特徴も変わってくるかもしれない。中には、そのときの分類学の流行しだいではあるが、別の「種」と呼ばれるようになるものもあるかもしれない。アパラチア山脈は岩盤が非常に古く、この曼荼羅がある南端部は、氷河期の壊滅的な氷の層に覆われたことが一度もない。だからこのあたりのサラマンダーは、地球上のどこよりも爆発的に多様化する時間があった。サラマンダーを種別に分類するのが難しい理由の一つはこの多様性にある。

サラマンダーにとっては不運だが、サラマンダーの多様性を生み出した湿って暖かい原生林は、同時に大きくて金になる樹木を育てた。こうした木々が大規模皆伐されれば、日陰に積もった落ち葉は陽に照らされてカサカサになってしまい、サラマンダーはみな死んでしまう。

皆伐されたところが幸運にも成熟した森に囲まれていれば、そしてその後数十年間伐採されなければ、サラマンダーはゆっくりと戻ってくるだろう。だが戻ってきても以前ほど餌は豊富ではない。それがなぜなのかは誰にもわからないが。もしかすると大規模な皆伐は、そこに棲む生き物の、微妙に調整された遺伝子を奪ってしまうのかもしれない。また森を伐採すれば、木が倒れて湿った割れ目や巣穴や太陽からの避難所を作ることもなくなってしまう。生き物の生命を護るこうした倒木のことを科学の専門用語では「朽ち木〔coarse woody debris〕」という。生態系の生命を生み出す重要な森の一部を呼ぶにはずいぶんと素っ気ない名前である。

曼荼羅のサラマンダーは、保護された原生林の小さな一角で、散らかり放題の倒木に囲まれて元気いっぱいだ。だが、皆伐の可能性は低いとしても、危険がないわけではない。

このサラマンダーには尻尾がない——おそらくはネズミか鳥かクビワヘビにでもやられたのだろう。サラマンダーは、襲われると敵の目をそらすために尻尾をバタバタさせる。必要ならば尻尾はちぎれて激しく波打つように動き、敵の注意をそらしている間に逃げるのだ。アメリカサンショウウオ属のサラマンダーの尻尾のつけ根の血管と筋肉は、尻尾がちぎれるとピタッと閉じるように特別に適応している。また尻尾のつけ根は皮膚が弱くてくびれており、これは体のほかの部分を傷めずに尻尾がちぎれやすいようにするためらしい。

つまり進化とサラマンダーは、どちらも体の肉を担保に二つの取引をしたのである——サラマンダーは、肺のかわりによりよい口を、取り外し可能な尻尾のかわりに長命を手に入れた。最初の取引は取り消せない。

二つめの取引は一時的なもので、尻尾の不思議な再生能力によって反故にすることができる。

　アメリカサンショウウオ属のサラマンダーは姿を変える生き物で、まるで雲そのものだ。彼らの求愛行動と子育ては私たちの傲慢な分類を否定するし、肺はより強い顎と交換したし、体の一部は取り外しができるし、湿気をこよなく愛するのに水には決して入らない矛盾ぶりである。そして、雲がそうであるように、強い風にはめっぽう弱い。

3月13日

雪割草

March 13th, *Hepatica*

植物の形と薬効

今週はずっと気温が高く、一足早く五月の気分を味わわせてくれる。季節はずれだが歓迎だ。春に花をつける最初の野草は変化を感じとって落ち葉の下から頭をもたげ、枯れた葉が積もって平らだった地表は、茎や花の蕾に下から押し上げられて盛り上がっている。

曼荼羅に向かう道の途中まで、私は靴を脱ぎ、踏みならされた小道の上を、地面のそこはかとない暖かさを感じながら裸足で歩く。冬の鋭い寒さはもうない。夜明け前の青ざめた光の中、鳥たちは声を張り上げてさえずっている。ツキヒメハエトリ属の小鳥が岩壁から鳴くかすれ声が、低い枝でピーッと鳴くエボシガラの声と交ざり、小道の下方の大木からはキツツキの甲高い声が聞こえる。地表でも地中でも、季節は変わったのだ。

曼荼羅では、アメリカスマソウ〔北米東部に自生するミスミソウ（雪割草）の一種〕の花の蕾が一輪、とうとう落ち葉を貫いて手の指ほどの高さになっている。一週間前はこの蕾は細い鉤爪（かぎづめ）の形をして、銀色の綿毛に包まれていた。鉤爪は少しずつ膨らみ、空気が暖かくなるにつれて太く、長くなった。今朝は蕾の茎は優雅な疑問符のような形をして、綿毛に包まれたまま、堅く閉じた花が曲線の先端にぶら下がっている。花は遠慮がちにうつむき、夜の間に花粉を盗まれないように、萼(がく)も閉じている。

　夜明けの一時間後に花が咲く。三枚の萼片が開くと、中にさらに三枚の萼片が姿を現わす。萼片は紫色だ。アメリカスマソウには本当の花びらはないのだが、この萼片は形もその役割も花びら同様で、夜は雄しべと雌しべを護り、昼間は虫を惹き寄せるのである。

　花が咲く動きはゆっくりすぎて直接目で認識することはできない。一度目をそらしてからもう一度視線を戻すと、やっとその変化がわかる。私は呼吸を静め、花のスピードに合わせてゆっくり呼吸しようとするが、脳の動きが速すぎて、ゆっくりで優雅な動きは私には見えない。

　さらに一時間が経過し、茎がまっすぐに伸びて、疑問符が感嘆符になる。萼片は今では大きく開いて世界に濃い紫色の光を放ち、中央のもしゃもしゃした葯(やく)を調べにおいで、とハナバチたちを誘う。さらに一時間たつと感嘆符は筆記体になって、後ろにちょっと反り返り、花は正面から私を見すえる。曼荼羅の今年最初の花だ。生き生きと空に向かう弓形の花の茎は、春が来た解放感と喜びを示すのにふさわしい。

　ヘパティカ〔*Hepatica*。アメリカスマソウを含むミスミソウ属の学名〕という名前には長い歴史があり、同名の近縁種が少なくとも二〇〇〇年間薬草として使われてきた西ヨーロッパに起源がある。学名も、ミスミソウ〔英名はliverleaf。肝臓の葉という意味〕という一般名も、三小葉(さんしょうよう)で肝臓のような形をした葉が示唆する、この植物が持つとされる薬理上の特徴を示している。

　世界中ほとんどの文化圏に、植物の形からその薬効を推定し、それを名前にする習慣がある。西欧では、意外な識者がこの習慣を神学大系に組みこんだ。

　一六〇〇年、ドイツの靴職人ヤコブ・ベーメが、神と神の創造物の関係に関する、驚くような幻視を体験する。胸が張り裂けるようなその啓示の大きさと強さは、彼を靴作りから遠ざけ、ペンを握らせ、そこから彼の著作が生まれた——言葉をもたないその圧倒的な啓示を、一連の言葉で伝えようと試みたのである。目に見えるものの形状には神の創造の目的が印されているとベーメは信じた。形而上学的概念が肉体に書き記されたのである。

彼はこう書いている——「あらゆるものの外面は、それが内面的かつ本質的に何者であるかということを示しており、それが何のために役立ち、適しているかを象徴している」。

したがって、死を免れ得ぬ、不完全な存在でしかない私たち人間も、世界の外見からその目的を推測し、神の創造物の形や色、習性の中に神の思し召しを見てとることができるというわけである。

ベーメはその著作によって生まれ故郷のゲルリッツから追放されることとなった。教会と市議会は彼らの許可を得ない神秘体験を容認しなかったのである。靴職人は革の裁断だけしていればよく、啓示を得るのは教養のある者、育ちのよい者にまかせておくべきだということだった。あとになって彼はゲルリッツに戻ることを許されたが、ペンを紙に近づけないことがその条件だった。彼は努力したがそれに従うことができず、啓示の力は彼をプラハへと移らせ、彼はそこで神学的な小論の著述を続けた。

ベーメの論考が広く知られるようになったのは、薬草医たちがその著述を知ってからのことだった。ベーメの理論は、彼らが作る植物性の生薬を並べておく神学的な戸棚を提供したという意味で、彼らの役に立ったのである。

治療師たちの多くはそれまでも、ある植物が何に効くのかを記憶するヒントとして、その外見を利用していた——アカネグサの真っ赤な分泌液は血液の病気に、タネツケバナのぎざぎざの葉と白い花びらは歯痛に、インドジャボクのとぐろを巻いた根はヘビの嚙み傷に、といった具合で、ほかにも山ほどあった。

でもこれで治療師たちには、自分たちの治療を体系化し正当化する理論ができた。植物の形、色、育ち方は、神に与えられた癒しの効果を示していたのだ。派手で香りのよいリンゴの花は不妊と肌の病気を治すし、赤くてピリッと辛い植物は血と怒りの印がついているから、血行や気分を刺激するのに使える。そしてヘパティカの三小葉で紫色の葉には、肝臓の印がついていた。

見た目の印から植物に含まれる化学物質の薬効を推定し、記憶するという方法は、「特徴説」として知られるようになった。この考え方はヨーロッパ中に広まり、エリート科学者たちの注目を集めた。

彼らは薬草医の理論を民間伝承から持ち出して、近代科学である天文学に持ちこもうとした。それぞれの惑星の特徴的な性質は神の意図を示しているが、それは惑星、月、太陽が複雑にからまり合う宇宙論を通して現われる、と彼らは主張した。リンゴの花は金星が支配するから美と癒しのパワーをもつ。木星は非維管束植物のすべてを、火星は好戦的なカラシ類を支配している。

したがって、正しい診断と治療には、資格のある科学者が運勢図を作り、天体と、植物や人体にそれらが与える影響に関する、豊富で、かつ高価な知識を取り入れた治療薬を調合する必要があった。体制側の科学者たちは愚かな植物学者たちによる田舎療法を激しく批判する一方で、こうした偽医者たちの治療薬を彼らから取り上げ、最新の、占星術にもとづく治療に利用したのである。

もちろん、医学界と偽医者たちの間の緊張関係は今日まで続いている。現在では天文学における特徴説は人気がなくなっているし、今日の物理学者は、医療に関する神意が葉の形や惑星の配置に隠されているとは信じていない。

だが私たちは、とるに足らない迷信だとして特徴説を性急にしりぞけるべきではない。医学的な知識を文化として伝達する方法としての特徴説は、知識を体系化する強力なしかけであって、今日の物理学者が膨大な知識を扱うのに使う記憶法よりも豊かで、ひょっとしたらもっとわかりやすかったかもしれないのだ。

特徴説は、読み書きができなかったほとんどの治療師たちに、患者の症状と、ときに難解で入り組んだ植物分類と医学的知識とを結びつける、言語的な手がかりを与えた。特徴説が長年生き残ったのは、私たちの祖先が愚かだったからではなく、それが非常に有用だったからなのである。

ヘパティカという名前は、私たちの文化の、用途にしたがって植物に名前をつける癖を示している。こういう名前のつけ方は、人間が、薬としてまた食物としての植物に頼っていることを思い出させてくれる。だが実用的な名称は自然を存分に味わうのをじゃますることもある。

たとえば、私たちの命名法はその目的論が誤っている。ヘパティカは私たちの役に立つために存在しているわけではなくて、人間が登場する何百万年も前にヨーロッパ大陸と北米大陸の森で始まった、ヘパティカ自身の物語をまっとうするために存在しているのだ。

同様に、私たちがつける名前は自然に整然とした分類を押しつけるが、それは生命の複雑な系譜や生殖のための交流を反映していないかもしれない。私たちは「別々の」種であると想像して名前をつけるが、自然界の境界線はおうおうにしてもっと曖昧だということを、近代遺伝学は示唆している。

早春の晴れた朝、最初の暖かな陽の光と飛び交うハナバチたちに、ヘパティカが見せる自信に満ちた歓迎ぶりは、曼荼羅が、人間の理屈とは無関係に存在していることを思い出させてくれる。誰もがみなそうであるように、私もまた文化にしばられている。だから私は視野のほんの一角で花を見ているにすぎない——残りの視野は、何百年も伝わる人間の言葉に占められているのだ。

3月13日

カタツムリ
その目に映るもの

March 13th, Snails

曼荼羅は、軟体動物たちのセレンゲティ〔アフリカにある国立公園の名前〕だ。地衣類やコケのサバンナを、グルグル巻きの草食動物が横切っていく。一番大きなカタツムリは、落ち葉の積もった、めちゃくちゃな角度のついた地表をせっせと単独で移動し、コケの生えた斜面は機敏な若いカタツムリに残してある。私は腹ばいになって、曼荼羅の縁にいる大きなカタツムリに這い寄り、手持ちの拡大鏡を目に当ててさらに近くににじり寄る。

レンズを通してカタツムリの頭が視野いっぱいに広がる——それは黒いガラスでできたみごとな彫刻のようだ。艶のある肌を銀色の斑点が彩り、細かい溝がカタツムリの背中を縦横に走っている。

私が動くとカタツムリはちょっと警戒し、触角を引っこめて殻の中に丸くなる。私が息を潜めるとカタツムリはリラックスする。二本の細いヒゲが顎から出てきて、空中をユラユラしてから下に伸びて岩に触れる。このゴムのような触覚器は、点字を読む指のような軽いタッチで、花崗(かこう)岩の原稿から意味をすくいとろうとしている。

数分後、二組めの触角がカタツムリの頭のてっぺんから伸びてくる。こちらはそれぞれの先端に乳白色の目があって、上向きに伸び、頭上の樹冠に向かって手を振るように動く。カタツムリから見れば私の目もレンズを通して膨張しているが、この巨大な球形のものには関心がないようで、カタツムリは眼柄(かんぺい)をさらに伸ばす。肉でできた旗竿は今や殻の幅よりも広い範囲を、左右に激しくゆれている。

　親類であるタコやイカと違って、この陸生巻き貝の目は洗練された眼球水晶体とピンホールを持たず、はっきりした像を結ばない。だがカタツムリの目に、世界が実際にどの程度ぼんやり映っているのかは謎である。科学者はカタツムリが認識しているものをカタツムリに尋ねるわけにいかず、このコミュニケーションの難しさが、最先端のカタツムリの視覚研究を遅らせている。

　この分野で唯一成功した実験は、サーカスの調教師が使う手を拝借して、ある信号を見たら食べるか動くかするようにカタツムリに教えるというものだ。これまでのところ、こうやって芸当を仕込まれた腹足類は、テスト用の白いカードの上の小さな黒点を見分けられることを示している。灰色のカードと白黒の市松模様のカードも識別できる。私の知る限り、色彩、動き、あるいは火の輪は見えるのか、と陸生巻き貝に尋ねた人はまだ誰もいない。

　こうした実験はじつに興味深いものではあるが、もっと大きな問いには答えてくれない。

　カタツムリには何が「見えて」いるのか？　私たちと同じように、彼ら腹足類の意識にも市松模様のカードの像が映し出されているのだろうか？　明るいところと暗いところは入り組んだ神経に処理されて、判定と選択と意味を与えられ、彼らにだけ見える、主観的な像を結ぶのか？

　人間の体もカタツムリの体も、湿った炭素やその他の化学元素が集まってできていることに変わりはないわけで、その、神経を含む土から私たちの意識が生まれるならば、カタツムリの頭の中に像ができることを否定する理由はないではないか？

彼らが見るものは、きっと私たちに見えるものとは根本的に違って、奇妙なカメラアングルと不自然に動く物体が登場するアバンギャルド映画なのだろうが、人間が見る映像を生み出すのが神経ならば、カタツムリも似たようなことを経験しているのだという驚くべき可能性の存在を認めないわけにはいかない。

だが私たちの文化が信じたがるストーリーでは、カタツムリの映画が上映される映画館に観客はいない。いや、そもそも映画館にはスクリーンがないのだ。カタツムリの頭の中には主観的経験はない、と人間は主張する。カタツムリの目の光学素子が捉える光はただ単に、カタツムリの配管と配線を刺激し、それによって空っぽの映画館は動いたり食べたり交尾したりして、生きているように見えるのだ、と。

カタツムリの頭が突如炸裂し、私はあれこれ推測するのを終わりにする。白濁した肉の塊が黒い頭を押し分けて出てくる。塊は前方に身を伸ばし、それからカタツムリは体の向きを変えて私のほうを見る。ブクブクした柔らかな中央の突起部分からつき出た触角がX字に交差する。半透明の唇が二つ伸びてきて縦型の割れ目を作り、それから体全体がぐにゃりと下を向いて地面に唇を押しつける。私は皿のような目で、カタツムリが地衣類の海の上に浮揚し、岩の上を滑り出すのを観察する。波打つ小さな毛とごくごく小さな筋肉のさざ波が、この黒い色をした草食動物を前進させる。

腹ばいの状態で私は、地衣類のかけらと、積もったオークの葉の表面からつき出ている黒い菌類の真ん中でカタツムリが立ち止まるのを眺める。レンズの縁から上に目をずらすと途端にすべては消えてしまう。尺度が変わると見える世界がまったく違うのだ――菌類は見えないし、カタツムリは、もっと大きなものが支配する世界の中では、意味のない、些細なものにすぎない。

私は拡大鏡の中の世界に戻り、色鮮やかな触角や、カタツムリの黒と銀の優雅な姿に再び目をやる。手持ちの拡大鏡に助けられて、私はこの世界にある美を刈りとり、私の目は大きく見開かれる。日常の人間の視覚がもつ限界から隠れたところに、幾重にも重なった喜びがある。

雲の後ろから太陽が顔を出すと私のカタツムリ観察は終了だ。朝のやわらかな湿気は晴れ、カタツムリが向かう先は、見方次第で、エル・キャピタン〔ヨセミテ国立公園にある花崗岩の一枚岩〕かもしれないし、小さめの岩かもしれない。

カタツムリはそこで触角を岩に触れ、頭全体を逆さまにした状態で上に伸びる。首と頭の輪ゴムはキリンの首のように、もうちょっと、もうちょっとと伸びていって、やがて顎が岩に届き、それが粘着パッドのように広がって、それからカタツムリ全体が、手を使わない懸垂のように地面から浮き上がる。重力は一瞬消滅し、信じられないがカタツムリは上向きに宙を移動して、まだ逆さまのまま、岩の隙間までの道行きを続ける。

私はレンズの中の世界から目を上げる。セレンゲティは空っぽである。草食動物たちは太陽に照らされて消えてしまった。

3月25日

スプリング・エフェメラル

依存し合う花とハナバチ

March 25th, Spring Ephemerals

　曼荼羅までの道は歩きにくくなった。一足ごとに野草を五、六本踏みつけそうになるので、私はゆっくりと、足跡に踏みつぶされた花が並ばないように道筋を選ぶ。山の斜面には緑と白の斑（まだら）がたくさんできていて、落ち葉が積もった地表の半分ほどは、新しく芽吹いた葉と花に覆われている。

　だが、今年最初のチョウや渡ってきたアメリカムシクイが頭の上を飛んでいるので、足元に注意を集中するのが難しい。後ろ羽の白い曲線にちなんで名づけられた赤茶色のチョウ、キタテハの仲間が一匹、私の頭の横をひらひらと飛んでヒッコリーの木の幹にとまる。暖かな陽の光が、薄い樹皮の下に隠れて冬眠していたチョウの目を覚まさせたのだ。ともに中央アメリカから戻ってきたばかりの、ノドグロミドリアメリカムシクイとシロクロアメリカムシクイが断崖の上でさえずっている。生まれ変わった森の生き物たちが四方八方から私にせまってきて、その手放しの生命力が私の気持ちを高揚させる。

　曼荼羅では、白い花が星のように咲き乱れ、何百もの花が世界に向かって輝きを放っている。白い花びらにピンクのストライプがあるハルヒメソウの花が、地面近くで紫色のヘパティカと交じって咲いている。バイカカラマツソウ〔ルーアネモネ〕が曼荼羅の縁から顔をのぞかせて、うつむき加減の白い花を落ち葉から指一本分くらい持ち上げている。一番背が高いのはコンロンソウで、足首のちょっと上くらいまであり、頑丈な茎の先端に白くて細長い花びらの花がかたまって咲いている。それぞれの花が彗星の尾のように携えている青々とした葉と茎は、積もった枯れ葉の中から生命を噴き出させ、曼荼羅の頭上の寒々とした木々とのコントラストがドラマチックだ。木の芽はまだほとんどほころんでいない。

春の野草は、木々がのんびりしているのをうまく利用し、生命の源である光子を樹冠に奪われる前に繁殖と成長のプロセスを急ぐ。三月の太陽はまだ低いところにあるが、陽光は座っている私の首筋が日に焼けるには十分の強さだ。林冠の下の日射しの強さということで言えば、一年の周期のうち今が一番強いのである。冬の支配力は猛烈な力で打ち砕かれて、花々は夜空の星座のように花開き、生き物たちが次々と姿を現わす。

曼荼羅に咲き乱れる花々はまとめてスプリング・エフェメラル〔春の妖精〕と呼ばれる。この名前は、春に華々しく光り輝き、夏の太陽にはたちまちしおれてしまう彼らの性質を表わしてはいるが、地下では秘かに長寿であることは伝えていない。これらの野草は地下の倉庫から生えてくる。地下茎と呼ばれる地中に隠れた茎から生えたり、球根や塊茎から芽を出すのである。

毎年一回葉や花を送り出すと、彼らはこっそりと休眠状態に戻る。つまり、ひんやりとした春の空気に花を送り出す燃料は、前年から蓄えられた栄養分なのである。彼らは葉が出ると初めて、光合成によって貸借対照表のバランスを取り戻すのだ。

この戦略は、息のつまるような、光の足りない曼荼羅の世界で彼らが生き残るのを助ける。これらの野草の中には、何百年も前から毎年数センチずつ水平方向に地下茎を伸ばしてゆっくりと林床で広がってきたものもあるかもしれない。彼らはほんの数週間の間に春の太陽から得た養分で生きながらえるのだ。

いったん葉を広げた春の野草は、太陽光と二酸化炭素を激しい勢いで吸収する。葉にある呼吸のための穴、気孔が大きく開き、葉は酵素で一杯になって、大気から栄養のある分子を調合する用意を整える。これらの植物はいわば森のファストフード・ジャンキーだ――木に光をさえぎられる前に食事をすまそうと早食いするのである。春の野草がその大食いぶりを維持するためには強烈な日光を必要とする。大きく張りきった彼らの体は日陰では生きられない。

曼荼羅にあるそのほかの植物はもっとのんびりしている。エンレイソウは斑模様の三枚葉をヘパティカとハルヒメソウの合間に持ち上げるが、大急ぎで成長しようとしているわけではない。エンレイソウの葉には太陽光を利用する酵素はほとんどないので、スプリング・エフェメラルの成長のスピードには敵わないのだ。エンレイソウの節約が報われるのは樹冠が閉じてからである。酵素の数が少なければ維持するのに多くを必要としないから、エンレイソウは夏の深い木陰でも余剰の日光で糖分を作り出せる。

私たちは、曼荼羅の限られたスペースを競い合う、年に一度の植物競走のスタート地点に立っている。進化の過程は走りのスタイルに素晴らしい多様性をもたらした――ハルヒメソウは筋肉質の短距離走者だし、エンレイソウは贅肉のない長距離走者なのだ。

明るく燃えるスプリング・エフェメラルの生命力は、森全体に火を点ける。成長する彼らの根は、ともすれば春の雨によって森から流されてしまう土中の養分を吸い上げ、保持して、暗い土中の生命力を再活性化する。根の一本一本が栄養のあるゼリー状の溶液を分泌し、毛の生えた先端の周囲に生命を護る鞘（さや）を作る。

この狭い鞘の中には、他と比べて数百倍ものバクテリアや菌類や原生生物がおり、そうした単細胞生物が線形動物やダニ類や顕微鏡サイズの昆虫の餌となって、それを今度は、座って見ている私の目の前でちかちかと光りながら曼荼羅を行ったり来たりしている鮮やかなオレンジ色のムカデのような、もっと大きな地中生物が餌にする。ムカデは私の手の平の幅より長い。あまりに大きいので、その生命の源である花々の間をくねくねと動く、足の体節の一つひとつが見えるほどだ。

数日前、花について思いめぐらしていた私のじゃまをしたのは、このムカデよりも強烈な捕食動物だった。手の平くらいの大きさの、灰色の毛皮の丸いものが地面から飛び出してきて、それから別の穴に、ホコリの玉が掃除機に吸いこまれるようにスピードを上げて飛びこんでいったのだ。数分後、曼荼羅の反対側からゴソゴソいう音と、高いキーキーいう声が聞こえてきた。すす色の毛皮と太くて短い尻尾がちらりと見えたので、落ち葉の中の暴れん坊が曼荼羅をうろついているのがわかった——ブラリナトガリネズミだ。

ブラリナトガリネズミの一生は、短くて暴力的だ。一年以上生きるのは一〇匹中一匹にすぎず、ほかはそのすさまじい代謝作用で燃えつきてしまう。彼らはすさまじい勢いで呼吸するので、地上では長く生きられない。乾燥した空気の中でべらぼうなスピードで呼吸をすれば、乾燥して死んでしまうのである。

ブラリナトガリネズミは、獲物に噛みつき、それから毒のある唾液を獲物の体内に送りこんで、捕まえた獲物をときには殺し、ときには麻痺させて恐怖の地下牢に保管する。生きてはいるが動けなくなった餌を食料貯蔵庫にためこむのである。彼らは非常に獰猛で、目の前のものに片っ端から食いつく。ブラリナトガリネズミは哺乳類学者を絶望させる。もしも生け捕り用の罠にブラリナトガリネズミがハツカネズミと一緒にかかれば、頭に血が上った灰色の看守が骨の山を見張っているのを見つけるはめになる。

私が聞いたキーキー声はブラリナトガリネズミの声

としては低いほうだ。彼らの鳴き声のほとんどは高すぎて私の耳には聞こえない。一番高い鳴き声はブラリナトガリネズミの音波探知機である。彼らは超音波のクリック音を送り出して戻ってくる音を聴き、反響定位を用いて巣穴の中を動きまわり、獲物を見つける。つまり彼ら「陸生潜水艦」はおもに音で舵を取るのである。彼らの目は小さくて、哺乳類学者たちの間では、彼らにはものの像が見えるのか、単に光の陰影を認識するだけなのか、意見が分かれている。カタツムリ同様、ブラリナトガリネズミの視覚も謎なのである。

　ブラリナトガリネズミは土中の食物網の頂点にいる。ブラリナトガリネズミを食べるのはフクロウだけだ。それ以外はみな、ブラリナトガリネズミの凶暴な歯と、臭腺が吐き出す刺激性の匂いを怖れて距離を置く。

　そこには人間とのつながりがある。最初に登場した哺乳類はブラリナトガリネズミに似た生き物で、中生代のカタツムリやムカデを震え上がらせていた。私たちの祖先は、けたたましい声を上げ、獰猛で、暗い洞穴の中で荒々しい生活を送っていたのだ。現在の私たちの姿との類似性をつい思ってしまう。ありがたいことに、私たちにはもはや毒のある牙も刺激臭のある分泌腺もないが。

　スプリング・エフェメラルは地上の生命にも火を点ける。花から花へと飛び移る小さな黒いハチは、ハルヒメソウ以外の花には近づこうとしない。ハチはハルヒメソウの花に頭をつっこんで、花蜜（かみつ）と呼ばれる濃い砂糖水への渇きを満足させ、それから花粉のついたピンク色の雄しべの中で足をぶんぶん動かす。花から出てきたハチはまるで、バラ色の飾り砂糖をまぶした溶けたチョコレートの滴のようだ。彼らは両方の後ろ足に、ピンクの花粉ででっぷりと膨らんだサドルバッグをぶら下げて飛んでいく。

　この空飛ぶ砂糖菓子はすべて、冬のねぐらから出てきたばかりのメスバチである。その一匹一匹が、土が柔らかいところや古い倒木に新しい営巣地を求めて飛びまわる。巣を作る場所を選ぶと、ハチはそこにトンネルを掘り、つややかな分泌物を巣の内壁に塗りつける。分泌物は壁を固め、か弱い子どもたちが水に濡れないようにする。母親バチは花粉と花蜜を混ぜて玉にし、玉の上に卵を産みつけて、小さな土壁の部屋に閉じこめる。卵から孵ったハチの幼虫は花粉のペーストを内側から食べ進み、数週間後、完全に花だけでできたその体を現わす。ハチは死ぬまで花粉と花蜜に依存しつづける。ほかには何も食べない――彼らこそ「フラワーパワー*」の原型なのだ。

*――一九六〇~七〇年代のヒッピー世代が唱えた反体制的スローガン。

巣穴から出てくると、森に棲むハチのうちの数種類の子どもは繁殖のために飛び立つが、自分で卵を産む機会を放棄して巣穴に残るハチの種も多い。これらの働きバチが蜜集めを担当し、巣穴を最初に作った母親であるハチが卵を産むことに専念できるようにする。この協働態勢は、外的な要因と、ハチの遺伝子に組みこまれた内的要因の両方に負うものである。

ハチの巣穴が混み合っているということが、子孫が巣穴に残るのをうながす要因になる。林床のほとんどは、岩石が多すぎたり、濡れすぎていたり、落ち葉の積もり方が厚すぎたりして具合のよい巣穴を作れない。営巣地を求める競争は激しく、自分の巣穴を持とうとするメスバチは、失敗する危険が非常に高い。巣に残るほうが安全なのだ――そこで生まれたということはつまり、母親が巣作りに成功したということなのだから。

ハチの遺伝子もまた、母親を助けて働くという選択にますます傾かせる要因だ。

メスバチは、母親が秋の交尾飛行で蓄えた受精卵から生まれるため、人間と同様に、一つは母親から、一つは父親からの、二つの染色体コピーを持っている。一方オスバチは受精していない卵から生まれるため、母親から受けついだ染色体一セットしか持っていない。したがって、すべてのオスバチの精細胞は同一である。

この奇妙な遺伝系から、さらに奇妙な親族関係が生まれる。一つのハチの群れの中にいる姉妹バチたちは、非常に結束の固い、染色体でつながった超仲良しグループである。人間の兄弟姉妹は平均すると遺伝子の半分を共有するが、ハチの姉妹たちはもっとずっと多くを共有する。DNAのうち父親から受けつぐ半分はまったく同一だし、母親から受けつぐ残り半分は姉妹たちに平等に分配される。

したがって同じ両親から生まれたハチは、平均して遺伝子の四分の三が両親から受けついだものということになる。母親バチが複数のオスバチと交尾をした場合、関係性はやや薄くなるが、それでも進化の過程に影響を与えるだけの濃さは残る。

進化の会計係は、近しい親類関係を支援する生き物には褒美を与え、より遠い親戚は無視する。これは通常、自分自身の子孫を育てるのが進化における最良の戦略であることを意味する。

が、メスバチの遺伝子は、生まれた巣から独立して自分で子どもを作るのと、母親の子育てを助けることのどちらにも同じくらい前向きであるようにメスバチを作った。だから、春になって母親バチが巣を受精卵でいっぱいにすると、そこから生まれる一群の娘たちは、巣を出るのは危険なことで、巣に残るほうが魅力的、と感じるのである。

オスバチはこれとは違う力に引かれる。巣に残ることで得をするような妙な近親関係はオスバチにはない。だから息子たちは、巣のまわりをうろつき、漫然と花蜜を探しながら気位だけは高いごろつきのように振舞い、処女女王バチを見つけることにエネルギーを集中させる。姉や妹たちはオスバチが我慢ならず、ときには巣から強制的に追い出したりもする。

ハチの巣内に争いを引き起こすのは、兄弟と姉妹の敵対関係だけではない。時折、働きバチが自分の卵を王台〔ミツバチの女王バチを育てる特別な巣房〕に忍びこませようとする。すると女王バチはその卵を食べ、図々しい娘バチが卵を産むのを抑制する匂いを発して、すでに強く結びついている遺伝子の関係性をいっそう強いものにする。何度か冬を越えたメスバチが数匹で一緒にコロニーを作ることもあり、そうなると誰が一番たくさん卵を産むかの勢力争いになる。普通は勢力争いに勝ったハチが女王になるが、一緒にコロニーを始めた仲間は自分の卵を産もうとするのをやめない。

家族関係のほかにも、ハチの巣を襲う災難はある。無防備な幼虫と、たっぷり蓄えられた花粉と蜂蜜が、ハチの巣を、侵略者にとって魅力的な標的にする。今日はそういう侵略者が、曼荼羅の花々の上にたくさん、威勢よく動きまわっている。

それらの海賊の中でももっとも専門技能が高く、成功率が高いのが「ビーフライ（bee fly）」とも呼ばれるツリアブだ。ツリアブの成虫は無害で、滑稽ですらある。花から花へ突進し、オレンジ色の羽根ぼうきのようにフワフワした体からつき出した、硬い吻で花蜜を吸う。

だがこの、花から花への道化ぶりが可愛いのも、メスアブがハチの巣の入り口に卵を産み落とすまでだ。卵は孵化し、ミミズ状の幼虫が巣の中に這いこんで、ハチが蓄えた花粉や蜂蜜を食べる。それから幼虫は脱皮して捕食性になり、すでに室の食べ物を盗まれたハチの幼虫を食べるのだ。満腹になるとツリアブの幼虫は蛹となり、地下でじっと時を待つ。

翌春、スプリング・エフェメラルが曼荼羅の生命を一気に芽吹かせると、海賊だったツリアブは道化へと姿を変えて、蛹の寝床から這い出すのである。

曼荼羅のハチやハエを眺めているうちに、あるパターンが見えてくる。ツリアブの成虫は花を選り好みせず、片っ端から花に止まっては花蜜を吸い、花粉を食べる。ハナバチは好き嫌いが激しくて、ハルヒメソウを好み、バイカカラマツソウやヘパティカといった花蜜のない花は拒絶する。こうした好みは、巨大で複雑な関係性の、ほんの一端にすぎない。毎春この森で、何百という種類の虫や花々が交流し合い、そのそれぞれが、砂糖たっぷりの貢ぎ物や補助金つきの花粉運びで、なんとか子孫の繁栄を確保しようとする。たとえばツリアブのように、数は多いが花粉運びはあまりうまくないものもいるし、選り好みの多いハナバチのように、数は少ないが受粉媒介者としてはより効率的なものもいる。

この複雑にからみ合った依存関係は、一億二五〇〇万年前、最初の花が進化したころから存在する。アルカエフルクトゥスと呼ばれるもっとも古い花の化石には花びらはないが、花粉をもつ雄しべはその先端に旗のようなものがついている。この化石を同定した植物学者は、これらは受粉媒介者を惹きつけるのに使われたと考えている。昆虫の媒介によって受粉したと思われる古代の花はほかにもあり、最初に花が進化して以来、昆虫と花はパートナー関係にあるという考え方をさらに裏づける。

どのようにしてこの婚姻が起きたのかはわからないが、花をつける植物の祖先はシダのような植物だった可能性がある。祖先が生み出す胞子は、楽をして餌を得ようとする虫たちを惹きつけた。のちに花をつけるように進化した植物は、捕食性昆虫という災いを恵みに変えた。胞子を食べる虫を惹きつけるための派手な外見を作り出し、それから虫の体が包まれるほどの大量の胞子を作るようになったのだ。捕食性昆虫は、それと気づかないうちにこの胞子を含んだ塵を隣の花に運び、胞子を作った植物の繁殖を助けた。やがて胞子は包みこまれて花粉になり、本当の意味での顕花植物が誕生した。

曼荼羅のハナバチとハルヒメソウは、こうしたもともとの関係に見られる主題を再現している。ハナバチ、あるいはハナバチの幼虫は、集めた花粉のほとんどを食べてしまい、花から花へと運ばれる花粉の数は少ない。

花と昆虫の間にある関係の核心的な部分は変わっていないが、その細かい部分や修飾的な部分ははるかに複雑になっている。曼荼羅を横切る虫は、自分の店に誘いこもうとする花たちの、さまざまな香りや看板や誘惑の一大攻勢に遭う。ツリアブはそのすべてに反応し、誘われた花一つひとつに寄り道する。ほとんどのハナバチはもっと好みがうるさい。時にはこの選り好みの結果、特殊な関係ができる——ある一種類の虫のためだけにデザインされた花があったり、ある虫の脳が特定の花だけに反応したりするのだ。その極端かつみごとな例がランの花で、メスバチの匂いと見た目を擬態してオスによる受粉をうながし、オスバチの熱心さが今度はランのための郵便配達システムに姿を変えるのである。

曼荼羅にはこういう特殊な花がいくつかある。コンロンソウの花は筒状をしていて、長い舌をもつハチやハエでなければ細長いチューブの中の花蜜には届かず、小さいハチは相手にされない。効率のために一種類の花だけに忠誠を誓い、ハルヒメソウ以外の蜜を吸わないハチの種もいくつかある。だがこうした特殊な例は、曼荼羅の植物と受粉を助ける虫たちの乱交ぶりの中で異彩を放つ例外だ。春が短いことが、相手を選ばない花や虫たちの数の圧倒的な多さに拍車をかける。

スプリング・エフェメラルは、受粉媒介者が飛ぼうとしない早春の寒さと、樹冠が繁り、スプリング・エフェメラルが成長して種子を作るのに必要な陽光を奪い取る時期との狭間に花を咲かせる。選り好みをしている暇はない。それが身持ちの堅いハナバチだろうが行き当たりばったりなハエだろうが、虫から得られるどんな協力も欠かせないのだ。曼荼羅では、コンロンソウ以外の花はすべて茶碗型の花を咲かせ、どんな虫でも迎え入れる。星のような花々は大きく開いて、森中の虫たちがその華麗なショーにやってくるのを歓迎するのである。

4月2日

チェーンソー

April 2nd, Chainsaw

植林地と生物多様性

だしぬけに始まった機械音が森を貫き、曼荼羅の前に座っている私の神経をかき乱す。どこか東のほうで、チェーンソーが森を切り裂いている。原生林であるこの一画は森林保護区で、チェーンソーは使えないはずなので、私は曼荼羅を離れて調べに行くことにする。岩のがれ場を這うように進み、小川の岸をよじ登ると、音の出所が見つかる――ゴルフコースのメンテナンス・スタッフが、森の上方にある崖の一つの端のほうで枯れ木を切り倒しているのだ。ゴルフコースは崖の縁まで広がっていて、枯れた木はどうやらゴルフの美学とは相容れないらしかった。メンテナンス・スタッフは倒れた木をブルドーザーで崖から落とし、次の仕事にとりかかった。

崖がダストシュートとして使われるのを見るのは腹立たしかったが、落とされた木はサラマンダーの住処を増やすことになる。木が伐られたのが、崖の下の原生林の内側ではなかったので私はホッとしている。四方八方にみっちりと咲き誇る曼荼羅の花々が、ほとんど唯一無二とも言えるほど特別な存在なのは、この斜面の植生がチェーンソーで刈りとられたことが一度もないからなのだ。サラマンダー、菌類、単生〔コロニーを作らず単独で生活すること〕のハナバチもまた、巨大な倒木と厚く積もった落ち葉がもつれ合った環境を大いに享受する。伐採、特に皆伐は、こうした森の住民たちの多くを殺してしまう。そしてその数がもとに戻るには、何十年、ときには何百年もかかるのである。

　山の斜面から木々をはぎとると、しっとりとした腐葉層だった森の土壌は天火で焼いた煉瓦のようになってしまう。地中に巣を作るハチや、背中の濡れたサラマンダーや、地面を這うスプリング・エフェメラルの茎は、からからに乾いた土の上で乾燥して死んでしまうのだ。落ち葉や林冠や倒木を森が取り戻せば生き物は戻ってくるが、それには時間がかかる――苗床の役割を果たす古い朽ち木もないし、野草やサラマンダーの散布能力は高くないからだ。

　だから何だと言うのか？　なぜ、春に森で種の多様性が炸裂するのを護るために、木材や紙に対する私たちの加速化する欲望を抑えなければならないのか？　花は自分で自分の面倒をみるべきではないか？　そもそも、攪乱（かくらん）というのは自然なことだ。「自然の平衡」という古くさい考え方は、もう何十年も前に流行らなくなっている。今では、森は「動的システム」であって、風、火事、人間などの攻撃に常にさらされ、常に変化していると考えられている。むしろ私たちは質問を逆さまにして、かつては大々的に森林の木を焼きはらっていた山火事が、森を護る者の手によってここ一〇〇年近くも抑えられているのだから、かわりにいくらかの皆伐を行なうことが「必要」ではないか、と問うべきではないのか。

　学会、政府の報告書、新聞の社説などをにっちもさっちも行かなくした激しい論争には、その根本にこういう問いがあった。森に必要なのはチェーンソーのうなる音なのか、それとも伐採業者にじゃまされずに回復する時間なのか？　人間は自然を手本にしたがる傾向があるが、自然はよりどりみどりのアイスクリーム・フレーバーのように、さまざまな正当化の仕方を提供する。あなたのお好みの森のサイクルはどんなフレーバーだろう――何もかもを死滅させた氷河期の力か、何人の手もついていない原生の森か、それとも踊るようにいたずらをする夏の竜巻か？

相変わらず自然は、それに答えてはくれない。

かわりに私たちには倫理的な問いがつきつけられる。私たちは自然のどんなところを真似したいのだろう？何一つ容赦せず、何もかもを支配する氷層の力を真似て、地上に氷河期の美しさを強要し、数十万年ごとに撤退して森にゆっくりと再生させたいのか？それとも火や風のように、行き当たりばったりに間隔と場所を選んでは機械で広い範囲を伐採し、それからしばらくの間他所(よそ)に移るのか？私たちにはどれほどの木材が必要か？どれほどの木材を望むのか？

それは時間と規模の問題だ。二〇年ごとに伐採することもできるし、二〇〇年ごとに伐採することもできる。森から木を切り出したいという欲求を一カ所に集中することも可能だし、森全体を対象とすることもできる。森を皆伐することも、ほんの数本の木を伐採することもできるのだ。

この問いへの社会全体としての答えは、経済と政策という不器用な二本の手によって形づくられ導かれた、何百万人もの土地所有者の価値観から生まれたものだ。森は政府の検査官が引いた境界線によって、ひび割れたフロントガラスのようにずたずたにされてしまったので、場所によりその価値観はモザイクのようにバラバラである。そうした混沌はあるものの、全体として生まれるパターンはある。それは氷河期とも暴風雨とも違う、まったく別のものだ。私たちは氷河期の規模で、だがその何千倍もの速さで森を変化させたのである。

一九世紀、私たちは、氷河期が一〇万年かけて森から奪った以上の木を伐った。斧や鋸で森を切り開き、ロバや列車に積んで運び去ったのだ。この伐採から再生した森は、攪乱の規模にしたがってその多様性のいくばくかを奪われた、以前より劣った森だった。それはいわば、氷河期の規模で起きた暴風雨だったが、物理的に巻き起こされた混乱の激しさではむしろ竜巻に近かった。

安価な石油と高価なテクノロジーによって、私たちと森の関係は第二段階に入った。もはや私たちは手で木を伐ることもしないし、動物や蒸気機関車で木を運び出しもしない――それらのすべてをガソリン・エンジンがこなし、伐採はより速やかに、制御能力はより高くなっている。石油のパワーと人間の賢さはまた、私たちにもう一つのツールを与えた――除草剤である。

昔は、森が再生する力がじゃまをして、人間がその土地をある方向に向かわせる能力には限界があった。何百万年も昔からの風や火で斧に対抗する術をもった森が、人間に刃向かったからだ。今では、遺伝子が再び芽吹かせようとする木を「化学的に」抑制する方法が選ばれている。機械が木を伐り、残った「がらくた」をブルドーザーで整地して森を裸にする。それからヘリコプターがやってきて、跡地に除草剤を雨のように降らせ、草木が再び生えるのを未然に防ぐのである。

私はそういう皆伐地の真ん中に立ったことがある。どの方向も地平線まで植物がいっさい見えなかった。普通は緑豊かな夏のテネシー州では、それはぎょっとする経験だった。

こうした努力はすべて、その土地に新しい森を育てる準備のためだ。成長が速い木だけの単一栽培である。木と土壌の種類によっては、列になって生える木に化学肥料が撒かれる。以前の、時代遅れになった森から排除された養分の一部にかえるためだ。ちょっと見には、こうしてできた植林地は森のようなものに見える。だが、鳥、野草、木々の多様性はなくなってしまっている。こういう見せかけだけの森よりも、郊外の家の裏庭のほうが生物的多様性は大きい。

植林地がいつの日か「森」に戻ることは可能なのだ

ろうか？　私が氷河期から学んだのは、このような壊滅的な状態も逆転させることは可能だが、それには数十年ではなく何千年単位の時間がかかるということだった。だがこの質問をするのはまだ早い。氷河期は終わってはいないのだ。米国南東部では、あらゆる種類の自生の森が減少している。増えているのは栽培林だけだ。

　こうした変化の規模、目新しさ、そして強烈さは、森の生命の多様性を脅かすものであることは疑いようがない。この侵害行為について私たちは何かをなすべきなのかどうか、するとすれば何をすればいいのか、それは倫理の問題だ。自然は道徳的指導をしようとはしない――大量絶滅もまた自然がもつたくさんの側面の一つなのである。

　倫理的な問題は、私たちの文化が傾倒している政策シンクタンクや科学的な報告書や法律的な論争によっても答えることはできない。答えは――あるいはそのきっかけは――静かに窓から全体を見わたすことによって見つかるのだと私は思っている。私たちを維持し支えているものの仕組みを研究することによってしか、私たちには自分の立ち位置が見えないし、したがって自分の責任にも気づかない。森を直接的に体験することによって私たちは、あらゆる伝統的な倫理観の系譜に影響を与えてきた大きな文脈の中に自分の生命や欲望を置いてみる、という謙虚さをもつことができる。

　私の質問に、花やハチたちは答えてくれるだろうか？　直接的には答えてくれないだろう。だが、多くの要素から成り、私という存在を超越して存在する森についてじっくり考えるうち、二つの直観的な洞察が頭に浮かぶ。

　まず、生命という織物の織り糸をほぐそうとするのは、贈り物を嘲り笑うような行為であるということ。それどころかそれは、合理的な科学でさえその価値は計り知れないとする贈り物を、破壊する行為である。私たちは、自分たちが作り出した、ちぐはぐで維持不能だということがわかっている世界と引き換えに、この贈り物を捨て去ろうとしているのだ。

　二つめは、森を産業工程の一部に変えようとするのは非常に軽率であるということ。化学薬品による氷河期の再現を擁護する人でさえ、私たちが土壌から鉱物を採掘し、使用ずみの土壌を破棄して、自然の資産を消耗させているということは認めるだろう。膨れあがる安価な材木の消費量が作り出した経済的な「必要」で正当化された、この軽率で恩知らずな行為は、私たちの内面の傲慢さと混乱が外に表われたものであるかのようだ。

　木材や紙のような木製品が問題なのではない。木材は私たちに安全な住処を与えてくれるし、紙は私たちの知性と精神に栄養を与えてくれる。それが有益な所産であることは明らかだ。それに木製品は、鉄鋼、コンピュータ、プラスチックなど、大量のエネルギーと再生不能な自然資源を必要とする製品にくらべて、ずっと環境に優しい。

　現在の林業経済の問題は、私たちが森から木材を切り出す際のバランスの悪さなのだ。私たちの法律と経済のルールは、伐採による短期的利益をそのほかのあらゆる価値より重視する。

　だがやり方はほかにもある。私たちには、人間と森の両方が長期的に健全であるための、思いやりのある管理の仕方を取り戻すことが可能である。そのためには、静けさと謙虚さが必要だ。黙考というオアシスが、私たちを混乱の中から救い出し、私たちの倫理観に明晰さとも呼べるものを取り戻してくれるのだ。

4月2日

花

April 2nd, Flowers

受粉とさまざまな花の形

信じられないほどの数の花が曼荼羅に咲き乱れている。数えようとするとわけがわからなくなる。二八〇、三二〇……一平方メートルの中に、あまりにもたくさんの花がひしめき合っているのだ。花には従者たちがつきそっていて、お洒落なフワフワの服を着てブンブン言いながら飛びまわり、やんごとなき花々のお世話をしている。私も彼らの儀式に参加してひざまずき、それから平伏する——拡大鏡を目に押し当てて。

開いたハコベの花から、雄しべが噴水のように弧を描く。中央に半球体の子房があって、そのまわりをほっそりとしたクリーム色の花糸（かし）が囲み、黄褐色の花粉の塊を戴いている。花糸は子房から遠ざかるように反り返り、花に特有の花粉離着陸所である柱頭（ちゅうとう）から花粉を遠ざける。ハコベには柱頭が三つ、子房のタマネギ形ドームのてっぺんにあって、そのそれぞれが、花粉まみれのハチが通りかかるのを待っている。

柱頭の表面には微細な指状のものが密集し、花粉を捕まえようと身を伸ばしている。花びらがその役割を果たしてハチを惹きつけると、粘性のある柱頭がざらざらした花粉を捕まえるのだ。花粉を捕まえると柱頭はそれを調べ、自分と違う植物種の花粉はすべて拒絶する。同時にハコベは自分自身の花粉や近すぎる株からの花粉も避ける。自家受精や同系交配を避けるためだ。

適当な花粉が捕まらない場合には、自家受精を避ける、というルールが破られる植物も中にはある。ヘパティカをはじめ、早春に花を咲かせる植物にとって、自家受精は最後の手段だ。彼らにとっては、天候が荒れ模様で受粉を媒介してくれる虫が飛べない場合、破れかぶれの自己愛のほうが、誰にも愛してもらえないよりはマシなのである。

生化学的なお見合いがうまくいけば、柱頭の細胞は水と養分を分泌して花粉の硬い鎧(よろい)を溶かす。花粉の中の二つの細胞が膨張し、花粉の殻を破裂させる。二つの細胞のうちの大きいほうが割れた花粉の殻から外に出てアメーバのように成長し、周りを囲む細胞の間を縫って、花粉管を形成しながら下に掘り進んでいく。柱頭は花柱(かちゅう)と呼ばれる柄の先端にあって、花粉管はその花柱の中を、細胞を押し分けながら、あるいは中が空洞の花柱の場合はその内壁を油の滴が伝うように下りていく。

小さいほうの花粉細胞は分裂して二つの精細胞になる。精細胞は花粉管の中を、川下りの筏のように流れ落ちる。動物やコケやシダの精細胞と違って、この筏にはオールがない。それはまったく受動的にしか動かない。

花柱が長いのは、ハナバチがぶつかる高さまで柱頭を持ち上げる必要があるからだ。おかげで花粉管にとっては試練の大冒険となり、それゆえに、花婿候補を品定めするには恰好の踏み絵となる。

ハチは柱頭にたくさんの花粉を落とすので、花柱には同時に何本もの花粉管が伸びていることがある。そういう場合花柱は、植物たちの愛を賭けたケンタッキーダービー*の様相を呈する。精細胞は卵細胞を抱える胚珠(はいしゅ)に向かって花粉管を進む。失敗は騎手の遺伝子の死滅を意味する。生命力の強い植物は花粉管が伸びるのも速いということを裏づける証拠があるので、つまり花柱の長さが、成功率の高い精細胞を選ぶのに役立つのである。

*——ケンタッキー州にあるチャーチルダウンズ競馬場で行なわれる競馬レースで、アメリカクラシック三冠の一つ。

ひょっとしたら花柱は、花粉の種馬が懸命に走らなくてはならないように、ハチを捕まえるために絶対必要な長さ以上にわざと長くできているのかもしれない。花粉管は花柱の根元まで伸びると肉厚な胚珠の中に潜りこみ、そこで二つの精細胞を送り出す。そのうちの一つは卵細胞と結びついて胚を作り、もう片方は二つの小さな植物細胞のDNAと結びついて核相が三の大きな細胞を作る。DNAを三組持つこの細胞は分裂して太り、成長中の種子の食糧庫となる。人間はこれを小麦粉やコーンミールとして利用してきたのである。このような重複受精は、花を咲かせる植物特有のものだ——それ以外の生物はみな、生殖には精細胞一個と卵細胞一個しか必要としない。

私の拡大鏡の前にあるハコベは雌雄同体で、花の一つひとつに、花粉と卵細胞、オスとメスの両方がある。一つひとつの花が、生殖に必要な道具をすべて持っている——花粉粒、花粉粒を作って保管する雄しべ、雄しべを持ち上げる花糸、柱頭、花柱、そして卵細胞を包む子房。これらの器官がすべて杯状の花の中につめこまれ、動物の目を惹きつけるためにデザインされた花びらが周りを囲んでいる。そうした小さな、整然と配置された複雑性が、抗しがたい魅力を生み出しているのだ。

曼荼羅のスプリング・エフェメラルはどれもみな雌雄同体だ。短くてきまぐれな季節の間にほんの少数の花を咲かせるにすぎない、小さな植物に適した戦術である。オスとメスを一つの花の中に併せもつことで、自家生殖の可能性を残しておくのだ。また、オスの機能とメスの機能に同等に投資することで、少なくとも遺伝子の一部が次の世代につながる可能性を大きくする。ほかの植物、たとえばオーク、クルミ、ニレといった風媒受粉の木々はそれとは違う戦術をとり、単性の花を大量に咲かせる。この場合、それぞれの花が、花粉を散らすか、風に乗った花粉を捕まえるかどちらかの、専門の役割をもっている。

曼荼羅の植物は、雌雄同体である点は共通しているが、その形状は花によって大きく異なっている。ヘパティカの雄しべは、柱のような形をした花柱の塊のまわりにもじゃもじゃと生える。ルイヨウボタン〔ブルーコホシュ〕の象牙のような白っぽい花には、球形の雄しべが、極小の柱頭をもった球根状の子房のまわりにうずくまるようにしている。コンロンソウの花びらは、隠れた雄しべのまわりに葉鞘を包みこんでいる。ハルヒメソウの花だけはハコベに多少似ていて、三つの柱頭が三つ叉の矛のてっぺんにあり、先端がピンク色の雄しべが五本、まわりを囲んでいる。

こうした多様性は花粉を運ぶ動物たちの好みを反映するが、もっとわかりにくい理由も影響している。たとえば蜜を盗む虫や動物は、花の設計について、密やかな、だが強烈な影響力をもっているのだ。

私の目の前のハルヒメソウの花に、一匹のアリが頭をつっこんでいる。私は拡大鏡でアリが花粉と柱頭を無視して通り過ぎ、逆立ちして花の甘い蜜を盗むのを眺める。こうして花蜜を盗まれるのは、さまざまな受粉媒介者を迎え入れる、杯状に開いた花が支払う代償なのだ――たかり屋が侵入してきてその寛容さを食い物にするのである。

ハルヒメソウの花は、どんな虫にもアクセスが可能な開いた杯の中の花蜜を無償で提供するという、もっとも寛容な、それゆえにもっとも無防備な戦術をとる。ヘパティカとバイカカラマツソウも開いた杯状の花を咲かせるが、どちらも花蜜はない。花蜜のない花は、盗人に悩まされることがほとんどないかわりに、ハナバチにとっての魅力も少ない。コンロンソウの花蜜は閉じたチューブの中にあって盗人アリを閉め出すが、同時に奥まったところにある花蜜に手が届くハチの数も制限されてしまう。

花の形状の多様性はまた、その植物と花の寿命にも影響される。ハルヒメソウのようにほんの数日間しか咲かない花は受粉媒介者を捕らえるのに必死だ。それには、ハナバチの口づけのためならどんな危険も厭わない自由奔放な生き方が向いている。仮にハチの抱擁にろくでなしのおまけがついてきたとしても、それはそれでかまわないのだ。もっと寿命が長い花は、より節度があり、花蜜をしまいこんだり、花を包みこんだりしておくことができる。遅かれ早かれふさわしい花婿候補がやってくることがわかっているからだ。

花を咲かせる植物自体の寿命も、花の咲き方の効率を決める要因だ。スプリング・エフェメラルはどれもみな、地下の根または茎から芽を出す多年草である。地下を這う茎が三〇年も生きるとしたら、受粉媒介者探しは慎重にできる。地下茎が短命なものなら、多少のたかり屋は我慢するかもしれない。花が咲いている時間と植物自体の寿命という二つの要素はともに、同じ主題のバリエーションにすぎない——短い命は明るく燃えなければならないのだ。

つまり花々は、盗人に盗まれるものと受粉媒介者を惹きつける必要性とのバランスをとりながら、損得勘定のアクロバットを演じなければならない。演技の首尾を決めるのは曼荼羅を飛びまわる虫だけではなく、その植物の系図にもよる。自然淘汰の過程は前の世代が提供する素材をもとに手を加えるので、一つひとつの花のデザインはその系譜の特異性によって決まるのである。植物の科が違えば持っている器具が違うから、演じられるアクロバットも違ってくるわけだ。

ヘパティカとバイカカラマツソウは同じキンポウゲ科に属しているが、キンポウゲ科の植物はどれも、花蜜のない開いた杯形の花をつける。

おなじみのハコベはナデシコ科〔英名 pink family〕に属する。ピンク・ファミリーというこの科の名称は、よい香りがする園芸花ダイアンサスの一般名〔ピンク〕から来ている。ダイアンサスの花の色がピンクという色の名称になり、また、ギザギザした花びらの形が、裁縫をする人が布を波形に切るときに使うピンキングばさみの名前にもなった。つまり「ピンク」という植物の科は、花びらのギザギザから名づけられたのであって、色から名づけられたのではない。そしてハコベはこの、花びらが鋸歯（きょし）状になる傾向を受けついでいるのである。一見すると、ハコベの細長い一〇枚の花びらは、この科の伝統からかけ離れているようだ。が、よく見ると花びらは五枚しかなく、それぞれに深い割れ目があるために二枚に見えるのだということがわかる。

つまりハコベは、一家の装飾の好みを限界までつきつめ、実際以上の花びらがあるかのような錯覚を生み出したのだ。

人間を含めたあらゆる生物がそうだが、花々はその歴史に適応を重ね合わせ、多様性と単一性、個性と伝統の間に緊張感を作り出す。だからこそ、行きすぎとも思えるほどに咲き乱れる曼荼羅の花々はこれほどに感動的なのだ。

4月8日

木部
April 8th, Xylem

カエデとヒッコリーの配管システム

このところ天候が不安定で、ある日はみぞれが降ったかと思うと、次の日には強い日射しで猛暑だったりする。曼荼羅（まんだら）の生き物たちのペースもそうした変化にそっている。みぞれの日には葉はうなだれて、森はキツツキが木をつつく音以外は静寂に包まれる。今日は太陽が照っていて、生命がよみがえりつつある——緑は息を吹き返し、一〇種を超える小鳥たちがさえずり、空を虫たちの小さな群れがいくつも飛び交い、気の早いアマガエルが低い木の枝で鳴いている。

先週まで、森の緑は地面を這い、光合成をする緑のカーペットは足首までしか届かなかった。今ではカエデが芽吹き、枝先から緑色の花のようにぶら下がっている。まるで潮が満ちるように、緑色に輝く森が足元から生命を取り戻そうとしているのだ。下から上に向かううねりが山の斜面を再生の気配で満たしていく。

サトウカエデの枝が曼荼羅の上に垂れ下がり、新芽が太陽光をさえぎって低木層に影を落とす。何百とあった春先の野草の花は十数種をのぞいてなくなってしまった——カエデがその生気を奪ったのだ。だが、曼荼羅のまわりの木がすべて葉を出したわけではない。

カエデの元気のよさは、曼荼羅の反対側に不機嫌そうに立っている生気のないピグナット・ヒッコリーと対照的だ。ヒッコリーの太い灰色の幹は林冠に向かってまっすぐ伸び、黒々と、葉のない枝を広げている。

カエデとヒッコリーの違いは、内面の葛藤を表わしている。成長中の木は、葉の気孔を広げて濡れた細胞の表面に空気が触れるようにしなければならない。二酸化炭素は、植物の細胞内で糖に変化する前に、まずその湿り気に溶けるのだ。気体から食物へのこの変容こそが木の生命の源なのだが、それには代償が必要だ。開いた葉の気孔から水蒸気が逃げ出すのである。曼荼羅に影を落とすカエデからは、毎分毎分、数リットルの水が空中に吐き出される。暑い日には、曼荼羅に根を張っている七、八本の木の葉から、一日で数千リットルの水が水蒸気になって放出されるのである。

こうした上下逆向きの水の流れはあっという間に土壌を乾かしてしまう。水の供給がつきれば、植物は気孔を閉じて成長を止めざるを得ない。

すべての植物が、成長の交換条件として水を消費する。だが木の場合はもうひとつおまけに困った問題がある。葉を空に向かってつき出した結果、彼らは自分の内部の配管システムの奴隷になってしまったのだ。木の幹の内側には、大地と空、つまり土壌中の水分と太陽の炎をつなぐ、欠くことのできない連結部がある。そしてこの連結部は、厳しい規則によって支配されている。

木の葉の内部では、太陽光によって細胞の表面から水が蒸発し、気孔から流れ出る。水蒸気が湿った細胞壁から漂い出ると、中に残る水の表面張力が、特に細胞と細胞の間の細い溝で強くなる。この表面張力が、葉の奥のほうからさらに水を引き寄せる。引力は葉脈に伝わり、それから木の幹の内側の、水を運ぶ細胞に伝わって、最後には根まで到達する。蒸発する水蒸気の分子一つひとつが水を引き寄せる力は、絹の糸をゆらす風のようにかすかなものだ。だが、蒸発する分子が何百万個も集まれば、その力は、地中から太い綱のような水を汲み上げるに十分な力になる。

水を運ぶための木のシステムは驚くほど効率的だ。自分のエネルギーは少しも使わず、かわりに太陽の力を使って、幹の中を通して水を運ぶのだ。もしも人間が何千リットルもの水を根から樹冠まで運ぶ機械を設計したとしたら、森にはポンプの音が響きわたり、ディーゼルの匂いが充満し、あるいは電線だらけになってしまうだろう。進化のシステムはもっとずっと倹約家でやりくりがうまく、そんな浪費は許さないから、水は音もなく、楽々と、木の中を移動するのである。

だがこの効率的な水の運搬システムにも弁慶の泣き所がある。時折、上昇する水の柱を空気の泡が中断するのである。この塞栓（そくせん）症が水の流れを堰き止めてしまう。冬はこの塞栓症が起きやすい。水を運ぶ細胞の中で水が凍ると気泡ができるからだ。冷蔵庫の製氷皿の氷を曇らせる気泡と同じものである。身が凍るような天候のときは、木の幹にはたくさんの空隙ができ、木の配管をめちゃくちゃにしてしまう。この問題に対して、カエデとヒッコリーはそれぞれ違った解決法を編み出した。

枝に葉がないので、ヒッコリーは寒々として活動していないように見えるが、それは錯覚だ。ヒッコリーの内部では、二週間ほどたつと姿を見せる花や葉に備えて、新品の配管システムができつつある。塞栓症のせいで、昨年使った配管システムは使いものにならなくなってしまった。だからヒッコリーは四月の初めを、新しい配管づくりに費やすのだ。樹皮のすぐ下には、生きた細胞が薄い膜を作って幹を囲んでいる。この細胞が分裂して今シーズン用の新しい導管（どうかん）を作るのである。分裂した細胞と樹皮にはさまれた外側の細胞層は師部（しぶ）となり、糖分やそのほかの食物粒子がその中を上へ下へと運ばれる。内側にできた新しい細胞は死んで、その細胞壁が木部（もくぶ）となり、水を幹の上方に導く。

ヒッコリーの木部は長くて幅が広く、抵抗するものがほとんどないから、葉が出たときにはたっぷりと水が流れる。だが管が太いと塞栓もことさらにできやすい。いったん塞栓ができてしまえば管は使いものにならず、ヒッコリーの幹にはこうした太い導管はわずかしかないから、ほんのいくつか塞栓ができただけで水の流れは著しく減ってしまう。

そういう仕組みになっているからヒッコリーは、霜が降りる危険がなくなるまで葉を繁らせることができないのだ。ヒッコリーの木は暖かな春の日をむだにするけれども、あとになってそのパイプラインが開通すればその分の遅れを取り戻せるのである。つまりヒッコリーはスポーツカーのようなものだ——春の終わりまでは氷のせいで走れないが、暖かな夏にはすべてのライバルたちを抜き去るのである。

ヒッコリーの幹にはもう一つ問題がある。長くて幅広な木部は薄い材質でできたストローのようにもろくて、重い枝や、葉を引っ張る風の力には耐えられない。そこでヒッコリーは、春にできる木部導管が育ってしばらくすると、壁が厚くて径の小さい木部導管を作る。この、夏に育つ木部導管は、春にできる木部導管にはない構造的な支えを提供する。毎年こうして交互に繰り返される木部形成は、伐採されたヒッコリーの断面に、幅が広くて多孔質の細胞が、より密度の高い木部で隔てられている「年輪」として見ることができる。

ヒッコリーがスポーツカーだとすると、カエデは四駆の乗用車だ。カエデの木部は霜が降りてもへっちゃらで、ヒッコリーより何週間も早く葉を出す。

ところが夏になると、水を運び太陽の光から養分を取りこむ能力ではヒッコリーに後れをとるのだ。カエデの木部の細胞は、ヒッコリーのものよりも数が多く、短くて幅が狭く、そして櫛のような板状組織で仕切られている。幅が広くて開放されたヒッコリーの導管と異なり、カエデの導管の構造は、塞栓ができてもそれはその小さな部屋の中に限られる。カエデには小さな導管がものすごくたくさんあるので、塞栓ができてもそれがブロックするのは幹のごく小さな一部にすぎない。ヒッコリーの木部が環のようなパターンであるのに対し、カエデの木部はもっと均一で、「散孔」パターンを見せる。

こうした違いは、家具や、そのほかの木工品を見るとわかる――カエデは木目がなめらかだし、ヒッコリーには規則的に小さな穴の列がある。

カエデには、塞栓に対処するための生理的な特徴がもう一つある。冬の厳しい氷結が去った春の初めに、甘い樹液が強制的に幹の中を上昇しながら気泡を追い出し、古い木部を元通りの状態にするのである。だからカエデは古い木部を使って余分に水を運ぶことができるのだが、一方ヒッコリーはその年にできた木部しか使うことができない。春にカエデの幹を樹液が流れるのは、枝の樹液が夜に凍結し昼間溶けるというサイクルがその動力だ。このことは、なぜ樹液が多い年とほとんどない年とがあるのかを説明する。夜間の寒さと太陽が照る日中の暖かさとで気温が大きく上下するときには樹液がたっぷりと流れるし、寒くもなく暑くもない、寒暖の差がない年には流れが止まってしまうのだ。

葉の生い繁るカエデと寒々しいヒッコリーの対照は、結局のところ配管の違いによるものだ。一見、両者は不変の物理的法則にがんじがらめになっているようだ。水が蒸発し、流れ、凍る、ということによる制約が両者を取り巻いているからだ。だが木はまたこれらの法則そのものを利用する達人でもある。葉の気孔を開くかわりに木は水の蒸発という代償を支払うが、水の蒸発はまた、何千リットルもの水を静かに、楽々と幹を伝って運び上げる力でもある。同じように、氷は春の木部にとっては敵だが、年の初めのうちに流れるカエデの樹液の動力でもあり、ここでもカエデは何の代償も支払わない。

やり方はそれぞれ違うが、カエデもヒッコリーも、自分たちに課せられた制限を自分たちに有利に逆転させ、逆境から勝利を導き出したのだ。

4月14日

蛾

April 14th, Moth

汗と塩分

一匹の蛾が、黄褐色の足を私の肌の上で動かし、何千本もの化学物質検出器で私の味見をしている。まるで六枚舌だ！ 一歩一歩、感覚が炸裂する。手の上や葉の上を歩くのは、きっと口を開けたままワインの海を泳ぐようなものに違いない。

私というヴィンテージワインがお気に召したようで、蛾は明るい緑色の目の間から口吻(こうふん)をくるくると下に伸ばす。広げた口吻は蛾の頭から、私の肌を指す矢印のように真下に飛び出し、肌に触れると硬かった口吻が柔らかくなり、先端がくるりと後ろ向きに跳ね返って蛾の足の間を指す。

蛾がその先っぽで、何かを探しているかのようにピタピタと肌に触れるたび、ひんやりと濡れた感触がある。自分の指に顔を近づけて拡大鏡越しに目を細めると、口吻の先端が私の指紋の二本の稜線間の溝に入っていくところだ。口吻はこの畝にじっとしたままで、半透明の管の中を液体が行ったり来たりするのが見える。濡れた感じが続く。

半時間ほど蛾の食事を眺めていた私は、この客人にお帰りいただくことができないのに気づく。最初のうちは指を動かさないようにして、慎重に頭だけを動かしていたのだが、数分もすると体がそんなこわばった状態に抗議の声を上げたので、指を動かしてみる。反応なし。私は指を振り、それから蛾に息を吹きかける。蛾は作業をやめない。鉛筆の先でつついても蛾は動じない。大きなハエもやってきて、トイレのラバーカップみたいな口で私の手に湿ったキスをする。ごわごわの毛の生えたハエは、私が顔を近づけると普通に虫がするように反応し、飛び立っていく。ところが蛾はと言えば、ダニのようにくっついて離れない。

蛾が私の指にしっかりとへばりついている原因は、蛾の触角を見るとわかる。触角は頭から弓なりに生えていて、ほとんど蛾の体長と同じくらいのところまで前方に伸びている。それぞれの触角の軸からは、肋骨状のものがびっしりと並んで横向きにつき出し、珍妙な羽根が頭に二本生えているかのようだ。羽根は、ベルベットのような毛で覆われている。その一本一本にはたくさんの穴が開いていて、それが湿った中核部につながっている。中核部には神経終末があって、適切な分子がその表面にくっついて反応を起こすのを待っているのだ。

こんな大げさな触角をもつのはオスだけで、彼らはメスが放つ匂いを求めてあたりを触角で探しまわり、飛び上がると、その巨大な羽根のような鼻に導かれて交尾の相手にたどり着く。だが相手が見つかるだけでは不十分で、オスは相手に婚姻の貢ぎ物を渡さなければならない。その贈り物に欠かせない原料を、私の指が提供しているのだ。

人間が求婚の際に選ぶ鉱物と言えばダイヤモンドかもしれないが、蛾が求めるのはそれとは違った、まったくもって実用的な鉱物、塩である。交尾の際、オスの蛾は、球状になった精子と少しばかりの食べ物を包みにして交尾の相手に渡す。たっぷりのナトリウムで味つけされたこの餌は、次の世代のニーズを先どりしたものだ。メスの蛾は、この塩を卵に引きつぎ、かくして蛾の幼虫にもそれが手渡される。木の葉にはナトリウムが欠乏しているから、葉を食べる幼虫には両親からの塩辛い遺産が必要なのである。蛾が懸命に私の指にくっついているのは交尾の準備のためであり、子孫が生き残るためなのだ。私の汗に含まれる塩分が、幼虫の食生活に欠けているものを補うのである。

　今朝は天気がよく、気持ちのよい暖かさだ。夏の暑さはまだこれからで、私はほとんど汗をかいていない。おかげで蛾は仕事がしにくいし、贈り物のための化学成分の混ざり具合もよろしくない。私が汗をたっぷりかいていたほうがずっと都合がよかっただろう。人間の汗というのは、裏ごし器にかけたスープのように、血液から大きな分子が取りのぞかれたものでできている。有機元素やイオンを含んだ血液中の水分は血管から細胞と細胞の間に浸み出して、汗管（かんかん）の根元にあるコイル状の管に入る。この液体が汗管を伝わるうちに、体はナトリウムを細胞に送り返し、その貴重なミネラルを取り戻す。汗の動きが速ければ速いほど体がナトリウムを再吸収する時間が少ないので、ものすごく汗をかくときには、汗の中と血液中のミネラル配合の違いは少ない。私たちは文字通り血の汗を、ただし固形物抜きで、滴らせるのだ。発汗の仕方が緩慢だと液体中のナトリウムは少なく、その分カリウムが増えるが、体はカリウムを再吸収しようとはしない。植物の葉にはカリウムは豊富なので、オスの蛾はカリウムには興味がなく、ナトリウムと一緒に吸い上げたカリウムは排泄してしまう。だから、私の肌から蛾が取りこんでいるカリウムの一部は蛾の糞に混じり、土に戻る。

　ほんの一滴にも満たないほどの、しかも味つけが間違っている汗しか提供できないにもかかわらず、蛾にとって私はしがみつくに値する哺乳動物だ。人間のように、体温を下げるメカニズムとして汗を利用する動物は非常にまれなので、曼荼羅では塩を含んだ肌はめったに見つからない。毛が生えていなくて塩辛い肌はさらに希少だ。

クマもウマも汗はかくが、彼らの報奨金は厚い毛皮の下に隠されている。ウマは曼荼羅には決してやってこないし、クマが来ることも非常にまれだが、この一帯の洞窟で見つかった形跡を見ると、銃が使われるようになる前はめずらしくなかったことがわかる。そのほかの哺乳類のほとんどは、手の平、あるいは唇のまわりにしか汗をかかないし、齧歯類はまったく汗をかかない。おそらくは、体が小さいのでことのほか脱水状態になりやすいのだろう。

だから曼荼羅では、毛穴からにじみ出す、血液中の水分からできた汗は、めったにないおもてなしだ。森にナトリウムがどれほど少ないかを考えれば、私の肌のわずかばかりの汗はご馳走なのである。ときには雨が作った水たまりの水も吸いこむ価値があるが、ナトリウムが豊富なことはめったにない。糞と尿のほうが塩気はあるが、すぐに乾燥してしまう。だから今日は、私が一番の獲物なのだ。

曼荼羅での観察が終わったとき、蛾を森の外に連れ出してしまうわけにはいかない。しがみつくその足を私の肌から引き剥がしたら、走って退散しなければ。

4月16日

早起き鳥

April 16th, Sunrise Birds

光と音

東の地平線の暗さに桃色がにじんだかと思うと、やがて空の丸天井全体が明るくなり、暗闇は淡い光に包まれていく。二つの音階が繰り返し空に響きわたる——最初は高く澄んだ音、それからやや低くてはっきりした音だ。こうしてエボシガラたちがテンポの速い二音のリズムを繰り返す一方で、カロライナコガラは、頭を上下に振るように上がったり下がったりする四音のメロディを奏で始める。地平線から上方へと徐々に桃色は拡がり、ツキヒメハエトリ属の小鳥は酒と煙草でつぶれたような声で、よれよれのブルース歌手のように、フィー・ビー、と自分の名前を叫ぶ〔英名はphoebe〕。

蒼ざめた空が明るくなるにつれて、ミミズを食べるアメリカムシクイ科の鳥たちが興奮気味にカスタネットをカタカタ言わせる。酒も入っていないのに興奮した鳥たちの歌は、あちらからもこちらからも、テンポや音色が無秩序に混ざり合って聞こえてくる。

シロクロアメリカムシクイは喘(あえ)ぐような声で、木の枝の下側に逆さまにぶら下がってウィータ、ウィータと億劫そうに鳴く。若木の上で鳴くクロズキンアメリカムシクイは、音を二回転させて勢いをつけてから空に向かって鳴き声を投げつける——ウィーア・ウィーア・ウィーティーオー。

西のほうから、もっと大きな鳴き声が聞こえてくる。声量豊かな三つの音が、繰り返す波のように森に押し寄せ、それから波立つ渦のようにバラバラになる。ミナミミズツグミがティン・ホイッスルのような声で歌うその歌は、自分たちが岸辺に住んでいる小川の流れからヒントを得たかのようだが、歌の旋律や声量は、轟(とどろ)くような水の音にもかき消されずに聞こえてくる。

淡い桃色は濃いピンクになり、地平線に沿って拡がっていく。天空の丸天井が明るくなって、半分閉じたままの曼荼羅のハコベの花や、曼荼羅の境界を縁どる岩や石の形を浮かび上がらせる。世界が徐々に見えるようになるにつれて、チャバラマユミソサザイが鳴きはじめ、森中で一番大きい鳴き声をミズツグミと競い合っている。ミソサザイの一種は一年中鳴くが、春先の音の洪水が普段の印象をかき消したのか、今日は新鮮に聞こえる。渡って行ってしまったミソサザイをのぞけば、そのパンチのある声や、伸びやかで豊かな歌にかなう鳥はいない。

チャバラマユミソサザイの歌に、斜面のもっと下のほうからメガネアメリカムシクイが応える。ミソサザイの歌の旋律や音色を真似ながらも遠慮がちで、飛びこみ台の上で何度も何度も跳ねながら一向に飛びこまない高飛びこみの選手のようだ。

そこへ天空から別の鳴き声が聞こえてくる。シロクロアメリカムシクイに似ているが、それとは違うパターンに変化し、スピードを上げて、それからピチャピチャというさえずり声になる。何の鳥だかわからない。もっと苛立たしいのは、双眼鏡でその姿を見つけられないということだ。

もしかするとこれはアメリカムシクイの、明け方の「さえずり飛翔」だろうか？　このさえずり飛翔は、アメリカムシクイが森のはるか上空を弧を描いて飛ぶときの、普段のアメリカムシクイらしくない、名歌手ばりのソロだ。ほとんど録音されたことがなく、わずかばかりの私の経験から言えばバリエーションが豊富である。彼らが生きるうえでこれがどんな役割を果たしているのかはわかっていないが、少なくとも、彼らの創造性をどっと解放させる役には立つだろう——それ以外には一日中、ほんのいくつかの同じ音節を繰り返して過ごすのだから。

キツツキの騒々しい声が演奏に加わる。まずはシマセゲラがその震えるような鳴き声を曼荼羅に投げてくる。と、カンムリキツツキの常軌を逸した笑い声がそれに応えて飛んでいく。キツツキたちのやりとりの合間を、低く擦れた声と甲高い口笛のような声が交互するアオカケスの鳴き声が縫う。空は輝きを増していき、オウゴンヒワが五、六羽、まるで投げた小石が水の上を弾むように、林冠のすぐ上で空中を跳ねながら東に飛んでいく。一跳ねごとに、チチチ、チチチ、とさえずる声がする。

一瞬、空全体がピンク色に輝き、それから急に東のほうから黄色くなって曼荼羅が明るくなる。黄色い光はやがて地平線にどっかりと腰をすえ、残りの空全体が乳白色の光に包まれる。

アカメモズモドキの、等間隔でほとばしり出る口笛のような声が朝日を出迎える。口笛は上り調子で「ここはどこ？」と問うように終わったり、低い音で「ここにいたのか」と言って終わったりする。モズモドキは森に質問を投げては何度も何度も繰り返し答え、ほかの鳥たちが演壇から退いた真昼の暑さの中で講義を続けている。そのプロ根性にふさわしく、モズモドキが林冠のてっぺんから下りてくることはめったになくて、普通はその明るい、繰り返しの多い鳴き声がなければ、そこにいることがわからない。

モズモドキの声に、頭の茶色いコウウチョウの声が加わる。コウウチョウは託卵鳥で、ほかの鳥の巣に自分の卵を産む。そうやって子育ての義務から解放されたコウウチョウには恋愛を楽しむ時間がたっぷりある。二、三年かかって完璧になったオスのさえずりは、溶けた金が流れ落ち、固まって、石とぶつかって音を立てたように聞こえる。美しい流れるような音色に金属の響きが組み合わさってほとばしり出たかのような音である。

天空は今や青く輝き、朝焼けの色は褪せて、東の空に淡い色の雲の帯があるだけだ。ショウジョウコウカンチョウが一羽、曼荼羅の下の斜面で、一音一音、火打ち石を叩いたような大声で鳴いている。下の谷から聞こえてくるシチメンチョウの鳴き声と対照的な乾いた鳴き声だ。森は遠くのシチメンチョウの鳴き声をくぐもらせる。草木の間に押しこめられたり跳ね返ったりするうちに、ソローの言う「森の妖精の声」が加わるのである。今はシチメンチョウの狩猟期だから、この鳴き声は、本物のシチメンチョウの求愛の声である可能性と同じくらい、美食家の人間たちがシチメンチョウを求めて鳴き声を真似している声である可能性も高い。

褪せていく朝焼けの色が一瞬鮮やかさを取り戻し、空はライラックとタンポポの色に染まって、ベッドの上に重ねたキルトのように雲の中に色の層を作る。朝の空気にさえずる小鳥の数が増える――ムナジロゴジュウカラの鼻にかかった声が、カラスのしゃがれ声と、ノドグロミドリアメリカムシクイが曼荼羅の頭上の梢でさえずる小さな声に重なる。

朝焼けの色が、母親である太陽の強烈な視線に照らされてとうとう消えてしまうと、一羽のモリツグミの驚くような独唱が夜明けのコーラスを圧倒する。それはまるで別の世界から射し貫くような透明で軽やかな音色で、その優雅さに私は一瞬浄化される。やがて独唱は終わり、幕は閉じて、私は記憶の残り火とともに取り残される。

＊＊＊

モリツグミの鳴き声は、胸の奥深くに埋めこまれた鳴管(めいかん)から出る音だ。鳴管の皮膜が振動し、肺からほとばしり出る空気を圧縮する。この皮膜は二本の気管支の合流点を囲み、音程のない呼気を美しい音楽に変えて、それが気管を上昇し、口から流れ出るのである。これは鳥独特の声の出し方だ――フルートのような渦巻き状の気管とオーボエのように振動する皮膜とを生物学的に融合させせた方法である。その鳴き声の音色と音階は、気管支を包みこむ筋肉の緊張度を調節して変化させる。ツグミの鳴き声は、気管支内の少なくとも一〇個の筋肉によって作られているが、そのどれも、米粒ほどの長さもない。

人間の喉頭と違い、鳥の気管支には空気の流れに抵抗するものがほとんどない。小さな鳥が、どんなに体格のよい人間よりも大きな声でさえずることができるのはそのためである。ところがこの気管支の効率のよさにもかかわらず、鳥の鳴き声が遠くまで届くことはめったにない。シチメンチョウの強烈な鳴き声ですら、森がたちまち呑みこんでしまう。音を前進させるエネルギーが、木々や葉や吸収性の高い空気分子によって吸い上げられ、放散されてしまうのだ。高い音は低音よりも吸収されやすい。低い音は波長が長いので、障害物に遭っても跳ね返らずにまわりを迂回する。だから、鳥の美しい鳴き声、中でも高音の鳴き声は、近い距離でしか聞けない贈り物なのである。

太陽の恵みはそれとは違う。今朝の朝焼けを作り出した光の粒子は太陽の表面から一億五〇〇〇万キロを旅してきたのである。だがその光線ですら、スピードが落ち、フィルターにかけられることがある。一番顕著にスピードが落ちるのは、加圧された原子の激しい融合によって光子が誕生する太陽の内部である。太陽の中核部は非常に密度が高く、一個の光子が太陽の表面にたどり着くには一〇〇〇万年を要する。途中光子は、絶えず陽子の妨害に遭う。陽子は光子のエネルギーを吸収し、一瞬それを保持してからそのエネルギーを別の光子として吐き出す。糖蜜のような太陽の内部に何百万年も囚われていた光子がやっとそこから自由になると、光子が地球に届くまでには八分しかかからない。

光子が地球の大気に到達するやいなや、その行く手には再びあまたの微粒子が立ちはだかる。ただし今度の微粒子は、圧搾された太陽の内部とくらべればその密度は何百万分の一だ。光子にはさまざまな色のものがあって、特に大気にじゃまされやすい色というのがある。赤い光子の波長はほとんどの空気分子のサイズよりもはるかに長いので、森の中のシチメンチョウの鳴き声のように空気中をやすやすと流れ、吸収されることはめったにない。青い光子は空気分子のサイズと波長が近く、この短い波長は空中に吸収されてしまう。

光子を吸収した空気分子は取りこんだエネルギーによって興奮に身を震わせ、そこから新たな光子が飛び出す。飛び出した光子は別の方向に向かうので、跳ねまわる光子の中には常に青い光子が次々と拡散することになる。赤い光は吸収も拡散もされずにまっすぐに進む。これが、空が青い理由である――私たちは、さまざまに方向を変える青い光子のエネルギーを目にしているのだ。それは何十億という興奮した空気分子の輝きである。

太陽が高いところにあるときは、青い光子の一部が途中で方向を変えたにしても、すべての色の光子が私たちの目に届く。太陽が地平線に近い、低いところにあるときは、光子は斜めの軌道を描いて空中を通過するので、途中で奪われる青い光子が多い。つまりテネシー州のこの曼荼羅の夜明けを赤く染めた光は、ここより東にあるノースカロライナの山の上に広がる青い朝の空から生まれたのである。

曼荼羅に打ち寄せる光と音のエネルギーは私の意識の中で、ある一点に収束し、その美しさが感謝の気持ちを燃え上がらせる。このエネルギーの旅路が始まる、想像もつかないほど熱く、高い圧力のかかった太陽の中核もまた、エネルギーが集中しているところだ。夜明けの光も鳥たちの朝の歌も、その源は太陽である。地平線の輝きは地球の大気というフィルターを通した太陽の光だし、空に満ちる音楽は、植物や動物というフィルターを通した太陽のエネルギーで、それがさえずる小鳥たちを動かしているのだ。

　魔法のような四月の夜明けは、流れるエネルギーによって織り上げられている。その織物の片端には、太陽の中で物質から変容したエネルギーがあり、逆の端では、エネルギーが私たちの意識の中で美に姿を変える。

4月22日

歩くタネ
アリとヘパティカ

April 22nd, Walking Seeds

春先の花の洪水は終わった。一カ月にわたって咲き誇った花々も、今では数本のハコベとゼラニウムが残っているだけだ。木の上からは咲き終わった花が降り、カエデやヒッコリーの驚異的な生殖活動の証を地上にもたらす。曼荼羅には何百というカエデとヒッコリーの花が散っている。

スプリング・エフェメラルのけばけばしい花と違って、こうした木の花は地味で気どりがなく、明らかに花びらとわかるものも色鮮やかな装飾部位もない。この極端なまでに清廉潔白な姿は、曼荼羅の木々にとっての生殖活動が、スプリング・エフェメラルが演じる花蜜と色彩の大げさな祭典とはまったく違うものであることを示している。これらの木々は誰に好印象を与える必要もない。その花粉を運ぶのは風だから、虫の目や味覚を楽しませる必要もなく、花は実利的に必要不可欠なものさえあればいいのである。

風媒受粉は、早い季節に花を咲かせる木にとって、ことのほか役に立つ戦術だ。スプリング・エフェメラルは比較的暖かくて周囲から保護された微気候に育つが、受粉媒介者を見つけるのには苦労する。それにくらべて樹幹の微気候は周囲から護られておらず、春先に飛ぶ昆虫にとってはなおさら住みにくい。だが風には不足しない。そういうわけで、カエデとヒッコリーは大昔に結んだ昆虫との契約を反故にして、生物学的な方法ではなく物理的な方法で花粉を運ぶことにしたのだ。

その結果、信頼性は高まったが、残念ながら正確さは犠牲になった。ハナバチは花粉を隣の花の柱頭に直接届けるが、風は何かをどこかに届けるわけではない。その動きが捉えたものを何でもかんでも撒き散らすだけだ――花々にとっても人間の鼻にとっても迷惑な話である。したがって、風媒受粉を行なう植物は大量の花粉を飛ばさなければならない。信頼できる配達のサービスがないので、孤島に取り残された漂流者のように、何百万という空き瓶を海に流すのだ。

雌雄同体の野草と違って、カエデとヒッコリーは雄花と雌花という二種類の花をつける。雄花はどんなわずかな空気の動きにもゆれるように枝先からぶら下がっている。

カエデの木はこうした雄花の塊を、針金のような花糸の先にぶら下げている。花糸は一～二センチくらいの長さで、先端は葯(やく)の房になっている。葯は花粉を作る組織で、句読点くらいの大きさの黄色いボールのように見える。一方ヒッコリーの葯は、尾状花序(びじょうかじょ)と呼ばれる綿毛状の花冠に並んでいる。尾状花序はそれぞれが指一本くらいの長さだ。カエデもヒッコリーも、葯は複数でかたまって小さな傘の下にある。おそらくは雨が花粉を流してしまうのを防ぐためだろう。

雌花はというと、大量の花粉を風に飛ばす必要がないのでもっとずんぐりしている。風に運ばれる花粉を雌花の柱頭がつかまえると、受精のプロセスが始まる。柱頭の空気力学についてはほとんどわかっていないが、全体で一番風当たりが強いところに位置していて、空気がそのまわりを回転しやすいような設計になっているようだ。渦巻きができると空気の流れが遅くなり、花粉が付着するのである。

この季節になると雄花はすでに花粉を落とし、仕事を終えた雄花を木が捨て去るので、黄色と緑の花糸と尾状花序がもつれ合って曼荼羅を覆う。だが雌花の仕事は始まったばかりである。雌花の中の受精した卵細胞が熟して果実になるには何ヵ月もかかる。ヒッコリーの実とカエデのタネが熟して地面に落ちるのは秋になってからのことだ。

何ヵ月もの間夏の太陽の日射しを受けて実を結ばせるというぜいたくは、野草には許されない。スプリング・エフェメラルのほとんどは、花が咲いてからほんの二、三週間で実をつけ、夏になって葉が濃く繁った樹冠が光をさえぎる前に一年分の生殖活動を終えてしまう。

私は曼荼羅の縁を歩き、三月に花が咲いていたヘパティカを探す。ヘパティカはニオイベンゾインのすぐ後ろにあって、肝臓の形をした葉は大きく開き、花柄（かへい）の上にはふっくらとした緑色の魚雷状のものが花束のように乗っている。それぞれが小さなエンドウマメくらいの大きさだ。そのうちの何個かは地面に落ちて、根元の丸くて白い乳頭状のものと、球根状の中心部と、先細になった先端が見える。柱頭を支えていた短い茎、花柱は、今ではこの先のとがった先端部分になってしまった。緑色の膨らみは子房壁で、中に受精したタネを包みこんでいる。

一匹のアリが実に近づき、触角で触ってから実のてっぺんに這い上がる。落ち葉の上に急いで戻り、実をつかみ、それから離す。数分後、別のアリがこれと同じことを繰り返す。そのたびに実は二、三ミリ動くが、そうするとアリは行ってしまう。

三〇分ほどがたち、さらにアリが通り過ぎるが実は無視される。それから、大きなアリが現われ、触角で実をくすぐり、口の両側からつき出た鉤（かぎ）形の大腮（おおあご）でつかむ。実はアリの体と同じくらいの大きさだが、アリは実のとがっていない白いほうの端に大腮をしっかり食いこませ、頭の上に高く持ち上げる。曼荼羅の中心に向かったアリは、カエデの花の茎につまずいたかと思うと体勢を立て直し、落ち葉と落ち葉の間に落ちたりしながらえっちらおっちら進んでいく。アリはまっすぐには進まない——落ち葉の間の深い溝を避けるために迂回したり、からまり合った尾状花序の間を後ろ向きで進んだりする。私はその奮闘ぶりに引きこまれてしまい、アリが落ち葉の中に開いた直径一センチほどの巣穴にたどり着いて姿を消すと、ホッと安堵の息をつく。

アリの巣の中をのぞくと、ぼんやり緑色に光るヘパティカの実を、アリの小集団が押し合いへし合いしながら回転させているのが見える。落ちていたところから三〇センチほどのところで、地面に実が呑みこまれていくにつれ、緑色は徐々に見えなくなっていく。

ヘパティカの実をめぐるこの大冒険は、森のアリたちの物語とスプリング・エフェメラルの物語をつなぐ一大叙事詩の一部にすぎない。

ヘパティカの実の、根元の白い乳頭状のものはエライオソームといって、ヘパティカがアリのために特別に調理した脂肪たっぷりのご馳走なのである。こんな栄養たっぷりの食物が、都合よく無防備な状態で手に入ることはめったにないから、アリはエライオソームのくっついた実を大急ぎで巣に持ち帰り、食べ物の包みを切り刻んでコロニーにいる幼虫たちに食べさせる。次世代のアリたちの体の一部はヘパティカの実でできているわけだ。エライオソームを取りのぞいてしまうと、アリは食べられないタネを巣の中の堆肥の山に捨てる。潔癖なまでにきれい好きなアリのコロニーにはこうして、ゆるやかで肥沃なタネの山ができる。発芽には最適の環境だ。

都合のよい場所にタネを植えるだけではない。アリはまた、ヘパティカが親元を離れて別の、空いている可能性のある場所に移動するのも助けるのだ。ほとんどの場合、アリがスプリング・エフェメラルのタネを移動させるのは数十センチ以内で、親植物の目と鼻の先だ。母親との競争を避けるには十分の距離だが、分散距離がこれほど短いというのは、スプリング・エフェメラルの歴史について私たちが知っていることとは一致し難い。

スプリング・エフェメラルの多くは、アラバマ州からはるかカナダまで、北米大陸東部の温帯林の全範囲に繁殖している。だがこうした温帯林は、一万六〇〇〇年前にはメキシコ湾沿いのいくつかの地域に残されていただけだった。最後の氷河期がそれ以外の東部地帯を氷で覆い、もう少し南の地域は、現在カナダの極北地帯にしか見られない北方林だったのである。つまりスプリング・エフェメラルは、一万六〇〇〇年の間にフロリダからカナダまで移動したことになる。

だが、氷河期直後のアリたちが今日のアリたちと同じように行動したのだとしたら、氷が退いてからスプリング・エフェメラルが移動できた距離は一〇キロか二〇キロであり、実際にスプリング・エフェメラルが移動した二〇〇〇キロにはおよばない。今日のアリが、古きよき時代の偉大なる短距離走アリに敵わないということだろうか——それは考えにくい。氷河期が残した化石や地質学的証拠は幻だったのだろうか——いや、それはますます考えにくい。それとも、タネの分散に関する私たちの知識が不完全で、スプリング・エフェメラルには、タネを遠くに運ぶための、私たちが知らない方法があるのではないか？

最近まで、この「謎の散布者」の可能性がある候補はどれもかなり頼りなかった。気まぐれな暴風がヘパティカのタネをカナダまで運んだのだろうか？　疑わしい。渡り鳥の爪についた泥、あるいはそのお腹の中で運ばれたのだろうか？　可能性はあるが、渡り鳥のほとんどは、スプリング・エフェメラルがタネをつける前に南部の森を通過してしまっている。エンレイソウなどはタネをつけるのがとても遅く、渡り鳥はそのころにはすでに復路についていて、タネを逆方向に運んでしまうだろう。齧歯類などの草食動物がお腹に入れてタネを運んだのだろうか？　あり得ない——彼らはロの中でタネを嚙み砕き、消化の過程で破壊してしまうのだから。

スプリング・エフェメラルの素早い北進と、一見したところ貧弱な散布能力が釣り合わないことを、生態学者は、氷河期後のイギリスにおけるオークの分散に関してこれと似た問題に直面した一九世紀の植物学者にちなみ、「リードのパラドックス」と名づけた。哲学者や神学者はパラドックスが大好きで、パラドックスは重要な真理に通ずる重要な手がかりであると考える。

科学者の見方はもう少し悲観的だ。彼らは経験上、「パラドックス」というのは、何か明らかなことを見落としている、というのをやんわり言った言葉だと知っているのだ。パラドックスが解決されるとおそらく、私たちが「わかりきったこと」と決めてかかっていることの一つが間違っていた、という恥ずかしい事実が露見してしまう。

ひょっとするとそれは哲学的な意味でのパラドックスとそんなに違わないのかもしれない。違うのは、誤った前提がどれほど深いものか、ということだ――科学の場合、それは比較的浅くて簡単にひっくり返されるし、哲学においては、それは深くて取りのぞくのが難しいのである。

リードのパラドックスの根底にある誤った前提は少しも深いところにはなくて、大陸のどこにでも存在する曼茶羅の落ち葉の上に横たわっているのかもしれない。

たとえば、シカの糞は齧歯類の糞と同様に、成長可能なスプリング・エフェメラルのタネを含んでいない、という私たちの思いこみがパラドックスの答えなのかもしれない。それが答えだとしたら、それはまさに典型的な科学的パラドックスの解決法だ――つまり、「どうして今まで誰もこれを考えつかなかったんだろう？」と思うような答えを試してみる、という単純なことである。

ステップ1：森でシカの糞を集める。ステップ2：

糞にタネが含まれているかどうか調べる。ステップ3：タネを植えて成長するのを眺め、「アリ散布植物」という名前は間違っている、と結論する。「アリ揺動」かつ「シカ搬送」植物と呼ぶほうが適切かもしれない――なぜならシカはタネを何キロも先まで運べることがわかったからだ。アリが運べるのはセンチ単位だ。

同様に私たちが、タネを運んでいるという可能性を切り捨てたほかの草食哺乳類はどうなのだろう？ 彼らの糞を拾ってその答えを見つけようとした者はいないのだ。この先私たちが調べなければならない糞は山ほどある。

糞を調べることで何かがわかったとしても、スプリング・エフェメラルの多くを「アリ散布植物」と分類し、その関係に myrmecochory〔アリ散布〕という大げさな名前までつけたのが早計だったことはすでにはっきりしている。タネが実際にどうやって散布されるかはもっと複雑だし、その規模によるのである。規模が小さければ、おもに散布をするのは実際にアリなのだ。アリはタネを拾ってそれを最高の場所に植える名人だ。シカは植木屋としては慎重さに欠ける。だから、一粒のタネの立場から言えば、アリに見つけてもらうのが何よりの幸運なのである。

けれどももっと大きな規模で見ると、アリよりも哺乳動物のほうが圧倒的に重要だ。ときたまシカがうまい具合にタネを遠くまで運ぶだけで、そこに新しい個体群が芽生え、その植物種がそれまで生育していなかった森に根づくのである。植物種全体の視点から見れば、几帳面に地面を這いまわるアリよりも、気ままなシカのほうが大切というわけである。シカがいなかったなら、スプリング・エフェメラルはメキシコ湾沿岸の細長い森林帯から出られなかっただろう。ところが彼らはヒッチハイクで大陸を縦断したのだ。

シカの重要度が再発見されたことで、エライオソームの機能について疑問が生じた。この脂肪分の多い付属体は、アリを引き寄せ、それによってタネをちょうどいい植木鉢に運ばせるために、自然淘汰のプロセスが設計したものであるというのが私たちの推測だった。この推測は今もある意味では当たっているだろう。なんとなれば、タネ撒きではアリにかなうものはないし、自然淘汰のプロセスは、遺伝子を次の世代に引きつぐのに役立つ特徴を際立たせるはずだからである。

だが同時に自然淘汰は、遺伝子を四方八方に運ぶ特徴も寵愛する。進化は単に「増えよ」ではなく、「行って増えよ」と命ずるのである。子どもたちの何人かを長旅に出そうとしない母親は、長い目で見れば損をすることになる。このことは、膨大な生息地に定着することを特徴としてきた種について特に当てはまる。北米大陸のヘパティカの花のほとんどは、首尾よく長距離散布を成功させた種子の末裔なのである。おそらくそれらには、「遠くへ行きたい」遺伝子が含まれていることだろう――種子がその親から遠く離れたところに落とされる可能性を高くする特徴だ。エライオソームが作られた目的の一部はこれなのかもしれない。しなやかなシカの唇を刺激し、見こみのありそうな実を齧らせるために。

ヨーロッパ人の北米大陸上陸で、スプリング・エフェメラルの生態のパラドックスには新たな複雑さが織りこまれた。私たちが森を寸断したためにアリがタネを移動させるのは以前より難しくなり、同時に、シカの数は激減し、それから急増した。アリとシカの数の均衡が崩れてしまったのだ。スプリング・エフェメラルはこのことに対してどんなふうに反応するだろう？反応できるのだろうか？　シカの頭数が多ければ、散布のありがたみが食べすぎの害になりかねない。シカの大食が長く続けばスプリング・エフェメラルを食いつくしてしまい、自然淘汰のプロセスの変化にスプリング・エフェメラルがどう対応するだろうか、と推測する意味さえなくなってしまう。

さらに、この均衡関係には三つめの要素が加わっている。ヒアリが南部の森林地帯を侵攻し、そして北上しつつあるのである。ヒアリは攪乱された地域で大いに繁殖するので、寸断された影響ですでに弱っている森に特に多く見られる。ヒアリはエライオソームを含む実を集めはするが散布が下手で、種子を親植物のすぐ隣に落とすので、若い苗は子ども時代をもっと体の大きな近親者と競い合って過ごすはめになる。こうした競争はたいてい、若い苗が枯れるという結果に終わる。

ヒアリはまた、エライオソームだけでなく実をすべて食べてしまう捕食者となる場合もある。この外来種のアリの侵攻は、エライオソームと種子を散布する在来の生物種との関係を台無しにし、数千年の長きにわたって脂肪分たっぷりのプレゼントだったものが、タネの散布を阻害するものになってしまう可能性がある。スプリング・エフェメラルは、自然淘汰と種の絶滅の競争に巻きこまれてしまったのかもしれない。新しい状況に適応するか、予測していなかった新たな現実の前にその数を減らしていくかのどちらかだ。

氷河期の混乱をスプリング・エフェメラルが生き延びたということは、生態学的な風向きが変わっても、彼らは容易にそれに順応できるということを示している。ただし、氷河期というのは何千年という時間をかけて通り過ぎた嵐だ。今彼らが直面しているのは、たった数十年の間に突風のように彼らを襲う予測不可能な変化である。

生態学者がパラドックスと呼んだものは、自然保護活動家たちの祈りとなった。この曼荼羅は、彼らの祈りへの答えの一部なのかもしれない――分断も邪魔者による侵害も比較的少なく、生態環境における昔からのルールがまだ完全には破壊・一掃されていない森。ここにいるアリ、これらの野草や木々がもっている遺伝子の歴史と多様性が、森の未来を描く。風でボロボロになりかけた歴史のページをたくさん護れれば護れるほど、進化の書記官が叙事詩を修復しようとする際に頼れるものは多くなるのである。

4月29日

地震

悠久の時間

April 29th, Earthquake

地球のお腹が強烈な音を立てる。岩でできた腸が、その緊張を解きほぐそうと、互いに行き違いながら身震いする。緊張の中心地はここから九〇キロ離れた、地下二〇キロのところにある。抑えつけられた岩盤の鬱積したエネルギーが解放されるにつれ、その威力の一部は断層のずれとなって波のように拡がる。

　まず圧縮波が轟音とともにやってくる。一連(ひとつら)なりのディーゼル機関車のようなその音は地面を引き裂き、夜明け前の眠りから混乱へと私たちをゆり起こす。音は地面の下から溢れ出し、数秒間私たちを満たしたあと、通り過ぎていく。圧縮波は毎秒一キロ以上の速さで地球を引き裂く。続いて一瞬間(ま)があり、それから表面波がやってきて、家はギシギシとうなってゆれる。表面波には縦ゆれと横ゆれが混ざっていて、押す力と引き裂く力が同時にかかる。小さな船が海の大波に揉まれるように、地殻の嵐に家はひずみ、ゆれる。波のうねりが大きければ、激しい圧力に耐えられず、家は崩れてしまう。

　私たちは運がよかった。うねりはそれほど大きくなく、家は無事だ。家の外の轟音にかわって、家の中でカタカタ、カチャカチャという音がする。壁に掛かった額入りの写真が振り子のように動く——家が一方向に傾くと、重い額は慣性のせいでじっと動かない。それから壁の傾きがもとに戻ると、バン！　と飛び上がり、バン！　と跳ね返る。鍵がガチャガチャ鳴り、グラスは地震に乾杯するかのようにぶつかり合い、皿が横滑りして甲高い音を立てる。動いているのは地面につながっているもののすべてで、それ以外はじっとしているか動きがゆっくりになっているのだが、私たちの目には、静止している壁の中で家の中身が踊っているように見える。揺れは一五秒ほど続き、それから発作が治まるように静かになる。

地震の強さを測るのには、吊した物体にかかる慣性が利用される。重りをつけた振り子の先につけたペンが、ペンの先に置かれた方眼紙に地球の動きを記録するのだ。地震が起きると、ペンはじっとしているのだが、方眼紙と振り子を吊した枠がともに動き、その動きをペン先に記録させることになる。中には三階建ての建物ほどの高さの振り子をもつものもあり、その下の地面のどんな小さな震動も記録する。

ぶら下がったペン先が引っかいた跡に目盛りをつけたものがリヒター・スケールだ。今朝の地震はリヒター・スケールによればマグニチュード四・九で、これは小型核兵器とほぼ同等、あるいは強力な採石爆破の約一〇〇〇倍の威力である。マグニチュードは対数なので、この数値が上がるにつれ、実際に地震がもつエネルギーの量は指数関数的に増大する。マグニチュード三は小さい地震、マグニチュード六ならある程度の被害があり、マグニチュード九は壊滅的。マグニチュード一二の地震には、地球を真っ二つにするほどの力があると言われている。

地震による地質学的な影響が見たくて、夜明けとともに私は曼荼羅へと急ぐ。山というのは生き物だから、転がった岩とか、割れ目ができた崖とかが見られると思ったのだ。だがすべてはもとのまま、曼荼羅はびくともした様子がない。何か変化があったとしたら、それは私には認知できないことだ。砂岩の岩は年とった修道僧のように、瞑想に耽っているかのごとくただじっとしている。

私は現実というものの中にある途切れ目につき当たったのだ。曼荼羅の岩の周囲や頭上で展開する生物学的ドラマは、時間を秒単位、月単位、あるいはせいぜい何世紀という単位で測るし、物理的尺度と言えばグラムだったりトンだったりする。だが、地質学的な出来事は、何百万年、何十億トンという単位で起きるのだ。私が曼荼羅で地質学的な変化を目の当たりにする可能性は、地震のあとでさえ、限りなく低いように思える。地質学的な変化の速度やスケールは、生物学上の出来事とは桁が違うのである。

私たちはいつものように、理解不可能なことは言葉の中に隠す。曼荼羅の地盤は約三億年前に、さらに古い山脈から東に流れた巨大な砂の川から作られた。地球の地殻は、一粒また一粒と自らを解体しては、何度も何度も、何十億年と繰り返されたリズムで自らを作り直してきたのである。これは超自然的な概念で、私たちの経験も想像も超越している。

ゆっくりとした地球の動きはまるで、時間と物理的尺度という大きな溝によって生命から隔てられた別の世界の出来事のように思える。私たちの知性にはそれだけで十分な難問だ。

だが、この隔たりに関する何よりも理解しがたい事実は、そこに二つを結ぶ撚(よ)り糸が存在する、ということなのだ——一瞬一瞬の積み重ねである生命から、あり得ないような岩石の長命さへと、そこにはか細いながらつながりがある。その糸は、生命がもちつづける繁殖力によって紡がれている。遺伝子というか細い糸が母親を子どもへとつなぎ、一つになって何十億年という時を遡る。撚り糸は、ときに新しく枝分かれしたり、ときにそれっきり切れたりしながら年々糸巻きに巻きとられる。

これまで、撚り糸の中で起きる多様化のスピードは種の絶滅と同じペースを保っていて、永久の命をもつ岩の神の上に生きる短命な生き物たちは、彼らなりに、不確かながらも永続する命を手に入れている。だが撚り糸を紡ぐ糸の一本一本はどれも、生殖と死の競走を表わす。生命がもつ繁殖力は強力で、一年また一年と何千年にもわたってこの競走を勝ち抜いてはきたが、それでも最終的な勝利は決して保証されていない。

曼荼羅は、まさにこの撚り糸の途中のある一点に位置している。あとは、ここにいる生物種の祖先と子孫が深い溝に橋を渡してくれる。それらの生き物のどれ一つとして、地質学的な時間の広大さを本当に経験できるわけではない。だから、その広大さを忘れたり無視したりして、私たちを取り巻く物理的環境は固定されており「変化しようがない」と考えるのは容易なことだ。

私は、カンバーランド台地の西端にあたる崖の下に位置する曼荼羅を前にして座っている。ここの地盤は砂岩でできており、斜面のもっと下へ行くと石灰岩が交じる。この山腹を流れ落ちた水はエルクリバーに流れこみ、それからメキシコ湾に注ぐ。こうした事実が曼荼羅の世界に、一見不動に思える壁を作る。

だがこの壁は、じつはヴェールにすぎないのだ。そのヴェールの後ろ、深く大きな溝の向こう側では、世界は絶えず変化している。曼荼羅が位置する古い河川デルタは、もっと昔は海の底だった。そのすべては隆起し、浸食された。海、川、そして山々は、怖ろしく膨大なエネルギーをもつ舞踏を踊りながらその位置を変えた。

昨夜はその舞踏の、限りなく小さな指の一振りが曼荼羅をゆらした。地球という肉体がもつ、圧倒的な別の顔を思い出させるために。

5月7日

May 7th, Wind

風

風をつかむカエデの実

ガムボール大のカレハマイマイの灰色の体が落ち葉の上をゆっくりと滑り、それから小枝を登っていく。半分ほど登ったところでその体は傾き、カレハマイマイは地面に落ちてしまう。

曼荼羅にあるものはみな、濡れて表面が滑りやすくなっている。二日続きの嵐で、隙間という隙間、穴という穴に水がたまっている。若い木は水滴の重みに打ちひしがれ、まだ残っていたスプリング・エフェメラルの花は降りやまぬ雨の力に押しつぶされてしまった。曼荼羅のすぐ西側にあるポドフィルム〔アメリカミヤマソウ〕の一塊は、まるで巨大なローラーでつぶされたかのように跡形もない。

夜が明けてずいぶんたつが、空は暗く、薄暗い光のせいであたりはますます濡れて見える。湿った空気が曼荼羅に溢れ、空と森は一つに溶け合う。積もった落ち葉には表面というものがなくて、腐った葉は上向きに溶け出し、黒い、湿った空気になってしまうかのようだ。

嵐は強風をともない、竜巻も起きている。悪意に満ちた空気の柱は曼荼羅を襲いはしなかったが、森の地面は、林冠（りんかん）に大混乱が起きたことを示す証拠でいっぱいだ。枝から引きちぎられたばかりの葉が落ち葉の上に散在する。大小の枝が折れて低木層にからまっている。風は勢力を弱めないまま脈打つように森を横切り、木々を暴力的にゆさぶる。林冠は抗議の声を上げる——風に打たれる何百万という葉が立てる音だ。くたびれた木部繊維がその我慢の限界を超えるところまで、風は木を圧迫し、森はうなり、軋んだ音を立てる。

地表では風はやや静かだ。強めのそよ風が通り過ぎるが、蚊が腕や頭のまわりで私に近づいたり遠ざかったり、攻撃の隙をうかがいながら飛びまわれる程度のものだ。蚊と私は、物理的エネルギーが急激な勾配を描く、その中程にいる。林冠の表面は、大気が波となって打ち寄せ、木のてっぺんに次々と砕ける波打ち際だ。私が座っている森の灌木層は、頭上の木々が緩衝材の役割を果たし、林冠に打ちつける波からこぼれる弱々しい渦巻きしか届かない。曼荼羅の表面はもっと静かだ。落ち葉の上で餌を食べるカタツムリは、そよ風さえほとんど感じない。今日は樹冠には活発に動いている虫もカタツムリもいない。その下の突風に立ち向かう勇敢な輩が若干いるが、落ち葉の中の生活はいつもと変わらない。

木は風の力を吸収するようにはできていない。葉はできる限り太陽の光を捉えるように設計されているが、残念ながらそれによって葉はまた風をよくキャッチする。帆のような葉の表面は大気の流れによって風下に引っ張られる。葉や小枝は伸縮性が少ないから、引っ張られる力は木のほかの部分に伝わる。風が強まると、葉がパタパタとはためきはじめる。はためく葉はじっとしている葉よりも抵抗が大きいから、木が引っ張られる力は急激に大きくなる。何万枚という葉が風に引っ張られる力は、樹冠の高さによってさらに強くなる。樹幹はテコの役割を果たし、木全体が巨大なバールになる。その片方の端を風が引っ張り、幹がその力を数倍にし、そしてポキッという音とともに、木は粉々になるか、あるいは根こそぎにされてしまう。

自然淘汰のプロセスは木に、この結末から逃れる当然の手段をとることを許さない――つまり木は、レバーアームを放棄して地面に身を伏せるわけにはいかない。森の植物たちが繰り広げる、光を求めての競争が、その可能性をあらかじめなくしてしまったのだ。幹を高くすることのできない木は太陽光を十分に集めることができず、ゼロか、ごく少数の子孫しか残せない。だから木は、支持組織が許す限り高くなり、林冠の、日陰にならない位置を確保しようと伸び上がるのである。

風の問題に対する対処法の二つめは、幹を硬くし、小枝を強くし、葉を頑丈な板にすることだ。これが人間のやり方である――人間が作ったソーラーパネルやパラボラ・アンテナはしっかりと固定されていて、風にはためくのは何かがうまくいっていないときだけだ。だがこの方法には金がかかる。幹や葉を硬くするには、木部に大きな投資が必要である。

それに葉が板状になれば、紗（しゃ）のような光と空気に対する開放性がなくなって、光合成の効率も悪くなる。板状の葉はできるのに時間がかかるだろうから、春先の木の成長も遅くなる。つまり体を大きくするのは得策ではないのだ。

風の力に対する木の応え方は、地衣類のタオイズム〔道教的思想〕にも似ている。反撃しない、抵抗しない。身をかがめ、転がれ。抗わないことで、敵を疲弊させよ。道教の教えは自然に発想を得ているわけだから、この比喩は逆転している。だから、道教が「樹教」を信奉しているのだと言ったほうが正確かもしれない。

ほどほどの風が吹いているときは、葉は後ろにしなり、はたはたとはためく。風が強くなるにつれて葉の反応は変わり、風の力の一部を吸収して、守りの姿勢をとるためにそれを使う。葉は身をたたむようにして、縁を中央に向けてくるくると丸め、まるで奇妙な魚のような形になって、空気力学に沿ったその表面から空気を逃がす。ヒッコリーの複葉は、一枚一枚の小葉を中心の葉軸に向けてたたみ、やんわりと巻いた葉巻のような恰好になる。風はその横を、死をもたらす魔の手を緩めてさっさと通り過ぎる。風の勢いが弱まると葉は息を吹き返し、再び帆を広げる。

老子は言っている――「草木が生きているときは、柔らかく、かよわい。死ぬときには、しなびて枯れている。それ故に、堅いものは死に近く、柔らかいものは生に近い。このように、軍隊は柔軟でなければ戦いに負ける。板がかたく乾けば、それは砕ける」〔『老子の思想』張鐘元著　上野浩道訳　講談社学術文庫より〕。

木の幹もまた、岩のように抵抗するかわりに風の圧力にはおとなしく従う。木部を織り成している極小のセルロース繊維が風のエネルギーを吸収して、柔軟に伸縮するようにできているのだ。セルロース繊維はコイル状に並んでいて、一個一個がスプリングのように機能する。コイルは互いに重なり合っていて、幹を上下に貫く送水管を形成している。送水管の一本一本がたくさんのコイルでできており、コイルの一個一個が微妙に異なる角度で巻かれている。そうやってできた幹はスプリングで一杯で、その一個一個が異なった伸縮度で最大の吸引力を発揮するようになっている。木部が最初に引き伸ばされると、巻きのきついスプリングが強く抵抗する。緊張度が高まり、きついスプリングが耐えられなくなると、もっと巻きの緩いスプリングがそれにとってかわる。

森を見わたすと、目に入るのはゆれている木の幹ばかりだ。木々はハサミが動くように互いにすれ違い、樹幹は前後にゆれて危なっかしいほどにたわむ。風の威力に対してみごとに適応し、その威力から身を防いでいるとは言え、そのうちの何本かは倒れてしまう可能性が高い。

曼荼羅から五歩以内のところにも、倒れた大きな木が二本ある。その新しさから見て、おそらくこの一、二年の間に倒れたものだろう。一本は曼荼羅の東側にあるヒッコリーの木で、根こそぎにされたもの。もう一本は北側のカエデの木で、地面から一・二メートルのところで折れている。

二本とも、それを囲む木々より小さかった。彼らの生命力は、彼らより大きい競争相手の影に吸いとられてしまったのかもしれない。そうだとしたら、新しく成長した木部はほとんどなかったことだろうし、衰弱した幹や根には菌類が侵入し、セルロース繊維は食べられてしまったのかもしれない。運の悪さもあったかもしれない。特に強い突風にやられたのかもしれないし、ヒッコリーは根が張れない岩と岩の間に生えていたのかもしれない。

それぞれの木にどんなそれぞれの歴史があるにしろ、倒れた二本の木にとっては、この原生林の生態系における旅路の次の段階が始まったのである。菌類、サラマンダー、そして何千という種類の無脊椎動物が、腐っていく幹の中で、またその下で繁栄するだろう。

生命という織物に対する木の貢献の少なくとも半分は木が死んでからのものだから、森の生態系の健全性を測る一つの物差しは、木の残骸の多さということになる。倒れた木の枝や幹がじゃまでまっすぐに歩けないようなら、それは素晴らしい森である。何もない林床は、森が不健康である印なのだ。

今日の林床は、折れた木や枝ばかりでなく、緑色のヘリコプターの形をしたカエデの実が散らばっている。タネに欠陥があったり、茎が弱すぎたりして熟す前に破棄された実だ。一個一個の実の中のタネは、風に運ばれた花粉で受精したものだ。実は翼の役割を果たすので、回転しながら浮力が生まれて地面に落ちるのがゆっくりになり、その分遠くまで飛べるようになる。つまり風はカエデにとって、有性生殖接合も子どもも時代の旅行熱も満足させてくれる、女神さまなのだ。

曼荼羅に散らばったカエデのヘリコプターの形がさまざまなのを見ると、カエデが単に受け身で風の女神のお情けを待っているだけではないことがわかる――木には、自然淘汰を通じて風の女神の特徴に沿うように自分自身の形を変える能力があるのだ。実の形の変異は、進化的適応につながるかもしれない——その地域での風の吹き方にもっとも適した形のヘリコプターが生き残り、繁殖するのだ。

そうした進化的な変化が起きないとしても、ヘリコプターの形の多様性のおかげで木の一本一本が、空気力学的な宝くじの券を何百枚も購入できる。空がうなりを上げようが、スコールを降らそうが、突風を吹かせようが、カエデにはどんな気分にも合ったヘリコプターのデザインがある。

風を受け入れる道教の哲学は、つまり木の一生を通じてあてはまるのだ。葉は丸まり、幹はしなり、実はその多様性をもって、強引な風に自分を合わせ、そしてそれから利用するのである。

5月18日

May 18th, Herbivory

草食動物

葉と昆虫の一騎打ち

春に完璧だった葉は今やボロボロだ。不規則な切れ目や整然と刻まれた噛み跡が、なめらかだった葉をギザギザにしてしまった。この数週間ひっきりなしに続いた嵐のせいもある。サッサフラス〔クスノキ科の落葉広葉樹〕の若枝は地表近く垂れ、葉は雹(ひょう)にズタズタにされてしまった。カエデの葉も同様に切り刻まれた。こういう物理的な破壊は大いに目立つが、これは曼荼羅の植物の葉が受けるダメージのごく一部にすぎない。ダメージの一番の原因は昆虫の口である。噛み切る。吸いつく。齧る。削りとる。毎日毎日、彼らは植物が作り上げたものを破壊する。

昆虫は地球上のすべての生物種の二分の一から四分の三を占め、そしてすべての昆虫種のうちの半数が草食だ。だから植物は、六本足の盗人に苦しめられるのだ。クローバーなどの小さい植物が闘う草食性の昆虫は一〇〇〜二〇〇種だが、木や大型の植物の場合は一〇〇〇種を超える。この見積もりは北部地域のものなので、それよりずっと多くの種の昆虫が、ここ曼荼羅の植物を食べ、その樹液をしゃぶっていることだろう。熱帯地方ならその数はさらに多くなる。世界は略奪をねらう菜食主義者に満ちているのだ。その標的にならない植物はない。

曼荼羅で、草食性の昆虫が植物を食べたことをもっとも如実に示すのが、葉に開いた穴だ。アカネグサの葉はもともと深い割れ目が入っているが、虫たちは削ったり齧ったりして、その曲線を崩してしまった。同様に、エンレイソウにも不規則な切れ目が入っている。ニオイベンゾインの葉には楕円形に切りとられた穴がポツポツと開いているし、縁は完璧な半円形に切りとられている。

加害者は——見ようによっては制作者と言えるかもしれないが——現場にはもういない。犯人はおそらく、蛾やチョウの幼虫であるケムシだろう。ケムシは植食性動物の最たるもので、葉を体細胞に変えることだけに専念するよう作られている。ところがケムシの姿はなく、目に入るのは、緑色の薄い体膜を透かして内臓が脈打っているのが見える、カエデの葉を齧っているイモムシ一匹だけだ。私は葉の縁、茎、成長点などでケムシを探すが一匹もいない。落ち葉の中に隠れているか、食物網を這い上がって鳥のヒナのお腹に収まったかのどちらかだ。

また、ハモグリムシ〔葉潜虫〕の形跡も、おもにカエデの幼木に残されている。ハモグリムシは、サンドイッチやクッキーの袋を開けて真ん中のいいところだけ食べて縁を残す人間のようだ。ハモグリムシの場合、クッキーを割ってそうするわけではなくて、その葉の上下の細胞の間に小さくて平たい体をくねくねともぐりこませ、葉の中に入りこむのである。彼らはクッキーの中心部に向かってトンネルを掘り、内側から細胞を食べながらゆっくり前進して、あとには食べ跡が残る。

北米大陸には木の葉を食べるハモグリムシは一〇〇〇種類以上おり、それぞれが独特の形をした食べ跡を残す。円を描くように動いて葉に茶色い跡を残すものもいるし、ランダムに動いて細い這い跡を残すものもいる。もっと几帳面なものは、行ったり来たりしながら体系的に葉の全体を食べつくし、刈ったばかりの芝生のようなパターンを残す。分類学的には、ハモグリムシとは葉に潜行するさまざまな昆虫の総称で、ハエや蛾、甲虫などの幼虫が含まれる。幼虫の仕事を終えると羽の生えた成虫になって葉の上に卵を産み、次世代のハモグリムシが生まれるのである。

私の目の前のガマズミの茂みには、茎にこれとは全然別の草食性の昆虫がいる。茂みの草の先端の、柔らかな新芽の上に、そっくりの緑色をして止まっている虫は、頭を下にして茎の先端とは逆を向き、東洋のサンダルやオランダの木靴のような形をした羽と体をほんの少し持ち上げている。その様子はほとんど完璧なまでの新芽の擬態だ。だがこの新芽は無害ではない。ヨコバイと言って、ダニのように寄生先に張りつく虫である。

ヨコバイの顎は、細くて柔軟性のある針のように伸びて植物の繊維と繊維の間をくねくねと動き、植物の血管である木部と師部に入りこむ。これらは木の幹を走る血管のようなものだが、ガマズミの若い茎は皮が薄いので表面に近いところにあり、ヨコバイの顎が容易に届くのだ。

木部はおもに水を運び、師部には糖分やそのほかの食物分子が豊富である。だからヨコバイは師部を好み、その鋭い口器を師部に滑りこませる。師部には葉から根に流れる甘い液の圧力がかかっているから、ヨコバイはその血管に噛みつきさえすれば食べ物が口に飛びこんでくるというわけだ。

ヨコバイとその親戚のアブラムシは師部に穴を開けるのに熟達しているため、植物を研究する科学者たちに利用されているほどだ。人間のつくる針はヨコバイやアブラムシの口のみごとな繊細さには敵わないので、科学者たちは、師部細胞内部に刺さったままの状態で針を折り、虫を殺して針だけを利用する。

植物の樹液を餌にする虫には、ときおり研究室で非業の死をとげるという以上に深刻な問題がある。師部は糖分の補給源としては素晴らしいが、タンパク質を形成するアミノ酸はほとんど含まないのである。木部にはどんな種類の食物分子も含まれない。師部を流れる樹液は葉とくらべて窒素が一〇分の一から一〇〇分の一しかないし、そもそも葉には動物の肉の一〇分の一しか窒素が含まれない。つまり樹液を食べて生きるというのは、炭酸飲料水を飲んで栄養バランスの取れた食事をしようとするようなものなのだ。

ヨコバイはこの問題を解決するために、一日に自分の体重の二〇〇倍もの樹液を飲む。人間ならば、一日に一〇〇本近い缶入り炭酸飲料を飲むのに相当する。樹液の窒素含有率の低さを、大量に飲むことで補っているのだ。

大量に飲む、というヨコバイの戦術は、窒素を排出することなく過剰な水と糖分だけを流し出すにはどうすればいいのか？ という新たな課題を生む。進化はこの問題を、ヨコバイが飲んだ師部の樹液に二つの経路を与えることで解決した。

ヨコバイの消化管には、不要な水分と糖分を側管にまわし、貴重な食物分子だけを通過させるフィルターがある。側管に送られた水分と糖分は肛門から水滴として排泄され、それがネバネバした蜜となって、ヨコバイ、アブラムシ、カイガラムシなどがわいた植物を包みこむ。

昆虫学者の中には、古代イスラエル人が出エジプトの際に食べたマナとはこの蜜のことであると主張する人もいる。もちろんその可能性はあるが、ろくに栄養のないヨコバイの排泄物を食べて四〇年間生きられる人がいるとは想像しにくい――もっとも、蜜と一緒にウズラの一群をローストして食べたのならあり得るかもしれないが。

消化管に優れた濾過機能があるとは言え、ヨコバイの食事は、バクテリアに助けられなければ不十分なものだっただろう。植物の樹液は水っぽいだけではなくて、含まれるアミノ酸のバランスも悪いのだ。虫の成長に必要なアミノ酸の一部は含まれているが、含まれていないものもある。そして昆虫は、不足しているアミノ酸をゼロから作ることはできない。

かわりにヨコバイの消化管には、アミノ酸を作るバクテリアをためておくのに特化した細胞がある。これは双方にとって益のある仕組みだ――バクテリアは住むところと継続的な食べ物が得られるし、虫のほうは足りない栄養分が手に入るのだから。

シカの第一胃の中を自由に泳ぐ微生物とは違って、これらのバクテリアは宿主の細胞の内側に入りこんでいる。地衣類の中の藻類と同じく、これらのバクテリアは宿主の外では生きられないし、宿主は、体の中に助っ人がいなければ生きられない。私の目の前の枝にいるヨコバイはつまり、いくつかの生命が融合したものだ。曼荼羅のもう一つのマトリョーシカなのだ。

ヨコバイが体内のバクテリアという助っ人に依存しているということは、害虫駆除業界の昆虫学者にとってはことのほか重大な事実だ。ヨコバイやアブラムシは農作物に甚大な被害をおよぼすし、入りこんだ植物に病気を伝染させることも多い。虫とバクテリアの関係を毒で制するか、あるいは別の方法で妨害することができれば、昆虫学者たちは畑からこの厄介者を一掃できるかもしれないのである。

この着想はまだ実践されてはいないが、実践されることがあるならば、自分たちの発想が放つまばゆい光に目がくらんで、自分たちの行動にともなうかもしれない代償が見えなくならないことを願う。役に立つバクテリアとその宿主の間の関係を断ち切る化学物質は、農作物からヨコバイを駆除すること以上の莫大な影響をもつかもしれない。土壌の活力はこうしたバクテリアの行動に支えられているし、私たち自身の消化管の健康も同じなのだ。

深いところでは、あらゆる動物、植物、菌類、そして原生生物が、太古の昔から存在するバクテリアを細胞の中に持っている。ヨコバイは氷山の一角にすぎない。この一角をハンマーで叩けば、氷山全体を壊してしまう危険がある。

曼荼羅には、植物のあらゆる部位を搾取するようにつくられたさまざまな虫がいる。花、花粉、葉、根、樹液はみな、昆虫の口器という多様な道具箱の餌食になる。それなのに、曼荼羅は青々としている。葉は若干ボロボロになってはいるが、それでも森を圧倒している。頭上では葉が重なり合って空が見えない――私のまわりでは灌木が斜面一面に拡がり、ここでも私の視野を狭めている。視線を落とせば、私の足は若い芽とともに森の野草のカーペットに埋もれている。森は草食性の昆虫にとって夢の一大宴会場に見える。

では曼荼羅が裸にされないのはなぜなのか？

これは単純だがさんざん激論がかわされてきた問いで、生態学者たちの間に論争が巻き起こるのにはもっともな理由がある。草食動物と植物の関係は、森全体の生態系の基礎なのだ。私たちの答えが間違っていれば、あるいは答えを見つけられなければ、私たちの森に対する理解は破綻し、私たちは何もわかっていないことになるのである。

その答えの一端は、鳥やクモ、そのほかの捕食動物が握っているかもしれない。腹を空かせた彼らが貪欲な虫の群れに襲いかかり、草食性の昆虫がその破壊力をフルに発揮できるほどの大群になるのを防いで、植物を護っているのかもしれない。

この考え方からは、草食性の昆虫は自分たちの間で競争することがめったになく、仲間同士の争いではなくて捕食動物によってその数が抑えられている、という推論が導き出される。これは重要な点だ――なぜならば、競争は進化の原動力なのだから。もしも草食性の昆虫の数が捕食によってのみ抑えられているのだとしたら、自然淘汰のプロセスは、草食性の昆虫に食べ物に関する競争力を与えるよりも、彼らが捕食動物に食べられないようにすることに力を注いだはずだ。

昆虫の数がその捕食動物によって抑えられている、

という考え方は、植物をケージで囲うことで試されてきた。もしも昆虫の世界が捕食動物によって支配されているのなら、ケージの内側では虫の数が爆発的に増え、ケージの中の植物は食べつくされてしまうはずだ。ケージ実験の結果はいろいろである。捕食動物が入れないようにした結果、昆虫の数が増えることはあるが、その数の変化が大きいことはめったになく、季節や場所によってはケージの影響はまったく見られない。ケージによって昆虫の数が増えた場合でも、ケージの中の植物の葉は、ケージに囲まれていない個体よりも食べられはするものの、ふさふさと緑のままなのだ。したがって捕食行為だけでは、見たところ草食性の昆虫の数が少ないことの説明がつかない。

人間もまた植物を食べる。そして私たちの食べ方は、なぜ森が青々としているのかについて、別の考え方もあることを示唆する。私の住まいはカエデ、ヒッコリー、オークに囲まれているが、木の葉のサラダを食べたことは一度もない。足元には森の野草が山ほど生えているが、やはりそれらを食べたことはない。私が持っている薬草学の本には、曼荼羅にある野草を少量摂ると病気の症状が改善される可能性があるが、それ以上食べれば（野草の種類によっては）心臓停止、緑内障、胃の痛み、視野狭窄、あるいは粘膜の炎症などの原因になると書いてある。栽培品種化された農作物は交配によって毒性を抜きとられていて、植物を食べるということの本来の姿がゆがんで見えているのだ。

確かに人間は草食動物として進化してこなかったので、ほとんどの真性の草食動物が持つ、解毒作用のある生理構造を持たないわけだが、私たちのまわりにある多くの植物を私たちが食べられないという事実からは、ある重要なことがわかる――この世界には、安全な野菜は思ったほど多くないのだ。この点は、ほかの草食動物たちが食物の毒性の中和に特化した生物化学的手段を持っていることを見てもわかる。

曼荼羅は客を待つ晩餐の席ではなくて、悪魔が用意した毒入りの料理が並ぶビュッフェであり、草食動物たちはそこからわずかばかりの、一番毒の弱そうなものを選んで食べるのである。

有機化学者は私たちの味覚が経験することを裏づける。この世界は、食べられないもの、消化をじゃまするもの、毒性のあるものだらけなのである。タカはこのことを知っていて、巣に新鮮な青葉を敷いてノミやシラミを追い出す。

「ニューヨーク・タイムズ」紙の例もある。ニューヨーク・タイムズ紙の古新聞を敷いた箱の中で育てられた昆虫は成虫にならないのだ。一方、ロンドンの「タイムズ」紙で育った昆虫は成虫に成長する。とは言え、これは記事のクオリティのせいではない。

ニューヨーク・タイムズ紙はバルサムモミのパルプが混じった紙に印刷されているのである。モミの木は、モミの木を食べる草食性の昆虫のホルモンを真似た化学物質を分泌して敵を欺き、中性化して身を護る。ロンドンのタイムズ紙はこうしたホルモンによる防護作用のない木がパルプ化されて作られているので、実験室の昆虫の寝床にしても安全なのだ。

では質問をひっくり返して、植物はどうやって草食動物の攻撃を生き残れるのか、と訊くのではなく、草食動物は有毒な植物にどうやって耐えるのか、と訊いてみよう。謎は、なぜ世界から葉がなくならないか、ではなく、葉に穴を開けた生き物たちが、なぜ葉を食べても死なないのか、である。

草食動物が毒のある植物を食べることができるのは、基本的に対抗手段として解毒作用をもつからだが、昆虫は同時に、植物のうち一番消化しやすい部位だけを食べることによって植物の防御手段を回避している。

曼荼羅のケムシがカエデの若い葉ばかり食べているのは偶然ではない。多くの木がそうなのだが、カエデもまた苦いタンニンでその葉を護る。タンニンが虫除け効果を発揮するのは濃度が高いときだけで、若い葉にはまだ有毒になるだけの化学物質が蓄積していないのである。このケムシたちが孵化するのが仮に八月だったとしたら、彼らはタンニンだらけの森に立ち向かわなければならない。草食性の昆虫の多くが、春に孵化することによって植物の防御手段を避けて通っているのである。

植物とそれらを食べる草食性の昆虫の間に繰り広げられる生化学的な果たし合いは、曼荼羅に緊迫した膠着状態を作り出した。どちらの側もまだ相手を打ち負かせない。曼荼羅の植物の葉に開いた穴や切れ目は、今年の分の闘いの印だ。曼荼羅の抜本的な特徴は、この由緒正しい一騎打ちから生まれるのである。

5月25日

さざ波

May 25th, Ripples

蚊とカタツムリ

お腹をすかせたご婦人たちが宙を舞い、私の腕や顔めがけて急降下したかと思うと、着陸して探査を始める。ご婦人たちは哺乳動物の私が発散するご馳走の匂いに興奮し、風に逆らって飛んできたのだ。私の皮膚が剝き出しであることがご婦人たちをいっそう刺激したのは間違いない——ディナーのテーブルを覆い隠す、みっちりと生えた毛皮のない肌。楽勝だわ！

一匹の蚊が私の手の甲に止まり、私は蚊が肌をつつくのを眺める。灰色がかった茶色で、少しだけ毛が生えており、腹部にそって青海波（せいがいは）の模様がある。細くて湾曲した足がその体を私の皮膚に平行に支えている。頭の下から針がつき出ている。蚊はどこが適当かテストするかのように、ゆっくりとこの槍を私の肌の上に滑らせる。蚊の動きが止まり、じっとする。それから蚊が頭を前足の間に沈めて針を肌に滑りこませると、チクリと痛みを感じる。針がさらに深く、数ミリにわたって滑りこんでいく間、痛みは続く。針を包んでいた鞘（さや）は蚊の足の間にたたまれて、蚊の頭と私の肌の間にほんの短い、細い筒状のものが見えている。針は一本の管であるように見えるが、じつはいくつかの道具が集まったものだ。鋭い二本の探り針が肌に切りこみ、唾液管とストローのような消化管の入り口を作る。唾液管は、血液の凝固を防ぐ化学物質を分泌する。この化学物質が引き起こすアレルギー反応のことを、私たちは「蚊に食われた」という。

柔軟性のある針は肌に侵入したのちにしなり、ミミズが土の軟らかいところを探すように、私の皮膚の中を、血管を求めて探しまわる。毛細血管は細すぎるので、蚊はもっと大きな血管を探す。小静脈や細動脈など、私たちの血液系の幹線道路だ。いわば高速道路である静脈や動脈はコーティングが硬すぎて蚊は興味を示さない。

針がお目当てのものを探し当てると、鋭い先端が血管の壁をつき刺す。針に触れる血液の流れは神経末端を刺激し、蚊の頭の中にあるポンプに、血を吸いはじめろと合図する。適当な血管を見つけられなかった場合、蚊は針を抜いてやり直すか、肌の毛細血管を針で引き裂いた際にできた小さな血だまりの血を餌にする。血だまりの血を吸うのは時間がかかるので、十分な大きさのある血管を見つけられなかった蚊のほとんどは、針を引き抜いてやり直し、皮下の別の場所でたっぷり流れる血脈を探すことを選ぶ。

私の手に止まった蚊は、どうやら豊かな血管に行き当たったようだ。ほんの数秒で、薄茶色だった蚊の下腹部は輝くような深紅に変わる。腹部の節の一つひとつを示す背中の青海波模様は間隔が開き、整然とした体の関節がはずれてしまったかのようだ。血を吸いながら蚊は回転する――おそらくは、血管の曲線に沿って針を押しつけているのだろう。お腹が半球形に膨らむと、蚊は突然頭を持ち上げ、瞬く間に飛んでいってしまう。私には、軽い手の痒みと、二ミリグラム少なくなった血液が残される。

二ミリグラムは私にとっては微量だが、蚊の体重は二倍になり、重たそうに飛んでいる。食事を終えた蚊はまず木の幹で休み、呑みこんだ水分の一部を尿として排出する。人間の血液は蚊の体よりも塩分が高いから、蚊は塩分も尿に含ませて排出し、私の血が自分の生理的平衡を崩すのを防ぐ。一時間ほどで蚊は、摂った食事に含まれていた水分と塩分の約半分を捨てる。

あとに残った血液細胞は消化され、私のタンパク質は一群の蚊の卵の黄身になるわけである。蚊は私の養分の一部は自分のために使うが、大部分は卵を作るのに使う。つまり、毎年人間が何百万回と蚊に刺されるのは、蚊が母親になる準備なのである。私たちの血は蚊にとって、繁殖への切符なのだ。オスの蚊と繁殖中でないメスの蚊は、ハチやチョウと同じように、花の蜜を吸ったり腐った果物から糖分を吸い上げたりする。血液は母親だけのタンパク質補充源だ。

私を刺した蚊の色とけばは、それがイエカ属の蚊であることを示している。つまりこの蚊は、池やどぶや流れのない水たまりの水面にこぢんまりとした卵の塊を産みつけるわけだ。イエカは人間の住まいの周囲の、悪臭を放つ水の中で繁殖することが多く、それが「イエカ」という名前の由来だ。

メスの蚊は適切な血の提供者を求めて繁殖場所から一・五キロ以上も飛ぶ。私の血は、私の家から八〇〇メートル離れた池や、一・五キロ先の町の、詰まった排水溝や下水管に産みつけられる卵に使われるかもしれないのだ。卵はそこで孵化して水生の幼虫が生まれ、幼虫は水面のちょっと下に浮かんで過ごす。幼虫の尻は水の表面膜にくっつく空気管になっていて、それが錨と呼吸穴の両方の役割を果たす。頭は水の中にぶら下がって、濁った水の中からバクテリアと枯れた植物を濾過する。

つまり蚊は一生のうちに、動物が手にできるもっとも栄養価の高い食物源の三つを利用することになる――水中の豊かな恵みと、花蜜の濃縮された糖分、そして脊椎動物の血液というねっとりしたご馳走と。そのそれぞれが蚊を次の生活環ステージに進ませ、その勢いは止めようがない。

もしも私が曼荼羅に行かなかったら、あのイエカは別の血液提供者を見つけて食事をしたことだろう。人間の住処を好みはするが、イエカは通常、鳥の血を餌にすることが多い。これは鳥にとっては迷惑なことだ。なぜならイエカは病気を感染させるのである――一番顕著なのは鳥類のマラリアだが、最近は西ナイルウイルスも多い。曼荼羅の上を飛び交う鳥の約三分の一は、血液に鳥類マラリア原虫がいる。感染した鳥のほとんどは、原虫によって特に衰弱することなく一生を終えることができるように見える。侵入性の高い西ナイルウイルスに感染した鳥のほうが死亡率が高いが、これは南北米大陸の鳥類にはこのアフリカ産のウイルスに対する自然抵抗力がないからかもしれない。

　カロライナコガラやカラスが見つからないと、イエカは人間を餌にする。このいい加減な食事習慣のせいで、鳥類の寄生虫が人間の血に触れることになる。中には鳥類マラリアのように鳥類以外の環境では死んでしまうものもあるが、西ナイルウイルスを含むいくつかは人間をつかまえて感染させる。鳥から人間の血液へウイルスが飛び移るためには、蚊がまず感染した鳥の血を吸ってウイルスを取りこみ、それが蚊の唾液腺の中で増殖する必要がある。次にその蚊が人間を刺すときには、唾液にこの好ましからぬ客が含まれているかもしれず、西ナイルウイルスがカラスから人間へと感染する可能性があるのだ。

　血を吸われることについて、私はあれほど呑気ではいけなかったのかもしれない。好奇心のおかげで私は、私でない生物が私の体を支配し、もしかしたら私を殺すのを許してしまったのかもしれない。

　けれどもその危険はせっぱつまったものではない。二〇〇二年に西ナイルウイルスに感染した人の数は、北米大陸全体でわずか四〇〇〇人、テネシー州では五六人だった。うち一五パーセントが死亡したので、罹れば怖いウイルスではあるが、私たちが日々直面しているリスクにくらべれば些細なことだ。

　このウイルスがニュースになるのは、それが私たちに実際に与える危険の大きさのせいではなくて、それが目新しく、感染する相手を選ばないこと、そしてそれがより大きな流行になるかどうかの予測がつかないのが理由である。このウイルスはまた、殺虫剤のメーカーや政府の寛大な予算で食べている科学者や、センセーショナルな見出しが欲しくてたまらない新聞記者にとっては贈り物だ。つまり、恐れと金儲けがこのウイルスをスターにしたのである。

最近まで、人間にとってもっとずっと怖ろしい脅威が曼荼羅を脅かしていた。別種のマラリアが蚊の唾液腺に潜み、鳥ではなく人間を待ちかまえていたのである。二〇世紀初頭、米国南部に暮らしていた人々のマラリアによる年平均死亡率は一パーセントだった。ミシシッピ州の沼沢地ではその数字は三パーセントにおよび、テネシー州の山地ではそれほどでもなかったものの、それでもかなりの数字だった。マラリアの怖ろしい猛威はかつては米国東部全域で人々を苦しめていたが、各種の絶滅プログラムにより、北東部では一九世紀には姿を消した。南部からマラリアがなくなる数十年前のことである。

南部でマラリアがなくなったのは二〇世紀初期で、マラリアのライフサイクルの多様なステージを標的にして展開された撲滅作戦によるものだった。感染した人々を治療し、蚊による再感染を防ぐために、膨大な量のキニーネが配布された。窓や扉には網戸をつけることが推奨され、ときには義務づけられて、蚊の唾液と人間の血液の接触が断たれたのである。湿地帯や沼地は蚊の繁殖場所をなくすために排水されるか、幼虫を窒息させるために油が流しこまれるか、あるいは殺虫剤が撒かれた。マラリア原虫の宿主である蚊と人間はともに南部に住みつづけたが、両者間の距離を十分にとった結果、寄生虫は絶滅した。

私が今、曼荼羅で経験していることとマラリアは無関係に見えるが、それは錯覚である。曼荼羅はユニバーシティ・オブ・ザ・サウス〔University of the South〕

の敷地内にあるために伐採を免れた。私をここに導いたのもこの大学だ。ではいったい何が、この大学をこの斜面に招いたのか？　その一つがマラリアなのである。

東部の古い大学の多くがそうであるように、この大学も、マラリアや黄熱（おうねつ）の温床である沼地から遠い台地に位置している。テネシー州の山岳地帯は気温が低く、比較的蚊が少ないので、南部の大地主が子弟を送りこむには理想的な場所だったのである。夏の間も学期は続き、学生たちは都会の暑さや病気を避けることができた。アトランタ、ニューオリンズ、バーミンガムなどで蚊が一時いなくなる冬には、大学は閉校となり、誰もいなくなった。この絶好の立地が大学を山のてっぺんにしっかりと結びつけ、大学創設の恩人であるマラリア原虫が土地から姿を消したあともずっと存続できるようにしたのである。

私の血液を構成する分子は、こうした歴史がもつ生物学的な力によって曼荼羅へと駆り立てられたのであり、その一部を蚊が持ち去って卵に再配分するというのは結構なことだ。このような自然との物理的なつながりに、私たちは往々にして気づかない。蚊に刺されたり、呼吸したり、ものを食べたり――それらはみな、コミュニティを作り、私たちを存続させる行為なのだが、そのことはほぼ見過ごされる。食事の前にお祈りをする人はいても、息をするたびに、あるいは虫に刺されるたびにそれをする人はいない。この無意識さはある意味で自己防衛行為である。私たちが食べたり呼吸したり蚊に持っていかれたりする、何百万という分子を通したつながりは、あまりに数が多すぎ、多種多様に複雑で、私たちには理解しようと試みることさえ不可能なのだ。

＊＊＊

曼荼羅を前にして腰かけている私は、この相関性を思い出させようとするプーンという羽音に苛（さいな）まれ、ヨットパーカーのフードを頭からかぶり手を袖の中に引っこめて、集中砲火を避けようとする。私は身を縮めた繭の穴の縁から外をのぞき、分子の流れを示す蚊とは別の種類の形跡を観察する。私の横の岩に、カタツムリがつぶされた跡がある。蜂蜜の色をした殻の半透明の断片が数個、岩の上にある。カルシウムに飢えた鳥たちのご馳走の残骸だ。

　曼荼羅の、つぶれたカタツムリの殻は、春に大々的に土壌から大気中へと動くたくさんのカルシウムの流れのうちの一つだ。子育て中のメス鳥はカタツムリが背中にしょっている炭酸カルシウムが欲しくてたまらず、カタツムリを探して森を飛びまわる。カルシウムに飢えるのには理由がある。食事の中のカルシウムを増強しなければ、卵の白い殻が作れないのだ。

　鳥がカタツムリを呑みこむと、殻はまず鳥の砂嚢(さのう)の中で筋肉と砂に押しつぶされ、挽き砕かれる。次にカルシウムはどろどろした消化管に徐々に溶け、腸壁を越えて血液中に送りこまれる。その日その鳥が卵を産むことになっていればカルシウムはまっすぐ生殖器官に行くし、そうでなければ、鳥の羽と脚の長骨の中心部にある、カルシウムをためておくための特別な部位に行く。これは「髄様骨(ずいようこつ)」と言って、性的に活発なメス鳥だけに発達する。髄様骨は産卵のために数週間かかって形成され、産卵が終わると完全に分解される。メス鳥たちは、「生きることの真髄を心ゆくまで吸いつくしたい*」というソローの願いを肝に銘じ、毎春、自らの骨を吸いつくして新しい生命を生むのである。

*――真髄は英語でmarrowと言い、骨髄の意味もある。

　吸い上げられたカルシウムは、血液中を貝殻腺まで運ばれる。ここで炭酸カルシウムは血液から分かれ、層になって卵に吸着する。貝殻腺は、鳥の卵巣から外界まで管の中を旅する卵が最後に立ち寄るところだ。

　旅のもっと早い段階で卵黄は卵白に包まれ、それからしっかりした皮膜に二重に包まれている。一番外側の皮膜には、複雑なタンパク質と糖分の分子で一杯の、小さな突起がたくさんある。これらの突起が貝殻腺中の炭酸カルシウムの結晶を引きつけ、それを中心に結晶が成長する、核の役割を果たす。不規則に拡がる都市のように、結晶は互いに重なり合いながら成長して最終的につながり合い、卵の表面にモザイクを形成する。結晶と結晶がつながらないところも二、三あって、モザイクの中にタイルの欠けている穴が残り、そこが、卵の殻の一番初めの層から完成した殻の表面までを貫く気孔になる。

一番目の炭酸カルシウムの層の上に次の層が成長し、たくさんのカルシウム結晶の柱がきっちり並んで圧縮された殻ができる。結晶の柱と柱の間にはタンパク質の糸が縦横に走り、殻に強度を与える。一番厚い殻が完成すると、貝殻腺は平板な結晶を殻の上に敷石のように並べ、それからその敷石にタンパク質を塗って仕上げの保護層を作る。こうしてカタツムリの殻は分解され、再構築されて鳥たちをすっぽりと包みこむ。

卵の中で育つヒナは、自分の家の壁を少しずつ削りながら殻に含まれるカルシウムを引き出し、それを骨に変える。その骨は南米に飛んでいって熱帯林の土壌に堆積するかもしれないし、渡り鳥殺しの秋の嵐に遭って海に戻るかもしれない。あるいは翌年の春にこの森に飛んで戻ってきて、卵を産むときにこのカルシウムが再び卵の殻に使われ、その残骸をカタツムリが食べ、曼荼羅にカルシウムを返してくれるかもしれない。

こうしたカルシウムの旅路はさまざまな生き物を出たり入ったりしながら、生命という多次元の布地を編みあげる。私の血液が、通りすがりの蚊を食べるか蚊に刺されるかしたヒナ鳥の体内で、カタツムリの殻と一緒になるかもしれない。あるいは私の血とカタツムリの殻が出会うのは一〇〇〇年先の海底の、カニの爪の中、それともミミズの腹の中かもしれない。

人間のテクノロジーという風がこの、生命という布に吹きつけ、予測不能な方向にうねらせる。大昔の沼地で植物が枯れて化石になったときに閉じこめられた硫黄の分子が、今、私たちの文化の動力として石炭を燃やすことで、大気に投げ出される。硫黄は硫酸に変わり、曼荼羅の上に雨となって降り、土壌を酸性にする。

酸性雨によって崩れた化学的なバランスはカタツムリには不利に働き、カタツムリの数を減らす。母鳥がカルシウムをたらふく食べるのは簡単なことではなくなり、子育てがうまくいかないか、あるいはまったく子育てをしなくなってしまう。鳥の数が減れば蚊が吸える血が減るか、あるいは捕食性の鳥の数が減るかもしれない。西ナイルウイルスのような、野鳥に繁殖するウイルスは、今度は鳥類の数の変化によって影響を受けるかもしれない。

こうして布に起こったさざ波は森全体に伝わり、どこかの縁まで行って終わるかもしれないし、永遠に波打ちつづけるのかもしれない——蚊や、ウイルスや、人間の中を通り過ぎ、外へ、外へと。

6月2日

クエスト（探索）
ダニとアーサー王の聖杯

June 2nd, Quest

私の膝から一〇センチ足らずのところにあるガマズミの枝に、一匹のダニが止まっている。私はこの厄介者を指で弾き飛ばしたい衝動を抑える。かわりに私は身をかがめ、ダニを単なる厄介者として排除しようとする自分の性急さを超えて、ダニをダニとしてよく見ようとする。

ダニは私が近づいたのを感じとり、八本の足のうちの前四本を持ち上げて、めったやたらと宙に振りまわす。私がじっと息を止めて見ているとダニは落ち着きを取り戻し、前足の二本だけを預言者みたいに空に向けて広げたもとの姿勢に戻る。私はものすごく近いところにいるので、ダニの硬い楕円形の体の縁に、小さな青海波の模様があるのまで見える。持ち上げた足の先端は半透明で、その一つひとつが日の光を受けて光っている。背中の真ん中には白い点があって、ヒトツボシダニ*〔*Amblyomma americanum*。キララマダニの一種〕のメスの成虫であることがわかる。体のほかの部分は赤茶色で、それが一つ星に流れこんでいるかのように、一つ星には黄金色の光沢がある。

*——マダニ、ローンスターチックと呼ばれることもある。

ダニの頭部には素っ気ない醜い武器がついていて、それ以外の体の部分の奇妙な美しさと対照的だ。頭部は不自然に小さく、私が手に持った拡大鏡を通して、ずんぐりした二本の柱状のものが飛び出しているのが見えるが、それはスイスアーミーナイフのように、鋭くて気味の悪い口器をかろうじてカバーしている。私はこの不愉快な生き物をもっとよく見ようと手を伸ばしてガマズミの枝をつかみ、目のほうに引き寄せる。ダニは私の手を感知して、前の足を激しく振りながら飛びつこうとする。この突撃にびっくりした私は、急に手を引っこめて枝から手を離し、ダニを落胆させる。

曼荼羅(まんだら)で前足を振りまわしているダニのその行動を、動物学者は「クエスティング(探索)行動」と呼ぶ。この名前のおかげで、ダニはアーサー王伝説の高貴な雰囲気を少しばかり醸し出し、*血を吸うという行為に対する私たちの嫌悪感はやわらぐ。聖杯探索のイメージが特にここでふさわしいのは、円卓の騎士も緑深い森のクモ形類も、血をたたえた聖杯という同じものを求めているからだ。ヒトツボシダニにとっての聖杯とは温血動物、つまり鳥類か哺乳類である。

*――著名なアーサー王伝説に登場する聖杯探索を英語で Quest と言う。

神話の騎士たちのクエスト(探索)は彼らを、アリマタヤのヨセフ*によって聖杯に汲みとられたキリストの血へと導いた。ダニは、自分が吸う血が聖書に登場する由緒正しいものであるかどうかにはそれほどこだわらず、そのクエストの行きつくところは脱皮かセックスだ。また、ダニの血の求め方は、騎士たちの旅路とは大きく異なっている。ほとんどのダニは、聖杯が向こうからやってくるのをじっと待ち伏せし、奇襲攻撃をかける。食事の血を捕まえるために、はるかな大地を横切ったりはしないのだ。曼荼羅のダニは典型的な血探しの方法をとって見せた――灌木の枝や草の葉によじ登り、その先端に陣どって、前足を伸ばして獲物がぶつかってくるのを待つのである。

*——新約聖書で、磔にされたキリストを十字架から降ろし、埋葬したとされる人物。

ダニの血液探しの助けになるのが、前足にあるハラー器官だ。このとがったギザギザにはセンサーと神経がつまっていて、かすかな二酸化炭素や汗、わずかな温度の上下、足音のどすんという振動などを感知するようになっている。つまり持ち上げた前足は、レーダーであり、また捕捉器具でもあるのだ。どんな鳥や哺乳動物も、匂い、接触、体温によってダニに感知されることなくその近くを通りすぎるのは不可能だ。私がガマズミの枝を引き寄せてダニに息を吹きかけたとき、ダニのハラー器官は大騒ぎになり、それによってダニはバネに弾かれたように私の指めがけて突進したのである。

血を探しているダニにとっての大敵は脱水症状になることだ。ダニは何日も、ときには何週間も野ざらしの場所にじっとして宿主がやってくるのを待つ。風は水分を奪い去り、太陽がその小さな、硬い体を灼く。水を飲むためにその場所を離れればクエストが中断されることになるし、多くの生育環境では水は見つからない。そこでダニは、空中から水を飲む能力を発達させた。口のそばにある窪みの中に特殊な唾液を分泌し、私たちが電気製品などを乾燥させるのに使うシリカゲルのように、その唾液が空中から水分を吸収するのである。ダニはその唾液を呑みこみ、水分を補給して再び血を探す旅を続けるのだ。

ダニの前足が、宿主になりそうな動物の肌、羽根、体毛などにしっかりとしがみつけば、クエストは終了である。幸運なダニは宿主の体を這いまわり、口器で肌をチェックし、柔らかくて血のありそうな場所を探して攻撃する。まるでこそ泥のようにダニは私たちの体をよじ登るが、私たちはそのことに気づかない。鉛筆で腕や脚をそっとなぞれば、あなたはそれを感じるだろう。ところがダニを一匹手脚に這わせても、何も感じない可能性が高い。どうしてダニにこんなことができるのかは誰にもわからないが、私は、ダニが神経終末に魔法をかけ、コブラのようなニューロンを、彼らの足が奏でる眠りを誘う音楽で手なずけてしまうのではないかと思っている。ダニが脚を這い上がっていることに気づく最良の方法は、くすぐったさや痒さがないという不自然な状態に気づく、ということだ。夏に森を歩くと、肌は虫との邂逅（かいこう）で常にむずむずする。この絶え間のないむずむずが消えたら、それはダニがいる、ということなのだ。

　蚊と違い、ダニは血を吸うのを急がない。口器を肌に押しつけ、それからゆっくりと肌を鋸で挽く。こうして不器用な切開手術で肌に十分な大きさの穴が開くと、口円錐（こうえんすい）という棘のある管を下ろして血を吸い上げる。お腹が一杯になるには何日もかかるので、宿主に引っかき落とされないよう、ダニは体を宿主の肌にしっかりと固定する。その結合力はダニの筋力よりも強い。ダニにマッチの火を近づけても動かないのはそのせいだ。ダニはたとえ尻に火がついても素早く離れることができないのだ。ヒトツボシダニはほかの種よりも深いところから吸血するので、引き剝がすのが特に難しい。

　血の食事はダニをものすごく大きく膨らませるので、摂った食事を収めるためにダニは新しく皮膚を作る。飲む血の量があまりにも多いために、ダニはクエストをしていたときの脱水症状とは反対の問題に直面する。満腹になると、食事を減らすかわりに、ダニは内臓にためた血液から水分を取り出し、それからその水分を宿主の体に吐き戻す。これは間違いなく、騎士道の掟とは言わないまでも騎士道精神にもとる行ないだ——ダニが病気の原因となるバクテリアの一つをもっている場合は特に。お腹いっぱい血を吸ったダニの体内の小匙（こさじ）半分ほどの血はつまり、小匙数杯分の宿主の血液がダニのお腹の中で濃縮され、蓄えられたものなのである。

　血を吸って体重が一〇〇倍にもなったメスの成虫は、宿主のどこかほかの場所から恋人を呼び寄せる。肌に食いついたままでフェロモンを分泌し、空中を運ばれたこの化学物質によって、オスたちはこの官能的なメスをめぐって争奪戦を始めるのだ。オスが到着するとメスはさらにフェロモンを分泌し、オスは、膨れあがって巨大になり、身動きがとれないメスの下に潜りこむ。オスは口器を使ってメスの殻のすき間に精液の小さなパッケージを挿入してからメスを離れ、メスは食事を続ける。

完全に満腹になるとメスは口のまわりの接合剤を溶かして、地面に這い下りる、あるいは落下する。地上でメスはゆっくりと血液を消化し、何千という卵を栄養満点の黄身で満たすのだ。蚊と同様に、母ダニは血液を生殖のための燃料として使うのである。卵の準備ができるとメスは林床にまとめて産卵する。彼女のクエストは終わった。聖杯の血はダニの卵に姿を変え、彼女は空っぽだが満足して死んでいくのだ。

一週間後、怖ろしい「マダニの幼虫」が卵から姿を現わす。幼虫は見た目も行動も両親のミニチュア版で、孵化した場所の周囲の植物に大挙してよじ登り、クエストを始める。集団で孵化する幼虫は集団で宿主を襲い、襲われたほうの悲劇も増大する。だが宿主を見つけるのに成功するのはこの幼虫の一〇匹に一匹だ。ほとんどは、適当な動物が通りかかる前に餓死するか干上がってしまう。

ヒトツボシダニの幼虫は、鳥類、爬虫類、哺乳類に襲いかかるが、齧歯類だけは避けるようだ。ほかの種類のダニの幼虫は好みがこれと反対で、最初の食事にはネズミやハツカネズミをねらう。やり手の幼虫は成虫と同様の方法で血を吸い、地上に落ちて「ニンフ(若虫)」と呼ばれる若干大きな形状に脱皮する。ニンフは血液を探し、吸血し、脱皮して成虫になる。つまり曼荼羅のダニはすでに二度、クエストに成功したわけである。最初は幼虫として、それからニンフとして越冬したダニは、二歳かもしれないし、三歳かもしれない。

私は蚊で行なった実験を繰り返し、長生きなダニに私の血をご褒美としてやりたい誘惑に駆られるが、二つの理由でそれを断念する。一つめは、ダニに嚙まれると私の免疫系が激しく反応し、痒いし、二、三カ所以上嚙まれると眠れなくなるから。二つめは、蚊と違ってダニの場合、いやな病気の病原菌を抱えている可能性が高いということ。

ダニ媒介の病気で一番有名なライム病はここではかなりまれだし、ヒトツボシダニが媒介することはめったにない。だが、ヒトツボシダニを主要な媒介とするほかの病気に、エーリキア症や得体の知れない「南部のダニを媒介とする発疹性の病気」などがある。この後者に関してはバクテリアが人体の外で増殖されたことがないので、ライム病に似た疾患を引き起こす、ということと以外ほとんど何もわかっていない。ロッキー山紅斑熱(こうはんねつ)とマラリアに似たバベシア症もヒトツボシダニの体内に潜んでいる可能性がある。これだけ病原菌がいては、とても我が身を提供しようという気にはならない。

ダニのクエストは貴族的かもしれないしその鎧(よろい)や武器には感嘆するが、私はダニを弾き飛ばす、あるいは爪でつまみ上げる必要を強く感じる。これほどの嫌悪感は、あとから身につけた用心よりも深いところから来るものかもしれない。ダニに対する恐怖は、幾多の前世における経験によって、私の神経系の奥深くに刻みこまれているのだ。

血を求めるダニと人間の闘いは、アーサー王伝説の少なくとも六万倍は古いものだ。私たちは、ホモ・サピエンスとしての歴史の初めから、ダニの嚙み跡を引っかき、ダニをつまみとってきた——それは、おしゃべりをしながら互いの毛繕いをした霊長類時代、ダニに嚙まれて痒かっただろう食虫類時代、さらに、私たちがまだ爬虫類で、ダニが進化した九〇〇〇万年前にまで遡る。聖杯だとてこれほどの長きにわたって追い求められればうんざりするのである。

私はガマズミを避けながら曼荼羅を立ち去る。

6月10日

シダ

June 10th, Ferns

不思議なセックスと生活環

夏が始まろうとしている。この二週間、気温と湿度は日ごとにジワジワと高くなり、暑さが曼荼羅までの私の歩みを遅くする。体を暖めるために懸命に歩く冬の季節はとっくに過ぎたのだ。

森の中にいる動物の豊富さは、特に冬の静けさとくらべると目覚ましい。あらゆる方向から鳥の声が聞こえる。蚊、狩りバチ、ハナバチを含む小さな虫たちが空中を絶え間なく通り過ぎる。アリは落ち葉の上を這い、曼荼羅の円周の中だけで常時数十匹が目に入る。林床には毛で覆われたクモもピョンピョン飛び跳ねているし、ヤスデは落ち葉の隙間を這いまわっている。

頭上を見れば樹冠はこんもりと繁り、幾重にも葉が重なっている。木々の葉は春先の明るい新鮮な緑から、もっとしっかりした濃い夏の緑色へと成熟した。濃く生い繁ったこの樹冠の葉は、森の生態系の根幹となるエネルギーを集め、フル操業で光合成を行なっている。

地面はというと、スプリング・エフェメラルの花はほとんどが消えてしまっている。今残っている植物はどれも日陰で育つもので、薄暗い低木層でゆっくりと成長する。その中で一番多く、目立っているのがシダだ。林床を見わたすと、山の斜面一面に、一メートルおきくらいにシダが生えているのが見える。

曼荼羅の南側の縁で、私の前腕ほどの長さのクリスマスシダが小粋な帽子の羽根飾りのようにアーチを描いている。まだ根元でつながってはいるものの、くたびれて地面に横たわり枯れかかっている去年の葉の上に、新しい芽が生えている。今年の新芽が伸びるまでは、古い葉は冬から春の間中緑色のままで、光合成による栄養補給を行なっていたのだ。耐寒性のあるクリスマスシダは、ヨーロッパからの入植者に彼らの冬の祭典を彩る緑の葉を提供し、そのことに敬意を表してこの名前がつけられた。

シダが曼荼羅で新芽を出したのは四月のことで、銀色できつく丸まった、「渦巻き形の船首飾り」という意味の名前がついた葉が、落ち葉をつき抜けて顔を出した。渦巻きがほどけるとともに中央の茎〔葉軸〕は伸びて羽片も成長し、優雅な先細りの羽根のようになった。

一番高いところにある葉の先端の羽片はしなびて縮まっている。光合成のための大きな表面積はなく、かわりに、この元気のない羽片の裏側に二列の円盤状のものが並んでいる。円盤はコショウの実ほどの直径である。巻き毛の頭にスカルキャップを被ったときのように、円盤のそれぞれの縁から茶色くてフワフワしたものがはみ出している。拡大鏡でのぞいてみると、くるくるの巻き毛は濃い色をしたヘビがびっしり並んでいるように見える。ヘビの体は、砂色の体節と幅広い赤褐色の縁に分かれ、ヘビの口は黄金色の球状のものをたっぷり抱えている。今日は何の動きも見えないが、以前、ヘビが頭をもたげて球状のものを空中高く吐き出し、それから跳ねるようにもとに戻るのを見たことがある。

この球状のものはシダの胞子で、一粒一粒の硬い殻の中に、新しいシダの株となる可能性を秘めている。ヘビのようなものはいわば植物版の投石機で、胞子を空に投げ上げるようにできている。ヘビの体節に見えるものは壁の厚さに差がある細胞で、この厚さの差が動きの原動力となる。

天気のよい日には細胞の中の水分が蒸発し、残った水の表面張力が増す。細胞はとても小さいので、大きくなった表面張力は細胞を湾曲させるのに十分で、ヘビを上向きにさせる。ヘビは頭をもたげながら胞子をたっぷりとかき集めて空に投げ上げる準備をする。水分はさらに蒸発し、緊張が高まり、ヘビはいっそう大きくしなる。そしてパンッ！　と緊張が切れ、細胞壁の中に抑えこまれていたエネルギーが胞子を弾き飛ばすのだ。成熟した葉に陽が当たると、ヘビの細胞からは水分が急速に蒸発し、胞子は熱い油から弾け出るポップコーンのように飛んでいく。

裸眼では、こうして飛んでいく胞子は一陣の煙のように見えるが、拡大鏡を通して見るとそれはもっとずっとドラマチックだ――次から次へと投石機が胞子を弾き飛ばすさまは、さながら戦闘シーンの再現を見るようである。

水分を蒸発させる太陽がなければ投石機は機能しないので、シダが胞子を飛ばすのは天気のよい日だけだ。だから遠くまで飛べる可能性も高い。今日は湿度も高いし、空は暗い灰色に覆われ、遠くに雷鳴も聞こえている。胞子の旅立ちにはふさわしくない。空中から洗い流されてしまう危険がある。だから投石機は動かない。

動物の卵細胞や精細胞と同様に、胞子の一つひとつが、ランダムに混ぜ合わされた両親の遺伝子をちょうど半分ずつもっている。ただし卵細胞や精細胞と違うのは、胞子は別の胞子と一緒になることなく着地し、発芽するという点だ。このことは、植物の生活環が私たちのそれとは根本的に異なっていることを示す最初のヒントである。動物にとってセックスは手っとり早いツーステップだ――自分の遺伝子ライブラリーを半分にして生殖細胞を作り、卵子と精子を融合させて新しい個体を作る。たった二つの段階を経るだけの、単純な循環である。ところがシダは何やら奇妙なことをしようとする。胞子が発芽しても、葉は現われない。かわりに小さな「前葉体」が生え、その平らな体を、小さい硬貨くらいになるまで地面に横たえる。

前葉体状のシダは自分で自分の食べ物を生産し、独立して生きる。数ヵ月、あるいは数年たつと、表皮に膨らみができる。膨らみには豆のようなものと、小さな煙突のようなものとがある。豆は次第に大きくなり、とある雨の日に破れて精細胞を放出する。精細胞は表面の水の中を転がりながら、煙突の根元に鎮座する卵細胞が放つ化学物質の匂いを探す。煙突の中心にはそれぞれ、不適切な種の精細胞を捕らえて破壊する化学物質が満ちている。適切な精子ならばそんな障害には遭わず、卵細胞に泳ぎつく。そして二つの細胞が融合する。そうしてできた胚が新しいクリスマスシダに育ち、それがいずれは大きくなって、アーチ形の葉の先端から胞子を弾き飛ばす。つまりシダの生活環には四つのステージがある——胞子体、前葉体、卵細胞または精細胞、そして大きなシダである。

曼荼羅の反対側にあるナツノハナワラビの場合、この生活環に面白いひとひねりが加わる。ナツノハナワラビは落ち葉の上に、私の手の平ほどの幅でレースのような扇形の葉を低く広げる。その扇の中心から一本の穂のようなものが伸び、葉の二倍もの高さになる。そのてっぺんには何十個という幅一ミリほどの胞子嚢(ほうしのう)が、細い側枝に房になってついている。この胞子嚢の両側には縦に切りこみがあって、そこから胞子が送り出される。胞子は発芽すると、前葉体ではなく、地下で小さなジャガイモのような根茎(こんけい)になる。根茎には葉緑体はなく、養分は菌類が頼りだ。数年間かけて大きくなった根茎は精細胞と卵細胞を作り、そこから新しいナツノハナワラビが生まれるのである。

成長して成体になったナツノハナワラビは、菌類との栄養分の交換をやめない。中にはこの相利共生的な関係が極端に強く、葉が一度も落ち葉より上に持ち上がらないものもある。そういうシダは、菌類という協力者に栄養をもらいながら、完全に地下で成長し、胞子を作るのである。

曼荼羅にある二種類のシダはどちらも、二つの生物形態の間を行ったり来たりする。胞子をもつ大型の植物という形態と、小さな卵・精細胞工場である前葉体または根茎という形態である。こうして二つの姿の間を行き来するというのは人間には理解しがたいことで、シダの生殖活動については一八五〇年代まで謎のままだった。シダの生殖構造が、花粉やタネのように風に運ばれる胞子であることは明らかだったが、それはほかのどんな生殖細胞とも異なっていた。植物学者たちは、シダや、シダの親戚で同様にわかりにくいコケのことを、隠花植物、つまり「隠された性」をもつ植物と呼んだ。煩わしい謎に名前という絆創膏を貼ったわけだ。小さな前葉体の濡れた表面で精細胞と卵細胞がうごめいているのが見つかると、この混乱は解決した。

シダの生殖方法は、周囲から護られた、湿った場所で生きるにはぴったりだが、乾燥した、もっと厳しい条件下ではそううまくはいかない。精細胞が泳ぐことのできる水分がなければシダは生殖ができない。しかも、前葉体は胚には保護も養分もほとんど与えない。シダの生活環を変化させることでこの制約から逃れたのが顕花植物だ。

風に胞子を飛ばすかわりに、顕花植物が作る胞子は花の細胞組織の中にとどまって、しっかり護られたミニ前葉体に成長し、それが卵細胞と精細胞を作るのだ。こうしてシダがもつ独立した前葉体は花の中に埋まった数個の細胞に縮小され、それによって顕花植物は湿った隠れ場所を見つけて生殖する必要から解放されたのである。砂漠、岩壁、乾いた丘の斜面はもはや生殖の障害ではなくなったし、日照りが続き太陽が照りつけても大丈夫になったのだ。前葉体を縮小して体内に抱えこんだことで顕花植物はまた、養分を送って子孫を育み、種皮で包んで護り、実の中に入れて高くかざして、風を捉え、あるいは通りがかりの鳥についばんでもらうことができるようになったのだ。

この革新的な生殖方法のおかげで、顕花植物は今日ある植物の中で群を抜いた多様さを誇る。顕花植物の種類は二五万種を超えるが、シダ類は一万種とちょっとにすぎない。約一億年前に顕花植物が進化したとき、古いシダ植物や隠花植物の多くがこの新顔との競争に負けて退散を余儀なくされた。ただし、今残っているシダを、原始的な植物の生き残りと考えるのは間違いである。近年のＤＮＡ研究によれば、現在生えているシダが進化し、多様化したのは、顕花植物が登場したあとのことなのである。顕花植物が権勢を振るいはじめると古代シダ種は姿を消したが、同時に顕花植物は自分でも気づかず、次なるシダ王国が栄えるのに理想の環境を生んだのだ――日陰を愛するクリスマスシダとナツノハナワラビが大いに成長する、湿った曼荼羅がそれである。

6月20日

からまって

June 20th, A Tangle

雌雄同体とカタツムリ

突然の風が、この一週間しとしとと雨を降らせていた曇り空を晴らしていく。しばらくぶりの陽光が林冠の小さな切れ目から射しこんで、曼荼羅に光と影の斑(まだら)模様を作る。つるつるしたヘパティカの葉の表面は、太陽の光が当たるとピカッと光る。ほかの植物にはヘパティカのような輝きはないものの、さまざまな緑色でつやつやとしている。長いこと鬱陶しい曇り空の下にあった曼荼羅は、ことのほか色鮮やかに見える。森の音もまたずっと生き生きしている。あちらからもこちらからも、くぐもったおだやかな音が聞こえてくる——遠くにあるミツバチの巣箱のような、たくさんの虫の羽ばたきが混ざり合った音だ。

日がのぼってからもう数時間たっているが、カタツムリが二匹、湿った落ち葉の上で体をさらしている。おそらく日がのぼる前からここにいる二匹は、交尾のためにねじれた恰好でからまり合っているのだ。鼈甲(べっこう)色の殻は開口部同士向かい合い、二匹の体の灰色と白の肉は一つの塊に溶け合っている。彼らは非常に難しい交渉と交換の真っ最中だ。ほとんどの動物がするようにオスからメスに精子を渡すのではなく、カタツムリは精子を双方向に移動させる。カタツムリの個体はどれも、精子の提供者であり受領者でもあって、オスとメスが一つの体に融合しているのである。

雌雄同体現象は複雑な利害関係の問題を生む――パートナー間で、生殖のために行なう交換をいかに公平なものにするか、ということだ。

ほとんどの生命体がそうだが、カタツムリにとってもまた、精子の生産は安いものだが卵子は高価である。単性動物の場合、このコストの違いは通常、メスはより厳しく相手を選び、オスは見境なしに乱交することをよしとする。子どもを育てるのにオスが何の手助けもしない種では特にそうだ。ところが雌雄同体の動物の場合は、相手を選ぶ能力と誰彼かまわぬ無節操さが一つの体に同居しており、それぞれが、精子を受けとるのに慎重でありながら同時にパートナーに精液を送りこもうとするので、交尾はまことに困難なのである。

交尾の相手にちょっとでも病気があるのを感じとると、カタツムリは女性性を発揮するのを拒み、精子を与えはするが受けとろうとはしない。だが感染のない交尾相手を見つけたカタツムリは、喜んで相手から精液を受けとる。このような厳選主義が、限られた卵子のために遺伝的に優れた精液を選択するのを助けているのかもしれない。

雌雄同体の動物はまた、もっと大きな目で見た周囲の状況にも敏感だ。交尾相手の候補がほとんどいない地域に住んでいると、カタツムリは男性性と女性性の両方を表出させるが、混み合った環境にいると女性性は抑えられて行動が男性的になり、気前よく精液を与えるが卵子は最良のパートナーのために温存する。

相手がすでに受精し、ほかの個体の精液を受け入れたあとだった場合、状況はさらに複雑になる。その場合、片方が相手を完全に拒絶し、拒否されたカタツムリは力ずくで交尾しようと精液の包みを気乗りのしない相手に無理矢理押しつけるかもしれない。愛の三角関係は悲惨だが、愛の六角関係は戦争だ。

戦争というのは比喩ではない。カタツムリの種によっては、交尾の緊張は武力紛争に拡大する。片方のカタツムリから骨質の恋矢が相手に打ちこまれ、精液破壊腺が好ましからざるオスの男性性を中性化し、筋肉が精子と卵子を戦いの前線に押し出すのだ。カタツムリが長時間抱き合っているのも、じつは性的な衝突によるものかもしれない。

カタツムリは触角で互いに触れ合いながら、円を描き、ゆっくりと位置につく。その間いつでも後退し、あるいは相手を替える用意はできている。各段階でカタツムリが何を見定めようとしているのかはわからないが、彼らの長時間にわたる求愛と交尾は、慎重に演出された外交交渉のようでもあり、結婚の条件に関する婚姻前協議のようでもある。

こんな物憂い関係は代償も大きいに違いない。曼荼羅のカタツムリは、体の大部分を殻から出した状態で三〇分以上も横たわっており、鳥などの捕食動物にとっては恰好の餌食である。

ほとんどの動物は雌雄の性機能が別々の体にあり、雌雄同体というのはめずらしい生殖システムだ。だが陸生巻き貝はすべて雌雄同体だし、海に棲む軟体動物やそのほかの無脊椎動物の一部もそうだ。

曼荼羅にいるカタツムリの生殖活動は、鳥やハナバチよりもむしろ春の野草との共通点が多い。曼荼羅に生えるスプリング・エフェメラルや木々はすべて雌雄同体であり、その多くはオスとメスが一つの花の中に同居している。

なぜ生殖システムがこれほど多様なのかは謎である。ミソサザイには男子と女子がいるのに、ミソサザイが暮らす木々が男子であると同時に女子なのはなぜなのか？　ミソサザイがヒナ鳥に与える甲虫はオスかメスのどちらかなのに、同じくミソサザイの嘴が餌として運んでくるカタツムリはすべて雌雄同体なのだ。

進化論においては、この謎は自然界における経済性の問題として扱われてきた。生物学者は自然淘汰を、企業経営者が最良の資金配分を決定するのと同じように、生命体がその生殖エネルギーをどのように投資するかを決定するプロセスと捉える。人間の経営者は将来を見通す目と判断力でそれを行なうが、自然淘汰の場合は、常に新しいアイデアを試しては、成功率の高いものを選んで役に立たない方法は取りのぞくというやり方をする。自然はセックスについての新しいアイデアには事欠かない。カタツムリは各世代に必ず単性のものが若干いるし、鳥類や昆虫や哺乳類の少数は雌雄同体で生まれてくる。そういうわけで、自然界における性的役割の自由市場を刺激する材料はたっぷりあるのだ。

各個体はそれぞれ、繁殖に使えるエネルギー、時間、肉体の量が限られている。専門分野の企業のように、一つの性に資源のすべてを投資する生命体もあれば、オスとメスという二つの投機先に投下資本を分散するものもある。どちらの戦略が最適かは、それぞれの種の生態による。交尾の相手を見つけられない可能性が高い状況では、雌雄同体であることは意味がある。腸内に単独で棲むサナダムシは、自家受精しなければ遺伝系統が途絶えてしまう。これほどわかりやすくはないが、受粉に必要な受粉媒介者があてにならない花は、自家受精をする必要もあるかもしれない。曼荼羅にはヘパティカの花が咲き乱れているが、もしも春に気温が低くて受粉を媒介する昆虫が飛べなければ、雌雄同体である以外に生殖の手段はない。攪乱（かくらん）が起きたあとの地面にコロニーを作る雑草種も同じだ。そうした雑草種の個体は新しい生育環境にそれ一株しかないかもしれず、だから自己愛が欠かせない。つまり雌雄同体現象は、性交なしに繁殖しなければならないかもしれない生物種のお気に入りの生殖システムなのである。

しかし雌雄同体の動物は、ほとんどのカタツムリをはじめ、単独では暮らさないし、たとえ独房に入れられようが自家受精はできないというものがたくさんいる。つまり孤独な生活だけが雌雄同体となる原因ではないのである。進化の過程は、生殖に対する一般的なアプローチが大いに成功しているときですら、雌雄同体をひいきにしてきたのだ。

カタツムリは繁殖の縄張りを護ろうとはしないし、鳴きもしなければ色鮮やかでもない。また、親として卵の面倒をみることもせず、落ち葉の中の浅い穴に卵を産みつけて放っておく。生殖にともなう義務がこのように比較的単純であるために、カタツムリは雌雄どちらの性別の機能も損なうことなくオスでありまた同時にメスでいられるのだ。

鳥類や哺乳類など、より特化した性的役割をもつ生物種ではこうはいかない。彼らの場合、自然淘汰のプロセスは、個体が男性性あるいは女性性のどちらかに集中することを好む。経済用語を使えば、カタツムリはオスとメスを組み合わせた投資信託型の戦略をとったほうが運用益が大きいし、鳥の場合は一つの性に全資本を投下したほうが運用益が大きい、ということになる。

曼荼羅の生物種のそれぞれがもつ生態学的、生理学的特徴の多様さが、長きにわたる自然淘汰を経て、多種多彩な性的行動を生み出した。人間にとってはあまりにも異質に思える雌雄同体のカタツムリの抱擁は、自然界における生殖活動が、人間が想像するよりももっと適応力があり多種多彩である、ということを思い出させているのだ。

7月2日

菌類

July 2nd, Fungi

縁の下の力持ち

二日間、昼夜にわたって雨が曼荼羅に降り注いだ。嵐はメキシコ湾からやってきて、ひっきりなしに打ちつける雨が空気中から刺咬昆虫を洗い流したおかげで、何週間も私に熱心にまとわりついていた蚊の大群から解放された。嵐に続いて、夏のもっとも暑い時期がやってきた。大気のものすごい湿度は容赦なくあらゆるものを包みこんで、少しでも体を動かせば汗で肌が光る。森はベトベトした熱帯の抱擁に抱かれている。

濡れた林床に、オレンジ色、赤、黄色をした小さな点々が光っている。キノコだ。暑さと雨が菌類の地下部分を活気づかせ、子実体（しじったい）が伸びたのである。色とりどりの今朝のキノコの中で一番きれいなのは、朽ちかけの小枝にちょこんと乗ったチャワンタケだ。ミカン色、ゴブレットのような形、銀色の毛に縁どられたこれは、シロキツネノサカズキという種類だ。直径二・五センチに満たないが、その色が目にとまり、私は膝をついてもっとよく観察することにする。目を地面に近づけると、そこらじゅうに小さな子実体があるのが目に入る。まるで枯れ葉と小枝の海の上に浮かぶ色とりどりのレガッタだ。

この色鮮やかなボートはみな、菌界で一番大きなグループである子嚢菌門に属する。胞子が袋〔子嚢〕の中でできることからつけられた名前だ。曼荼羅のシロキツネノサカズキの一生は、直径が一ミリの二〇〇分の一にすぎない胞子から始まった。枯れた枝に風で運ばれて、今もそこが住処だ。

胞子は発芽して細い菌糸を枝の木部の中に伸ばす。菌糸はとても細いので、植物細胞壁の隙間に滑りこみ、細胞と細胞の間の小さな穴をくねくねと進む。枝の中に入った菌糸は成長しながら消化液を分泌し、一見硬い木部を液化する。こうして分解された木部のスープから、糖分そのほかの養分を吸収して新しい菌糸が成長し、それが枝の死んだ細胞の中をさらに先のほうへと伸びていくのだ。土の中で木の箱の中に閉じこめられるというのは、シロキツネノサカズキにとっては喜びだ。

本日のレガッタの参加者の中には、ほかにも枝の解体を専門とするものもいるし、落ち葉の敷物を好むものもいる。好みはいろいろだが、これらのキノコはみな、死んだ植物細胞の中にその触手を潜りこませ、周囲の木質を食べ、最終的には破壊して、ネットワーク状の体を拡大させることで成長する。キノコが養分を取りこむと、彼らの住まいはいっそう深く忘却の淵へと押しやられる。

つまり枯れた枝という生息環境は沈みゆく島であり、キノコは絶えず子孫を外に送り出して新しい島を見つけなくてはならない。この必要があればこそ、私たちが知覚できる世界にキノコは姿を現わすのである。菌類は、地下の菌糸から子実体が伸びるまでは私たちの目には見えない。黄色、オレンジ色、そして赤の船隊は、曼荼羅の表面下に巨大な生命のネットワークが拡がっていることを示しているのだ。

シロキツネノサカズキは、その杯の内側の表面に胚芽を作る。そこには大砲のような形をした袋が何百万個と並んでいて、それぞれが、中に八個の小さな胞子を充填して空に向かっている。大砲が熟すと、先端がちぎれて胞子が空中に放たれ、杯の十数センチ上まで跳ね上がって、曼荼羅の地表を包むおだやかな境界層の空気の外に飛び出す。胞子の一つひとつはものすごく小さいので裸眼では見えないが、何百万個という胞子がいっせいに飛び出すところは、粒子の細かい煙がフワッと上がったように見える。

杯の噴火は、表面の一ヵ所にそっと触れただけで起きることがある。ということはつまり、キノコの胞子の分散には動物が重要な役割を果たしているのではないかと私はうすうす感じている——教科書には、胞子は「風によって分散」される、と断定されているが。

今朝の曼荼羅の地表には、その境界線内だけで少なくとも八匹のヤスデとムカデ（うち一匹は古くなったシロキツネノサカズキを齧っている）、クモが数匹、大きな甲虫が一匹、カタツムリ、数十匹のアリ、そして回虫類がいる。リス、シマリス、それに小鳥たちは曼荼羅のまわりを跳ねまわっている。子嚢菌の子実体は地表にびっしりと生えているので、動物たちがどんなにがんばっても、踏みつけないで通るのはむずかしいだろう。

曼荼羅の中央にある小さな茶色いキノコは、子嚢菌が地面から上に向かって胞子を飛ばすのとは違い、開いた襞（ひだ）から胞子を降らす。ここでも胞子を運ぶおもなものは風であると考えられているが、動物の関与の印も残されている。キノコの傘の縁は齧った跡でギザギザだ。これはおそらくシマリスの仕業で、今ごろはシマリスの鼻やひげから、ずっと離れたところの葉に胞子がこすりつけられていることだろう。

子嚢菌類や担子（たんし）菌類の生殖活動は、生物界には他に例を見ない。それは「性行動」という言葉の意味を、私たち動物がもっとも革新的な進化を遂げた瞬間にすら到達し得なかったところまで拡大する。彼らは性別というものを、少なくとも私たちが理解するような形ではもたないし、精細胞も卵細胞も作らない。かわりに菌類は、菌糸と菌糸を交配させて繁殖する――文字通り、その体を接合させて次の世代を作るのだ。

曼荼羅の中央のキノコは、この不思議な生活環を一番明瞭に示している。キノコの胞子が発芽すると小さな菌糸ができ、それが落ち葉の中で成長しながら交配する相手を探す。菌糸はオスでもメスでもなく、ただ「交配のしかた」によって何タイプかある。この交配型は私たちにはどれも同じに見えるのだが、キノコは化学信号を使ってこの違いを知覚し、自分と違う型のものとだけ交配する。この型が二つしかない菌類もあるが、種によっては何千もある。

二つの菌糸が出会うと、交互に出し合う化学信号によってステップが決まる、複雑なパ・ド・ドゥが始まる。まず初めに、片方の菌糸が自分の交配型特有の化学物質を送り出す。相手が同じ型ならそこでダンスは終了し、二つの菌糸は互いを無視し合う。だが相手が自分とは別の交配型ならば、化学物質は相手の表面にくっつき、相手はそれに反応して自分特有の化学信号を放出する。すると両方の菌糸から粘着性のある枝が分かれ、互いを捕まえて菌糸を一つにする。菌糸の細胞は細胞機構を同期させて互いの中に溶け合い、新しい個体を作る。

新しくできた菌は両親が混ざったものではあるが、融合はまだ完結していない。両親から引きついだ遺伝物質は菌の体の中で別々のままで、二つの異なるDNAが一個の細胞の中に存在する。キノコはこの、「一緒だけど別々」な状態を、地下で栄養を取りこんでいる間だけでなく、胞子を放出するために生える子実体においても保つ。何週間、ときには何年も別々だった遺伝子が完全に融合するのは、キノコの傘の下側にある襞の中だけなのだ。だがこの融合は長くは続かない。遺伝物質が一つになるやいなや、減数分裂が起きて胞子ができ、胞子は生まれた場所を飛び出すのである。そしてそれぞれの胞子が風に運ばれたり動物に運ばれたりして新たな生活環を始めるのだ。

シロキツネノサカズキやそのほかの子嚢菌門の種は

これと似たパターンをたどるが、菌糸は胞子を作る準備が整うまで接合しない。彼らは生活環の大部分を未融合菌糸として地下で過ごすのだ。成熟するとようやく接合する異交配型の相手を探し、傘ができ、胞子を作る。

菌類の生殖の複雑さは、菌以外の界の生殖について興味深い点を浮き彫りにする。動物と植物の生殖は、例外なく、二つのはっきりと異なった生殖細胞が関係している——大きくて栄養をたっぷりもった細胞、卵子と、小さくて可動性のある細胞、精子である。だが菌類は、この二つがすべてではないということを示している。菌類の交配型は数千種にもおよぶのだ。

菌類が精子と卵子という専門の役割をもった細胞を発達させなかったのは、菌類の構造が比較的単純であることが理由かもしれない。大きくて複雑な動物や植物の体は発育に時間がかかるので、発育の初期段階を完結させるためには十分な食料をもって生まれてこなければならない。一方菌類は精巧な体を作らなくてよい。その単純な菌糸は、小さな胞子の中から完全に成熟した姿で生まれる。卵子を作るのは時間とエネルギーのむだだ。この考え方を検証するよい例が藻類である。藻類の形状は、菌類のように単純なものから、植物や動物のように複雑なものまでさまざまだ。予想されるとおり、単純な藻類の生殖細胞は大きさが同じだが、複雑な藻類の生殖細胞は精子と卵子に特化している。

菌類はそのほかの多細胞生物のような性的役割をもつことを回避したかもしれないが、それでも性差と無縁なわけではなく、交配型の違う個体同士でしか生殖ができない。これはむだなことのように思える。交配の相手を求める菌類の視点から見れば、交配型の存在は大いにじゃまである——交配相手としての候補の中から、最大で半分も同種の個体を排除してしまうのだから。

交配型の謎はまだ完全には解明されていないが、細胞内の生物の生き残りをかけた駆け引きが少なくともその答えの一部であるらしい。菌類の細胞は、動物や植物の細胞と同じくマトリョーシカのように設計されている。菌類の細胞内にはミトコンドリアがいて、それが食物を燃やして細胞にエネルギーを提供する。普通の状況では、ミトコンドリアと寄生先の細胞は協調的関係にある。だが舞台のそででは衝突が待っているのだ。

ミトコンドリアは大昔に生きていたバクテリアの子孫なので、自分自身のDNAを保持しながら細胞の中であたかも自由生活性のバクテリアのように増殖する。通常この増殖は、細胞内のミトコンドリアの数がちょうどいいように調節されている。だが誤ってミトコンドリアが増殖しすぎ、細胞を傷つけてしまうことがある。こうした不健全な過剰増殖が起き得る状況の一つは、二種類の菌類からのミトコンドリアが一つの細胞内で出会った場合だ。そういう状況下で起きる異株のミトコンドリア間の生存競争では、もっとも活発に分裂するものに軍配が上がる。つまり、ミトコンドリア間の短絡的な闘争が、長期的に見た細胞自体の生存を脅かすのである。

菌類の交配型は、この種の争いを防ぐためにできているように見える。交配型の存在にともなうルールに、次世代の菌糸にミトコンドリアを提供できるのは一種類の交配型のみである、というものがある。つまり交配型は、菌類の細胞を傷つける恐れのあるミトコンドリア間の争いを抑える方法の一つなのである。

だが、交配型がどのようにして生まれ、進化したかについての仮説は、不確かで、意見の一致を見ない。菌類の生殖方法は多岐にわたっていて、それらを統一して説明しようとする試みのほとんどは完全に失敗している。たとえば、菌類の中にはほとんど卵のような構造物を作るものがあるが、おそらくそれは、菌類は卵子と精子を作らない、という原則にそぐわない。そのほか、別々の親菌糸から来たミトコンドリアが混在することがあって、交配型に関するルールを破る種もある。この多様性がときとして手に余るということを、菌類を専攻する生物学の学生たちは間もなく悟ることになる。だが同時にこのことは、動物や植物がかなり画一的にオスとメスの役割を固守しているのに対する新鮮な対照物ともなるのだ。

うつぶせになった私の目には、曼荼羅の落ち葉の表面に小さな子嚢菌門と担子菌門のキノコの傘が何百個も散在しているのが見える。朽ちかけた枝にはどれも、色のついた傘の塊が一個かそれ以上ある。枯れ葉のほとんどに小さな茶色いキノコが乗っかっている。何カ月も見つめつづけてきた林床に、突如としてこれほどたくさんの種類のたくさんの個体が現われる、というのは、森の生命の多くの部分は、緻密に観察したとしても、私たちの目には見えないのだということを思い出させる。

だが見えないということは重要でないという意味ではない——これらの菌類こそ、腐敗というプロセスの原動力であり、養分とエネルギーを森の生態系の中に送りこんでいる。夏にこの森が青々と豊かな生産性を見せるかどうかは、網のように拡がる地下の菌糸の生命力にかかっているのだ。

7月13日

ホタル

発光器と懐中電灯

July 13th, Fireflies

霧に霞んだ空気の中をそろそろと曼荼羅に向かいながら、私の体は緊張している。夕暮れで、あたりはほの暗い。私は薄闇の中で目を見開き、道にヘビがいないかと確かめながら慎重に足を運ぶ。私が一番警戒しているカパーヘッド〔アメリカマムシ属〕は、学名を*Agkistrodon contortrix*といい、「鉤(かぎ)形の歯をした竜巻」ともあだ名される。カパーヘッドは湿っぽい夏の夜には特に活発だし、今夜は彼らが大好きな夏のおやつが姿を現わそうとしている。何百というセミが、幼虫時代を過ごした地中の穴から這い出しているのだ。ヘビが獲物を求めてうろついているのは間違いない。懐中電灯の光の反射で目がくらむのがいやなので、私は懐中電灯を使わずにゆっくり進む。弱まっていく光の中で、葉の模様をしたカパーヘッドの擬態がそこら中に見えるような気がする。

　捕食動物に対する怖れは、何百万年にわたる自然淘汰の中で私の心理の中に刷りこまれたものなのだろう。暑いところに暮らす霊長類は暗視の能力が低く、暗闇をあなどるとまず長生きはできない。すべての生き物がそうだが、私は生き残ったものの子孫である。つまり私の恐怖心は、積み上げた知恵をささやく先祖たちの声なのだ。私の理性もまた、恐怖を煽る動物学的知識でそれに同調する――曲がった長い牙、血液を破壊する毒による苦痛、微小な温度の変化を察知する目の横のくぼみ、一〇分の一秒で飛びかかれる攻撃力。曼荼羅に着くと、見慣れた光景が私の緊張をやわらげる。祖先たちから別の囁きが聞こえる――よく見知ったものは安全だ、と。

腰かけようとすると、ホタルの光が私を歓迎する。緑色の光が急角度で十数センチ飛び上がり、一、二秒じっとする。夜はまだ浅くて、その光だけでなくホタルの体もかろうじて見える。緑色の発光がやみ、ホタルは三秒ほど空中に浮かんでいたかと思うと、サッと降下して曼荼羅を横切っていく。それからまた、光りながら急上昇し、発光をやめて静止し、急下降する、を繰り返す。

もしも私が本物のホタル通だったなら、その独特のリズムと発光時間の長さでホタルの種名がわかるのだが、残念ながら私にはそんな知識はない。昼間は野外観察図鑑を使って、曼荼羅の植物によじ登っているホタルがフォツリス属であると識別できたが、日はすでに暮れて、このホタルがフォツリス属であるかどうかを見分けるには暗すぎる。が、上昇する緑色の光によってオスであることはわかる。この光は、願わくは交尾の相手との対話を始めるための、最初の一言なのだ。

彼はその一言を敷きつめられた落ち葉の彼方に向けて発し、反応を待つが、返事はめったにやってこない。光を放ったオスのホタルはじっとしてメスが返答する時間を与え、林床を見わたし、それから飛び去って、メス探しを続ける。たまにメスがその隠れ場所から応答の光を返すことがあると、オスは再び発光しながらメスのところに飛んでいく。二匹は互いに発光して何度か信号を送り合い、それから交尾する。

曼荼羅の上のホタルがフォツリス属だとすれば、そのお相手は、交尾のあとにもう一つ、光のいたずらを見せる。フォツリス属のメスは、オスを誘惑して交尾するというお決まりの仕事を終えると、次にその注意の矛先をほかの種のホタルのオスたちに向けるのである。それぞれの種に特有な発光パターンは通常、種の異なるオスとメスを近づけない。ゴリラが発する性的な誘惑のシグナルに私たち人間が興味を示さないのと同じように、ホタルは自分の種以外のホタルの光は無視するのだ。

ところがフォツリス属のメスは、ほかの種が放つ応答の発光パターンを真似て、期待に満ちた、けれども不運なオスを引き寄せ、捕まえて食べてしまう。バージンロードを花嫁とともに歩き終わった花婿は、結婚披露宴のご馳走になってしまうのである――遠目にはあれほど魅力的だった花嫁は、じつはお腹をすかせたゴリラだったというわけだ。

魔性の女はその餌食を、単なる食物としてだけでなく、自己防衛用の化学物質源としても利用する。自分が捕まえた相手から毒のある微粒子を盗みとり、それを自分の体内に置き直すのだ。もしもクモに捕まったらその化学物質を吐き出して敵を撃退する。今日のような暖かな夏の夜、林床は牙のある敵だらけに思える。

だが危ないことばかりではない。ホタルはそのきらめきと柔らかな光で私たちを魅了し、楽しませてもくれる。花々の華麗さと色鮮やかさ、あるいは生き生きとした鳥の鳴き声と同じように、キラキラと光るホタルは、私たちと、より本当の世界の姿との間に立ち塞がる霧をはらい除けて、そこに窓を開いてくれる。笑いさんざめく子どもたちがホタルの後を追うとき、子どもたちは甲虫を追いかけているのではなく、謎を捕まえようとしているのだ。

成熟した謎は経験という表層を剥ぎとって、その奥にある、もっと深い謎を探索しはじめる。科学というものの至高の目的はそこにある。そしてホタルの物語には、この隠された謎がいっぱいなのだ。ホタルの輝きを見ると、なんということのない素材の寄せ集めから大傑作を作り出す進化の力に感嘆せずにいられない

——ホタルの腹部の先端にある発光器を形づくる素材は昆虫の体を構成するごく普通の素材と変わらないのだが、その組み立て方によって、ホタルは光る森の妖精となるのである。

ホタルの光は、ルシフェリンという物質から発せられる。さまざまな微粒子と同様に、ルシフェリンも酸素と融合してエネルギーの塊に変化する。この塊は興奮を静めるために、活動するエネルギーの包みを放出する。私たちが光として知覚する光子のことだ。ルシフェリンは構造的にはほかの、細胞内のごくありふれた分子に似ているのだが、おそらくは幾度かの突然変異を経て、興奮過剰状態とその解放がことさらに起きやすくなっている。そして、ルシフェリンを過度に刺激された状態にしておくのが仕事の二つの化学物質が、ルシフェリンを補助している。

つまりホタルは、体内の化学物質を過給することによって、わずかな光を強い輝きにしたわけである。ただし化学物質だけでは、か弱い、ぼんやりした光を放つのがせいぜいだ。ホタルの発光器はこの電位を集中させて、求愛中のホタルが慎重に婚前の会話を組み立てるための発光と応答発光を起こすようにできているのである。発光器はルシフェリンに供給される酸素の流れを制御することによって発光をコントロールする。発光器の細胞はどれも細胞核にルシフェリンの分子が埋めこまれ、そのまわりをミトコンドリアが厚く重なって囲んでいる。

ミトコンドリアは通常、細胞にエネルギーを供給する役目を果たすが、ホタルの発光器の場合、酸素吸収剤としてミトコンドリアを使う。通常の状態では、これらの細胞に浸透した酸素はミトコンドリアの中で素早く燃えてしまい、細胞核まで到達してルシフェリンを興奮させられる酸素は残らない。このミトコンドリアの層は、ホタルにとっては「オフ」スイッチなのである。発光すべき時が来ると神経信号が発光器に送られて、神経の先端部分で一酸化炭素が細胞から吐き出される。するとこの気体がミトコンドリアの活動を停止させ、酸素が発光器内にどっと流れこんで化学物質による発光が起きるのだ。

ホタルの発光の仕組みは、動物の生理ではごくありふれた、ミトコンドリアと一酸化炭素という二つの要素を組み合わせて、洗練された、そして私が知る限りほかには例を見ない光のスイッチを形成している。発光器の構造がこれまた職人芸で、ごく普通の細胞とホタルの呼吸管を広々としたルシフェリンの基地に仕立て上げる。職人の仕事に手抜きはない。ホタルの発光に使われるエネルギーの九五パーセント以上は光として放出される――人間がデザインした電球がエネルギーのほとんどを熱としてむだにするのとは正反対だ。

頭上の空を見上げれば、完全な夜の暗闇である。だが立ちあがって帰ろうとすると、森が光で一杯になっている。ホタルは地面から六〇センチ～一メートルくらいのところにとどまるので、立ちあがった私は視線を落として左右にゆれる地面を――輝く浮標の海を見る。

想像上のカパーヘッドの脇を通って、私は行く手を自分の発光器で照らし、懐中電灯の効率の悪い工業デザインと、私のまわりで踊っている驚くような生き物たちとの差に思いをめぐらす。だがこの競争は不公平だ。赤ん坊と賢者をくらべているのだから。

私たちが使う懐中電灯は、かろうじて二〇〇年の思考の歴史が背後にあるだけで、豊富な化石燃料と化学エネルギーがある環境の中で発達した。人間は、最初にできた懐中電灯の原型を進歩させる努力をほとんどしていない。資源は際限なくあるのだから、そんな必要はないではないか？　それとは対照的にホタルのデザインは、何百万年にもわたる試行錯誤が支えているのである。甲虫にとってエネルギーは常に不足しがちなものだった。その結果ホタルは、何もむだにせず、採掘した化学物質ではなくて自分たちの食べ物を燃料にするランプを作り上げたというわけだ。

7月27日

射る光

July 27th, Sunfleck

寄生バチとイモムシ

昼下がり、曼荼羅は濃い日陰の中にある。昼間の光が年間を通して最低になる季節がやってきたのだ。夏の盛りが来ると、曼荼羅の地表は一年中で一番暗い。地表では、七月の薄暗さにくらべ、冬至のほうがまだ明るいのである。幾重にも重なったカエデ、ヒッコリー、オークの欲ばりな葉が太陽の光を吸いとり、林冠を照らす光をほんの一部しか残さず奪いとってしまう。森の野草には厳しい時期だ——一年分の仕事を、明るい春先の数週間に大急ぎですませてしまうものが多いのも無理はない。背丈の短い植物のうち休眠状態に入っていないものは、残り物で生き残るべく設計された葉で光をかき集めながらの効率的な生活に適応している。こうした森の野草は、いわば砂漠に暮らす脚の長いヤギの植物版で、食欲控え目な倹約家なのである。

突然、一条の強烈な光が林冠の割れ目から射しこんで靄(もや)の中を貫き、下界の曼荼羅に生えるポドフィルムの葉の一枚に当たる。ポドフィルムはこのスポットライトの中で五分ほど輝いていたが、光はそれからゆっくりとカエデの若木へ、そしてまたほかへと移っていく。明るい光の円は一時間ほどの間に、ヘパティカのつやつやした三小葉（さんしょうよう）に這っていき、スイートシスリー〔セリ科ヤブニンジン属〕に移動し、ニオイベンゾインを伝い登り、それからリーフカップの若木のギザギザした葉を横切っていった。

どの植物も、太陽に目をかけられて一〇分もすれば再び日陰という毛布にくるまれてしまう。だが、植物が一日に受けとる光のうちのたっぷり半分は、この短いサンフレック〔頭上に遮蔽物がないときに林床を照らす強い直達光〕の訪問の間に届いてしまったりする。ヤギが砂漠に帰される前に、ちょっとの間飼い葉桶で餌を食べるように。ただし、腹を空かせたヤギがあまりにたくさんの餌を食べれば、ヤギは腹が膨張して死んでしまいかねない。

同じように、この突然降りてくる光は、曼荼羅の植物にとって恵みとばかりは言いきれない。光の欠乏という問題はいずれは植物を弱くするかもしれないが、過度の光が突然当たれば、葉のつつましい経済活動をめちゃめちゃにし、その機能を恒久的に破壊してしまうかもしれないのだ。だからサンフレックを浴びた葉は大急ぎで、太陽エネルギーの噴出に順応するために、その体を変化させなければならない。

もちろん、葉は光のエネルギーを捉えて利用するように設計されている。太陽光線を捉えて励起（れいき）電子に変える集光性色素を使うのである。励起した電子は集められ、そのエネルギーが、植物の食物生産機能の動力となる。

だが準備のできていない葉にあまりにもたくさんの光が当たると、励起した電子の処理が追いつかず、か弱い集光性色素のまわりに溢れて、行くあてのない興奮で色素を圧倒する。電圧一ボルトのモーターを壁のコンセントにつないだときのように、葉は壊れてしまうのである。陽の当たらない環境に順応した植物は特に、励起した電子によるダメージを受けやすい。そういう植物は、電子を処理する分子よりも光を集める分子をはるかにたくさん持っており、サンフレックによっていともたやすく内部構造が破壊されてしまうからだ。

　サンフレックの到来に対応するため、過剰なエネルギーを取りこんでしまう前に植物は集光性色素の一部の電源をオフにする。ちょっとでも問題の兆しが見えると、集光装置には欠かせない一部が一時的にいつもの位置から移動して、状況が落ち着くまではもとに戻らないのである。モーターの中の電線を一本切断してモーターの運転を止め、あとで電線をつないで再起動させるようなものだ。

　電子が蓄積するとまた、集光装置が収まっている皮膜が大量に緩み、電子の処理が行なわれる内部にエネルギーが流れるようになる。光合成の装置がすべて含まれている葉緑体は、細胞の縁に移動し、太陽から顔を背けることでサンフレックに対応する。こうやって中の集光分子を護るのである。サンフレックが通過すると、葉緑体は細胞の上部表面に戻り、森の弱い光の中でスイレンの葉のように日を浴びる。

　突然に起きる大量の光の流入に対して植物が見せる反応は奇妙である。電源を切り、光から身を遠ざけるのだ――まさにずっと求めていたはずのものを避けようとするかのように。曼荼羅の野草はほぼ一日中、わずかばかりの光をちびちびと舐めつづけているというのに、光が大雨になって降ってくるとその口の上に傘をさしてしまう。だがサンフレックの雨の勢いはあまりに強く、水は傘の縁の下でも跳ね返って、植物は口一杯に生命力を受けとる。

　曼荼羅を横切っていくサンフレックは、通り道にあるもののすべてに光を当てる。クモの巣はまぶしい光の中で銀色に輝き、見えないはずの巣が、明るい光のおかげで見えてしまう。落ち葉は明るい砂色に変わり、濃い影ができると突然浮き彫りの彫刻のようになる。玉虫色のハチやハエが、曼荼羅にばら撒かれた金属片のように光る。

　曼荼羅の虫たちはこの光の輪に引き寄せられるらしく、サンフレックが曼荼羅を横切っていく間もその光の中から去ろうとしない。中でも一番光の輪にご執心なのは三匹のヒメバチだ。光の輪からはずれると、すぐさま向きを変えて大急ぎで戻ってくる。曼荼羅にはハエも飛んでいるが、彼らの光への執心度はそれほどでもなく、日陰に飛んでいって一分以上戻ってこないこともある。

太陽を崇拝するヒメバチは落ち着きのないエネルギーに溢れている。触角と羽を絶え間なく動かしながらあっちへこっちへせわしなく飛びまわり、サンフレックという小さな世界の中の葉の一枚一枚について、その表と裏を、震える触角でチェックする。一、二分ごとにヒメバチは体を横に倒して足をこすり合わせ、曼荼羅の上にかかったクモの巣の糸をぬぐう。掃除が終わるとパッと立ちあがって、再びソワソワと飛びまわる。

ヒメバチの必死さには明確な目的がある。卵を産みつけるためのイモムシを探しているのだ。ヒメバチの幼虫は卵から這い出すとイモムシの肉に穴を開けて潜りこみ、ゆっくりと内側からイモムシを食べる——生命維持に必要な内臓をあとまわしにして。イモムシはその生命が内側から奪われていく間も、葉を食べ消化しつつ、平然と生きつづける。つまり中をくり抜かれたイモムシは、寄生した幼虫が奪うものをあとからあとから補充してくれる素晴らしい宿主なのである。

他者に寄生するヒメバチの生活環は、チャールズ・ダーウィンに有名な神学的コメントの一つを書かせるきっかけになった。ダーウィンにはヒメバチの所業がことのほか残酷に思われたのである。ケンブリッジ大学で受けた堅苦しい英国国教会の教育が彼に教えた神の概念に、このヒメバチたちは矛盾していた。

彼は、ハーバード大学教授で長老派教会の信者である植物学者エイサ・グレイに宛てて、「慈悲深く、全知全能なる神が、故意にヒメバチのような昆虫をお作りになり、生きたままのイモムシの内側を食べるよう明確に意図された、とは、私には信じることができません」と書いている。

ダーウィンにとって、これらヒメバチ類のハチたちは、自然界という脚本に書きこまれた「悪の問題」だったのである。グレイはダーウィンの神学的な主張には納得しなかった。彼はダーウィンの科学的概念を支持しつづけたが、従来のキリスト教的有神論と進化は相容れるものだという信念は決して変えなかった。

だがダーウィンには、数々の苦しみがのしかかっていた――彼の体は常に病を抱え、一番かわいがっていた娘が幼くして死んだことで彼の心は傷ついていたのだ。不幸な時代が続くうち、世界に満ちる苦痛は彼を、曖昧な理神論者*から懐疑的な不可知論者へと変えていった。ヒメバチ類の昆虫は彼が心の中に抱えた苦しみを象徴し、その存在は、自然界のあらゆるところに記されているとビクトリア時代の人間が考えた、神の摂理をあざ笑うものだったのである。

神学者たちはダーウィンが提起した問題に答えようと試みてはきたが、有神論者である哲学者たちはイモムシの生命についての洞察力に欠けていた。おそらくそれは驚くにあたらないだろう。イモムシには魂も意識もないとみなされているから、その苦しみは霊的な成長にともなうものでも彼らの自由意思の帰結でもあり得ない。イモムシは何も感じず、感じたとしても、意識がない、ということは苦痛について考えることができないということで、したがって苦痛は真の苦しみではない、とする主張もある。

こうした議論は的はずれだ。実際それは議論というよりも、疑問を呈されている前提を別の言葉で言い換えているにすぎない。ダーウィンの主張は、すべての生命は同じ布地から作られているのであり、したがって、本当の苦痛を感じるのは私たち人間の神経だけであるとしてイモムシの神経が痛めつけられたときに何が起きるかを無視することはできない、ということだ。生命の進化的連続性を信じるならば、人間以外の生き物に対する感情移入への扉を閉じることはできない。

*――創造者としての神は認めるが、神を人格的存在とは認めず啓示を否定する哲学・神学説。

私たちの肉体は彼らの肉体であり、私たちの神経は昆虫の神経と同じ設計図をもとに構築されている。共通の祖先の血筋をもつということは、イモムシの神経と人間の神経が似ているように、昆虫の痛みと人間の痛みも似ている、ということを暗示する。たしかにイモムシの痛みは、イモムシの皮膚や目が人間のそれと違うように、その質感も量も私たちの痛みとは違うかもしれない。だからと言って、人間以外の動物の苦しみのほうが私たちの苦しみより軽いと信じる理由はない。

意識は人間だけに与えられたものだという考え方も、それを実証するものはなく、仮定にすぎない。だが仮にその前提が正しかったとしても、ダーウィンのヒメバチ問題の解決にはならない。今この瞬間より先のことを考えられる知能が痛みを感じるとき、それはより大きな苦しみとなるだろうか？　それとも、痛み、というのが唯一の現実である、意識をもたない世界に閉じこめられるほうが辛いだろうか？　好みの問題かもしれないが、私には後者のほうが不幸に思える。

サンフレックは曼荼羅を振り子のように横切り、私の脚と爪先を照らしている。それからさらに進んで、まるで神からの啓示を戯画化したように、私の頭と肩にまっすぐに光が当たる。残念ながら太陽の女神は、突如として哲学的な洞察を与えてくれたりはしない。かわりに女神は私の顔や首に汗を噴き出させる。

林床を横切ってソワソワと落ち着かないダンスを踊るヒメバチを支えるエネルギーと同じエネルギーを、私は感じる。ヒメバチの体はとても小さいから、ほんの数秒間日なたにいるだけで体温が数度上がる。黒焦げになってしまわないように、ヒメバチは体の上に空気を流して、入ってくる太陽光と還流による熱の放出のバランスを一瞬ごとに保っている。私がだくだくと汗をかいているのは、秒単位ではなく時間単位で熱のバランスを測る体の大きい哺乳動物なりの、無精な反応なのである。

サンフレックはようやく私の右肩から滑り降り、曼荼羅をあとにして東へ向かう。ご苦労なことにヒメバチもサンフレックと一緒に移動していく。サンフレックが流れ去ってしまうと曼荼羅は再び薄暗くなり、サンフレックが通り過ぎるのを経験したことで私の感覚器に変化が起きたことに私は気づく。森を見まわすと、以前は単調に見えたものが、夜空を横切っていく星座に見える。

8月1日

エフトとコヨーテ

適応の達人

August 1st, Eft and Coyote

積もった落ち葉の中の湿った世界を、雨が表舞台に引っ張り出す。腐葉層の住民たちは、水に覆われた曼荼羅の落ち葉の上に姿を現わしてちょこまかと走りまわる。これら探検家たちの中で一番大きいのは、サラマンダーの一種であるレッドエフトで*、コケの生えた岩の上で霧の中を見つめている。

*——ブチイモリの亜成体のことで、陸上生活する時期を指す。

レッドエフトはお腹と尻尾を岩につけ、胸は広げた前脚で腕立て伏せをするように上向きに反らせている。頭は水平でじっとしている。金の滴のような目は、曼荼羅の向こう側を見つめたまま動かない。ほとんどのサラマンダーの肌とは異なり、レッドエフトの肌は深紅のベルベットのようで、深い霧の中でさえ乾いて見える。

レッドエフトの背中には、明るいオレンジ色の点が二列になって並んでいる。鳥そのほかの捕食動物にとってこの点は、近づくな、毒だぞ！　という危険信号だ。レッドエフトの肌には毒が充満していて、それが、ほかのサラマンダーのほとんどは持っていない、捕食者から身を護る盾になっているのだ。だからレッドエフトは、ほとんどのサラマンダーが地中をこそこそと動きまわるのと違い、余裕しゃくしゃくで地上を歩きまわる。レッドエフトの肌がやけに乾いているのはこの大胆さのせいだ。臆病で光が怖い従兄弟たちとは違い、レッドエフトの肌は厚く、比較的防水力が高いので、昼間の日射しにも耐えられるのである。

そのレッドエフトは一、二分じっとしていたかと思うと、夢から覚めたようにコケの上を五歩歩き、それから立ち止まってまたじっと動かなくなる。おそらくは、ブユやトビムシやそのほかの小さな無脊椎動物を探しているのだろう、静かに観察していたかと思うと突然動いて獲物に忍び寄り、追いつめ、飛びかかる、というのを交互に繰り返す。これがレッドエフトの一般的な戦術なのだ。芝生の上のコマツグミや、いなくなってしまったネコを捜すヒトを見れば、これと同じパターンで動くのがわかる。

レッドエフトの歩き方はぎこちない。脚は体からだらしなく伸びて、地面をオールのように漕ぐ。後ろ脚の一本をぐるんと前方に振り出すと、次に反対側の前脚が動き、それからもう片方の後ろ脚が出る。背骨は脚が動くのにつれて左右に曲がり、それが脚を外に、そして前方に振り出す。水平方向のこの背骨のゆれ方はまるで泳ぐ魚のようだ。レッドエフトの骨と筋肉は陸上生活に適応してはいるが、その歩き方は全体として、魚のくねくねとした動きである。

この横方向のひねりは、あらゆるものを包みこむ堅牢な水や土壌の中を泳ぐ動物にとっては都合がいい。だが二次元の表面においては、こうして身悶えするのは効率が悪い――サラマンダーは、一度に一本の脚を振り出しながら、三本の脚で（あるいは腹で）バランスをとらなくてはならない。パニック状態で走っているサラマンダーは、手脚をまるで殻竿のようにぶんぶん振りまわしている。

迅速に動けることが必要な陸生脊椎動物は、魚類が大昔からもっていた体の構造に、少なくとも三回、別々の時期に改訂を加えてきた。哺乳類の祖先と、恐竜の二つの系統がそれぞれに、陸に上がった魚のだらしない手際の悪さに改良を加えたのだ。脚は内側に、そして下方に移動し、体重が脚の真上にかかるようになった。このおかげでバランスをとるのが容易になり、転ばずに走れるようになった。左右にゆれていた背骨は上下に動くようになった。哺乳類はこの上下の伸縮の達人で、両方の前脚を一緒に前方に伸ばしながら両後ろ脚を合わせた力で後方に蹴り、それから背骨をカーブさせて前脚をたくしこみながら後ろ脚を前に振って次の一蹴りに備えて着地させる。

　どんなサラマンダーも、疾走するチータの恐るべき跳躍どころか、ネズミの弾むような足どりにもとてもかなわない。皮肉なことにこの最新式の背骨は、海に戻って昔の魚の背骨と競合することになった。鯨偶蹄目の動物は尾びれを左右ではなく上下に動かすので、陸生動物が先祖であることがわかる。そしてどうやら人魚も同じだ。

　レッドエフトの背骨と脚は陸上ではぶざまだが、彼らが陸上で過ごすのは生活環のごく一部である。「エフト」と呼ばれるのは、ブチイモリ〔英名 eastern red-spotted newt〕が一生のうちにたどる段階の一つにすぎない。エフトというのは、幼体と成体にはさまれた真ん中の様態〔亜成体〕だ。エフトと違い、幼体も成体も水生である。幼体は池や小川の水中植物に産みつけられた卵を内側から齧って外に出る。孵化したての幼体は首に柔らかい外鰓があって、数カ月間を水中で、小さな昆虫や甲殻類を食べて過ごす。夏が終わるころ、ホルモンが幼体に魔法をかける。鰓は消滅し、肺が育ち、櫂のようだった尾は竿状になり、肌はザラついて赤くなる。陸に上がるレッドエフトは、思春期と呼ぶには烈しすぎる変化によって一度バラバラにされ、作り直されているのである。

　変態すると、エフトは一年から三年間を陸上で過ごし、弱い者いじめの成体と競うこともなく森の恵みを大いに享受する。エフトはイモムシに似ていて、ほかの生活環ステージにあるときには利用できない食物源を食べて太る。十分に成長するとエフトは水域に戻り、再び変態して今度は、黄褐色の肌をし、生殖器と竜骨形の尾をもった水中生物になる。成体はそのあと死ぬまで水中にとどまって毎年繁殖し、この最終生活環ステージになってから、時には一〇年以上生きることもある。

こうした複雑な生活環を見れば、曼荼羅にいるこの不思議な生き物の名前の意味がなんとなくわかる。亜成体を意味するエフト（eft）は古英語でイモリを指す言葉で、今でもこの古めかしい名前を使うのは、未成熟な陸生の生活環ステージと性的に成熟した水生動物のステージを区別するためである。卵、幼体、亜成体〔エフト〕、成体という遷移のおかげで、私たちは言葉の地下倉庫を引っかきまわし、これらすべての段階につける名前を探してくるわけだ。

繁殖のために水域に戻ったブチイモリは、その毒のある肌のおかげで大型の捕食魚と共在することができ、ほかの、毒性の少ないサラマンダーには危険すぎる生息環境に棲むことが可能である。川をダムで堰き止め、バスやそのほかの捕食魚がいっぱいの池を何千も作ったことによって、人間はそれとは知らずブチイモリに、ほかのサラマンダーよりもずっと生きるのに有利な環境を与えた。ブチイモリは進化という大きな船の舳先(へさき)にいるのだ。

ブチイモリが数回にわたって変態するのは、サラマンダーが見せる非常に多彩な生活環のほんの一例にすぎない。二月に曼荼羅をくねくねと横切っていったアメリカサンショウウオ属のサラマンダーは、幼体の時期を卵の中で過ごす。卵から孵化するのは成体のミニチュアで、それ以上の変態に耐える必要はない。だからアメリカサンショウウオ属のサラマンダーは、繁殖のために水の中にいる必要がない。

ここより高地では、スポテッド・サラマンダー〔*Ambystoma maculatum*。トラフサンショウウオ科〕が春先に一時的にできる水たまりに卵を産む。幼体はその水の中で、水たまりが干上がってしまう前に土の中で暮らす成体に変態しようと必死で餌を食べる。曼荼羅に近い小川の流れにはツーライン・サラマンダー〔*Eurycea cirrigera*。アメリカサンショウウオ科〕がいて、卵・幼体・成体という変態様式はそのままだが成体になっても水中にとどまる。ここより低地になると、マッドパピー〔*Necturus maculosus*。ホライモリ科。ウォータードッグともいう〕が大きな川や河川に棲んでいるが、彼らは「成体」にはならず、一生を鰓のある幼体のままで過ごし、子どもの形態のままで生殖器官を発達させる。

つまり、生殖行動と成長のしかたのこの柔軟さが、サラマンダーの繁栄の大きな要因なのだ。彼らは生き方を環境に合わせて変化させ、ほかのどんな脊椎動物よりも多種多様な淡水および陸生生息地に棲んでいる。

柔軟な性生活の旗頭の姿が私の視野から消えてしまうと、曼荼羅にはそれとは別の適応の達人が発する声が響きわたる。甲高い吠え声と遠吠えが交じって聞こえ、低い吠え声とうなり声がそれに応える。と、声は一塊に交ざり合って、遠吠えとキャンキャンという吠え声の大合唱になった。コヨーテだ。すぐ近くにいる。聞こえているのはおそらく、曼荼羅から東に三〇歩ほど離れたがれ場でコヨーテの母親が、人間で言えば一〇代くらいの子どものコヨーテの呼び声に応じている声だ。

コヨーテの子どもが産まれたのは四月の初め、ちょうどカエデの新緑が芽を出したころだ。両親が出会って交尾したのは真冬で、哺乳類にはめずらしいのだが、オスはメスの妊娠中メスと一緒に過ごし、子どもたちが産まれて数カ月間、食べ物を運びつづける。今はもう子どもたちは、洞窟、中が空洞になった倒木、地面に掘った穴などの、母親が巣に選んだ場所を立ち去るまでに成長している。

コヨーテの両親は、半ば成長した子どもたちを待ち合わせ場所に残して遊ばせておき、その間に食べ物を探しに行く。子育て中のコヨーテは子どもたちから一・五キロほども離れたところまで出かけ、夜明けや夕暮れに嬉しそうな遠吠えに迎えられながら戻ってきて、餌を食べさせ、毛繕いをし、子どもたちと一緒に休むのだ。私が聞いたのはほぼ間違いなく、この再会の声だったと思う。乳離れをした子どもは、まずは親が吐き戻した食べ物を、それから咀嚼されていない食べ物の小片を与えられる。

夏の後半から秋にかけて子どもたちが単独で歩きまわる範囲は拡がっていき、やがて晩秋あるいは冬になると、自分自身の行動拠点を探して生まれついた行動圏を去る。ほかのコヨーテにまだ取られていない、自分に適した縄張りを見つけるのはなかなか難しい場合もあり、子どもたちは母親の巣穴から何十キロ、ときには何百キロも移動する。

ヨーデルを歌うようなコヨーテの声が、曼荼羅の空気を震わせるようになったのはつい最近のことだ。コヨーテのような動物が何万年も前にこの地にいた可能性はあるが、そういうコヨーテの原型は、人間がここにやってくるはるか前に絶滅した。初めにアジアから、のちにヨーロッパとアフリカから人間がやってきたとき、コヨーテは西部と中西部の草原や低木地に棲んでおり、東部の森はオオカミが、小柄な従兄弟たちに干渉されることなく我が物顔で支配していた。ところが二〇〇年ほど前からオオカミは急激に減少し、ここわずか数十年で、北米大陸の東半分はすべてコヨーテの住処となった。この二種類のイヌ科動物の驚くべき運命の逆転は、いったい何が原因なのだろう？　ヨーロッパ人が北米大陸を植民地にしたことがなぜ、オオカミを壊滅させ、一方でコヨーテに大陸の半分を勝ちとらせたのだろう？

北米大陸のオオカミたちが激しく迫害される運命となった背景には、ヨーロッパ文化においてオオカミが担っていた象徴的な役割がある。メイフラワー号でやってきた最初の植民者たちが「新世界」での最初の夜に聞いたオオカミの遠吠えは、心の奥深くにある「旧世界」の怖れを呼び覚ました。オオカミはかつてヨーロッパにも棲んでおり、彼らの存在は植民者たちの神話に染みこんでいた。ヨーロッパ人はオオカミを怖ろしいものとみなし、解き放たれた悪、人間に牙を剝く自然界の激情のシンボルに仕立て上げた。ヨーロッパのオオカミが根こそぎにされると、オオカミは人間にとって遠い存在になり、行きすぎた怖れは、オオカミによる略奪行為によって正当化できる範囲をはるかに超えた過剰なものになっていった。

だからメイフラワー号がケープコッドに錨(いかり)を下ろしたとき、植民者たちはその不気味な遠吠えに身震いせずにはいられなかったのである。怖れるように教えられはしたが見たことのなかった動物がついに現われたのだ。メイフラワー号の航海当時、イギリスではオオカミが絶滅してから一世紀以上が経過していたが、この野蛮な新世界では、そこら中にオオカミがいるように思われた。

この強い嫌悪感はまったく理不尽というわけではない。オオカミは肉食で、大型の哺乳類を食べるのが特徴だ。群れで協力しながら獲物を追うので、自分の体重より重い獲物を倒すことも難しくなく、それには人間も含まれる。私たちはオオカミにとっては餌なのだから、怖れて当然なのだ。

さらにオオカミの行動パターンがこの怖れを煽り立てる。オオカミの群れは、孤独な旅人のあとを何日もついてくることがある——しとめるつもりなのかもしれないし、そうではないかもしれない。こういう行動が、人間の文化における悪の象徴として、オオカミに不動の座を与えたのだ。オオカミが好む食べ物のリスト上では人間はとても順位が低い、という事実は何の助けにもならない。何人かが襲われたこと、あるいはつけねらわれたこと。「大きな悪いオオカミ」がお話の中に定着するにはそれで十分だったのである。

北米大陸でオオカミが姿を消したのは、おもに、罠や毒、そして銃を使った直接的な迫害の結果だ。だがまたヨーロッパ人は、知らず知らずのうちに、もっと間接的な別の方向からもオオカミに対する攻撃を始めていた。私たちが貪欲に木を使い、シカを過剰に殺したことによって、食肉獣に溢れた森林地帯だった大陸東部の森は、シカのいない、農場と町とみすぼらしい伐採の傷跡のつぎはぎになってしまった。大型草食動物捕食の王者は追いつめられた。残された獲物は、以前は森だった牧草地で草を食む家畜だけとなり、牧場を襲ったことがオオカミに対する憎しみをますます強め、入植者たちはオオカミ根絶の決意をいっそう固くしたのだ。

オオカミの根絶はすぐに新政府の政策となった。州政府がハンターを雇い、懸賞金をかけ、オオカミとネイティブアメリカンを同時に攻撃する手だてとして、オオカミをペットにする「インディアン」は毎年税金をはらわなければならず、背けば「重い鞭打ちの刑罰」が科せられた。オオカミは森の食物網の頂点にいた――強力な、だが同時に不安定な位置である。自分自身の特殊性が仇となり、また入植者たちの怖れによって、北ヨーロッパのイメージに沿って食物網が編み直されていく中でオオカミは敗れ去った。

コヨーテは、食物網のてっぺんに鎮座するよりもその上でダンスを踊ることを好む。斧、鋤、そしてチェーンソーは、森の中の空き地や牧草地を、そしてその周辺の低木地を作り出し、それはまさにコヨーテが必要としているものを与えた――つまり、豊富な齧歯類、木の実、野ウサギ、そして小型の家畜などだ。コヨーテは獰猛ではないが適応性があり、食べる物が一種類なくなったからと言って彼らの生存能力には何の影響もない。コヨーテは単独でも、また小集団でも、状況に合わせてその社会システムを変化させながら狩りをする。オオカミの撲滅で、さらに一つ障害が取りのぞかれた。西から侵入するコヨーテをオオカミが殺し、侵入を阻むことがなくなったのだ。

オオカミのように頂点に君臨する捕食動物と違ってコヨーテはその数が多く、そのため、撲滅させようとしても非常に難しい。フランス革命で明らかになったように、そしてまたのちに米国連邦政府や州政府の天敵制御機関があらためて気づいたように、上流階級層を排除するのは王を殺すより難しいのである。

しかもコヨーテには、オオカミが背負っている文化的なお荷物がない。北米大陸を故郷とするコヨーテには、ヨーロッパの怖ろしい物語がなすりつけられることもなかった。コヨーテは家畜を襲うが人間には手を出さない。だから、養羊農家はコヨーテを殺すし、政府にもそうするようロビー活動をしたりもするが、コヨーテがいくら遠吠えをしても、町の住民に嫌悪感を起こさせることもなければ、庭で遊んでいる子どもたちが殺されるのを怖れた父親がコヨーテを撃ち殺したこともついぞない。

コヨーテが大挙して北米大陸の北東部に移動してきたのは一九三〇年代から四〇年代のことだ。南部への移動はもっと遅くて一九五〇年代だったが、一九八〇年代にはフロリダに達していた。曼荼羅にコヨーテが現われたのは一九六〇年代か七〇年代のいつかで、ハイイロオオカミとアメリカアカオオカミというオオカミの在来種二種が姿を消したあとのことである。

もっと西では、コヨーテの侵入とオオカミの減少の時期が重なっていたので、わずかに残っていたオオカミからいくばくかの遺伝子を受けついだかもしれない。初期に南部にいたコヨーテの多くは驚くほど赤くて大きかったが、これはおそらく、コヨーテとアメリカアカオオカミを親にもって生まれたことを示しているのだろう。生きたオオカミとコヨーテ、さらには博物館に保存された、コヨーテ侵攻以前のオオカミの皮膚をDNA分析してみると、コヨーテが、アメリカアカオオカミとハイイロオオカミのどちらとも異種交配していたという説を裏づける。つまり曼荼羅の隣で遠吠えをしているコヨーテは、その血の中にほんの少し、オオカミの血が混ざっているかもしれないのだ。

コヨーテは生物としての柔軟性をもっていたために、

オオカミがいなくなったあとの空白部分に入りこむことができた。シカの頭数が増えると、コヨーテは生息地を低木地から森へと拡げていった。東部のコヨーテは西にいる原種より体が大きく、北部地域の一部では食べ物の幅を狭めてシカだけを食べるようになった。もともとコヨーテは子ジカを食べていたが、この新しい大型のコヨーテは群れで狩りを行ない、元気のいい成獣でも倒すことができる。それはまるでオオカミの魂が、コヨーテという親族の体に乗り移り、おそらくは群れからはぐれたオオカミの遺伝子に助けられて、戻ってきたかのようである。

東部地域へのコヨーテ定着の過程は森を相手にダンスを踊るようなものだった。コヨーテの食習慣と行動は、東部の森のリズムに従って向きを変え、行ったり来たりした。ダンスのパートナーである森は新しいステップを加え、古い、ほとんど忘れられたステップを復活させた。今やシカには野生の天敵がいる——病気、野犬、車、そして銃に、さらなる危険が加わったのである。

コヨーテは食べる物が幅広い、ということはまた、森のダンスの振りつけにコヨーテが与える影響が、シカとの捕食関係に限らないということを意味する。実をつける植物にとっては、タネを遠くまで運んでくれる散布者が一つ増えたことになる。小型哺乳類はこの、野生のイヌ科動物におびえて暮らす。コヨーテは、アライグマ、フクロネズミ、そしてペットオーナーにとって怖ろしいことに、イエネコの数も減少させる。こうした小型の雑食動物の数が抑制されることは、鳥にとっては朗報だ。コヨーテの棲む地域は、小鳥たちが巣をかけヒナを育てるのにより安全な場所である。

つまり森の住民にコヨーテが加わったことの波紋は、森の隅々まで拡がるのである。捕食動物がいることで、それが餌食にする動物の餌食となる動物の生活は安全になる。森のほかの部分にも影響がおよんでいるのは間違いない。コヨーテは、果実を食べ、果実を食べる齧歯類を殺し、果実と齧歯類を食べるアライグマを食べる、というふうに食物網の中を自在に行き来するので、彼らが生態系におよぼす影響は予測しがたい。彼らが種子を散布することは生態系の役に立っているのか、それとも害をおよぼしているのか？　ネズミが減って鳥が増えるとダニはどうなるのか？　森の未来は、ある意味、こうした質問への答えにかかっているのだ。

コヨーテは、森の過去についても教えてくれる。最初のダンサーたち、オオカミはいなくなってしまったけれど、彼らの代役であるコヨーテが、かつての森がどんなに優雅で複雑なステップを踏んでいたかを垣間見せてくれるのだ。それにはシカも一役買っている。自分の役を演じるだけではなくて、彼らはアメリカアカシカや数種のバク、シンリンバイソンなど、この地域では絶滅した草食動物の役も同時に演じるのである。つまり米国東部におけるコヨーテとシカの頭数の増加は、私たちの文化が森に与える強い影響の表われであると同時に、入植者が銃やチェーンソーを持ってやってくる以前の北米大陸にいた役者たちと物語の筋書きに、うわべだけは戻っているということなのだ。

曼荼羅は原生林の中にあるが、ここで起きる生命の営みは、周囲の土地から流れこむものに大きく左右される。ヨーロッパからの入植によって北米大陸にもたらされた一連の変化がなければ曼荼羅にコヨーテはいなかった。この一連の変化はまた水界生態系にも影響をおよぼしたわけで、もしも人間が曼荼羅の周囲のほとんどすべての川をダムで堰き止め、たくさんの沼や湖を作らなかったならば、曼荼羅のレッドエフトの数はもっと少なかっただろう。

生態系が作る曼荼羅は、慎重なデザインに従って形の通りに境界線が引かれているわけでもなければ、整然とした瞑想ホールにまわりから隔絶されて鎮座しているわけでもない。むしろこの曼荼羅を描く多彩な砂は、曼荼羅をぐるりと囲んでその色彩を変化させる川から流れこみ、またそこへと流れ出ていくのである。

8月8日

ツチグリ

ゴルフボールとプラスチック

August 8th, Earthstar

夏の暑さのおかげでまたひとしきり、曼茶羅（まんだら）の内部から菌類が顔を出した。小枝や落ち葉はオレンジ色の紙吹雪に覆われ、折れて倒れた枝から縞模様のサルノコシカケがつき出ている。落ち葉の割れ目からは、ゼリーのようなオレンジ色をしたヌメリガサ科のアカヤマタケの一種と、茶色い襞のあるキノコが三種類顔をのぞかせている。この「死のブーケ」の中で一番目立っているのは、落ち葉と落ち葉の間にはさまっているツチグリだ。ガサガサした外皮は六つに分かれて外側にめくれ、その一枚一枚が花びらのように開いている。茶色い星の中央には、空気が少し抜けたボールのようなものがあって、そのてっぺんに開口部がある。

私は曼茶羅の地表を眺めまわし、子実体のおびただしさに大喜びする。やがて端のほうに白いドーム状のものが二つあるのが目に留まる。その球形のものは、腐敗が進む落ち葉の引き潮の中にぽっかりと浮かび上がっている。私はもっとよく見ようと姿勢を変える。ゴルフボールだ！　川に投げ捨てられたビール缶や木の幹になすりつけられたチューインガムと同様に、このプラスチック製の球はものすごく醜く、場違いだ。

ゴルフボールは、曼荼羅を見下ろす高い崖の上から飛んできたものだ。ゴルフをする友人によれば、崖の縁に立ってゴルフボールを打つと、自分が偉くなったように感じてゾクゾクするそうである。ゴルフコースは崖の際まで続いていて、そういうスリルを味わうチャンスはいくらでもある。ボールのほとんどは曼荼羅より西に落下し、近所の子どもたちが何袋分も拾い集めてはゴルファーたちがそれを買い戻す。

光沢のある白いプラスチック製のボールは、森を背景にすると見た目もギョッとするが、不愉快なのはそれがパラレルワールドからやってきたものだからだ。曼荼羅には、何千という種類の生き物が協力して作り上げたコミュニティがある。ゴルフボールが棲む生態学的共同体は、たった一種の生物の知能から生まれた、外来種の芝の単一栽培地だ。曼荼羅で目に入るものは、セックスと死が支配している——枯れ葉、花粉、鳥の鳴き声。一方ゴルフコースは厳格な監視のもとに殺菌消毒されてしまった。ゴルフ場の芝は、栄養を与えられ、刈りこまれて、永遠に子どものままだ——そこには枯れた草の茎も、花も、球状になった種子の綿毛もない。セックスと死は排除されたのだ。なんと不思議なところだろう。

問題は、このゴルフボールを取りのぞくべきか、それともそのままここに置いておくか、ということだ。ボールを取りのぞくのは、曼荼羅には干渉しない、という私のルールに反する。だが取りのぞけば曼荼羅はより自然な状態に戻り、野草かシダがもう一本生える場所ができるかもしれない。捨てられたゴルフボールには曼荼羅に寄与できることは何もない。ゴルフボールは分解して栄養素を放出するわけでもなく、ほかの生き物の住処にもならない。壮大なエネルギーと物質の循環の輪は、捨てられたゴルフボールまで来るとそこで止まってしまうように見える。

だから私はまず最初に衝動的に、プラスチック製のボールを取りのぞいて曼荼羅の「純粋さ」を取り戻そうと思ったのだ。だがこの衝動には問題点が二つある。まず、ボールを取りのぞいたからといって曼荼羅から工業製品の残骸がいっさい浄化されるわけではないということ。酸や硫黄、水銀、そして有機汚染物質は絶えず空から降り注いでいる。曼荼羅の生き物は一つ残らず、体の中にごく微量の、ゴルフボールという異質な分子を抱えているのだ。曼荼羅の生き物は、その遺伝情報にまで産業の刻印が押されている。空を飛ぶ昆虫、中でも祖先が人間の近くにいた昆虫は、多くの殺虫剤に対する耐性遺伝子をもっている。ゴルフボールを取りのぞいても、こうした人間による加工品のうち見た目に一番わかりやすいものが片づいて、森は人間から隔離されて「汚されていない」という幻想が残るだけである。

浄化の衝動のもう一つの問題はもっと根が深いかもしれない。人間による加工品は、自然の上に押しつけられた汚点ではないのである。そういう考え方は、人類とそれ以外の生き物の共同体との間に溝を作る。ゴルフボールは、賢くて遊び好きなアフリカの霊長類の知能が形になったものだ。その霊長類は、自分の肉体的・知能的な技能を試すゲームを発明するのが大好きなのだ。通常こうしたゲームは、アフリカのサバンナを丁寧に再現した、そっくりな場所で行なわれる。霊長類が生まれ、今も無意識に憧れているサバンナだ。賢い霊長類はこの世界の一員だ。ならば霊長類が作ったものもそうなのではないか。

自分たちの世界を操るのがうまくなるにつれ、類人猿たちは、意図せずして好ましからざる副次的な影響を生んでしまった。その中には、それまで存在しなかった未知の化学物質が含まれ、ほかの生き物に有害なものもあった。類人猿のほとんどはこれらの副次的な影響については何も知らない。だが知っている者は、自分たちの種がそれ以外の世界に与える影響について思い知らされることを嫌う――まだそれほど被害をこうむっていない場所ではなおさらだ。私はそんな類人猿の一人である。だから、森に落ちているゴルフボールが目に入ると私のマインドは、ゴルフボール、ゴルフコース、ゴルファー、そしてそれらすべてを生み出した文化を非難するのだ。

けれども、自然を愛して人間を憎む、というのは非論理的だ。人間も全体の一部なのだから。真にこの世界を愛するというのは、人間の創意や遊び心もまた愛する、ということだ。自然が美しくあるために、あるいはまとまりをもつために、人間の加工品を排除する必要はない。たしかに私たちは、強欲やだらしのなさ、むだ遣いを控え、もっと長期的な視野をもつべきだろう。だが、責任感を自己嫌悪に変えてしまうのはやめよう。結局、私たちの最大の欠点は、世界に対する愛の欠如なのだ――私たち自身を愛することを含めて。

だから私は、曼荼羅のゴルフボールをそのままにしておくことにする。森のほかの部分からは見慣れないプラスチックの物体があれば取りのぞくことはやめないが、曼荼羅はそっとしておく。ハイキング・コースや公園に「自然な」体裁を整えておくことは大切だ。イライラしがちな私たちの目には、工業製品から視覚的に離れることも必要なのだ。ゴミのない森を護ることは、生き物が形づくるコミュニティにおいて、思慮深いメンバーでありたい、という私たちの願望を象徴する。だが同時に、あるがままの世界の一員として生きる、と決めて行動することもまた意味のあることだ――捨てられたゴルフボールも含めて。

とは言っても、ゴルフボールが決して分解されない、という事実は、曼荼羅のほかの生き物たちに対する侮辱に思える。一八世紀、一九世紀のゴルフボールは木と革、羽毛、樹脂でできていて、生分解性があった。今日の、「イオン強化された熱可塑性」のボールは、バクテリアも菌類も食べることができない。一年に生産されるゴルフボールは一〇億個。それがみな、グリーン上でつかの間跳ねまわったあと、永遠になくならないゴミになるのだろうか？　そんなことはない、と私は思っている。

曼荼羅のゴルフボールは、その下にある生体物質が腐敗していくにつれて落ち葉の中を沈んでいくだろう。数年たつとボールは砂岩にぶつかり、曼荼羅の基盤の、ごちゃごちゃと集まった岩の間に引っかかる。そこでボールは磨りつぶされて、イオン強化された熱可塑性の塵になるのだ。私たちが座っている斜面は東に向かって低くなっているので、ゴルフボールもゆっくりとぶつかり合う岩に交ざって押しつぶされ、小さなボールは粉々になってしまう。その分子はやがて、堆積物が圧縮された地層か熱いマグマだまりの中で新しい岩の一部となるのである。

ゴルフボールは一見、物質の循環をそこで終わりにしているように見えるがそうではない。採掘された石油や鉱物に新しい形を与え、ほんのつかの間空高く舞い上がったかと思うと、その分子を、ゆっくりとした地層のダンスに返すのである。

それとは違う運命も考えられる。曼荼羅のゴルフボールを囲むように生えたツチグリとキノコたちが、ボールのプラスチックを消化し、再生させる方法を編み出すかもしれない。菌類は分解の達人だから、自然淘汰のプロセスがプラスチックを食べるキノコを生み出すかもしれないのだ。

プラスチックには、膨大な量の物質とエネルギーが閉じこめられている。閉じこめられたこの資源を解放して、そこから生命を生み出す消化液をもつ菌類が突然変異で生まれれば、その菌類は進化のプロセスで大成功を収めるだろう。菌類と、腐敗にかけては菌類と同様の万能選手であるバクテリアは、ゴルフボールとは別に工業化が生み出したもの、たとえば精製油や工場排水の中でも元気に繁殖できることを示して見せた。ゴルフボールは次の革新的な一歩かもしれない。

「聞いているかね？　プラスチックだよ。これからはプラスチックだ」*

*――映画『卒業』の中で男性実業家が主人公ベンに言う言葉。映画では「プラスチック」はクレジットカードのことを指している。

8月26日

キリギリス

森のミュージシャン

August 26th, Katydid

キリリ。キリリリリ。森中が震えている。

夕刻の曼荼羅は薄暗く、明るいところと暗いところが斑(まだら)模様でとりとめがない。あたりが暗くなっていくにしたがって、合唱の声は大きくなる。キリリリ。キリリリ。何千匹というキリギリスが木の上で鳴いているダブルビートの音だ。たまに一人の歌手の声だけがほかの声より目立ったりすることもあるが、だいたいは、一匹一匹の三連符、二連符はほかの虫たちの声と混ざり合っている。キリリ？　キリリリリ！　と、森に質問をしては自分で答え、一瞬間があって、また質問しては答える、を繰り返す。疑問符と感嘆符は互いに混ざり合い、一つに溶けて大きなビートを作る。一分かそこらぴたっと合っていたリズムが崩れてバラバラになり、それからまた斉唱になる。

この、音の集中砲火は、森の偉大な生産性が音を通して表現されたものだ。太陽のエネルギーが木のエネルギーに変化し、それがキリギリスのエネルギーになる。キリギリスの幼虫は夏の間じゅう葉を食べ、次第に脱皮して大きくなり、最終的に親指くらいの大きさの成虫になる。つまり、森の植物の素晴らしい生命力がこのみごとな大合唱になったのだ。この関係は、キリギリスの学名にも表われている——*Pterophylla camellifolia*、「ツバキの葉の羽」。キリギリスは、その生命が葉から作られ、維持されているだけではなくて、見た目もまるで葉のようなのである。

キリギリスの歌は、羽が奏でている。左の羽の根元、頭のすぐ後ろのところに、「やすり」と呼ばれる一連のギザギザがあり、右の羽には、やすりの反対にあたる部分に突起がある。キリギリスは、ギターのピックが爪弾くようにこの突起でやすりを弾き、こすり合わされた二枚の羽の根元のところが羽音を立てるのである。キリギリスはアマチュアのジャグバンド*のギター弾きとはわけが違う。羽をこすり合わせる強さ、角度、長さを、熟達したバイオリン奏者のように変化させるのである。

*——二〇世紀初頭に米国南部の黒人の間で生まれた、代用楽器を使う楽団のこと。

キリギリスの演奏スピードは、コンサートホールで演奏する名演奏者にも、フラットピッキング奏法で右に出る者のない田舎町のギター弾きにも勝っている。キリギリスの種類によっては、一秒間に一〇〇回以上も羽をこすり合わせる。これを綿密に並んだやすりの歯の数と掛け合わせると、一秒間に五万回の音波が発せられることになる。人間の聴覚の限界をはるかに超えた音だ。だが曼荼羅の付近のキリギリスはもう少しのんびりしていて、毎秒発する音波は五〇〇〇から一万回にすぎない。これはピアノの鍵盤の一番高い音よりさらに高い音ではあるが、人間の耳が認識できる程度には低い。

キリギリスのやすりとピックはそれだけで機能するわけではない。キリギリスの出す音が大きいのは、じつは羽の一部がバンジョーに張った皮のような役割を果たしていて、ピックが作る振動に共鳴し、増幅させるからだ。この「皮」は、やすりが出す音と違う音程で響くような張り具合になっている。チューニングがこのようにずれていることによって振動が衝突し合い、組み合わさった結果がキリギリスの耳障りな鳴き声になる。近縁種であるコオロギの場合はキリギリスと違って、皮のチューニングが完璧にやすりと合っているために、耳障りな側音に汚されていない美しい音色を奏でることができるのである。

　人間や鳥の歌声と同じように、キリギリスの歌にも地域ごとに方言がある。北部と中西部のキリギリスはゆっくりと、二音節か三音節で鳴く。キリ、キリリ、キリリ。南部のキリギリスはもっと音節が多くて早口だ。キリリ、キリリリ、キリリリ、キリリ。西部では、キリギリスはゆっくり、かつ一音節か二音節で鳴く。キリ、リ、リ、キリ。同じキリギリスでも歌う歌はいろいろなのだ。

　こうした地域差が何のためにあるのか、あるいはどんな意味をもっているのかはわかっていない。森によって違う音響の特性に鳴き声を適応させるためだろうか？　もしかしたらそれは、私たちの知らない、地域によるメスの好みの違いを反映していて、その違いが、異なった生態適応をしている集団間の異種交配を抑制しているのだろうか？

　キリギリスの合唱には、短い、消えかかりのセミの声が突発的に交じる。セミが歌うのは灼けつくような暑い午後で、夕暮れが近づけば、森をその鳴き声で支配するのを断念する。長く尾を引くセミの鳴き声の仕組みは、キリギリスのピックとギザギザと共鳴部よりもさらに風変わりだ。セミの体の両脇には、硬い外骨格に埋めこまれた円盤状のものがある。この円盤は、間隔の狭い格子がはまった舷窓（げんそう）のように見える。格子は硬い棒状のもので、横向きにパタパタと開閉する。筋肉が円盤を引っ張ると、この格子が次々とさみだれ式に開閉して震えるような音を出し、筋肉の緊張が緩まるともとに戻る。格子が出す音はセミの体の中の空気の満ちた袋と皮膜によって増幅される。この縞模様の円盤は発音膜と呼ばれ、動物界では他に類を見ない。

　セミもキリギリスも、そのエネルギーの源は植物だ。セミの幼虫は地中で木に寄生し、根から樹液を吸いながら、口吻（こうふん）のついたモグラのような生活を送る。キリギリスの幼虫があっという間に成長するのと違い、セミの幼虫は成虫になるのに数年かかる。つまり今夜聞こえているセミの合唱は、四年分かそれ以上の樹液を燃料として、隠れ穴から這い出して木に登ったモグラたちが歌う声だったというわけなのだ。

　キリギリスもセミも、メスは木のてっぺんを徘徊し、自分では鳴き声を出さずにオスたちの合唱に耳を傾けている。キリギリスの聴覚は足の神経にあり、セミの耳は腹に埋めこまれている。合唱団の中でひときわ声が大きい、または威勢のいい男性歌手がいれば、観客は歌手に近づき、もう少し歌を聴いたのちに交尾する。

　メスのキリギリスとオスのキリギリスがその身をからませると、オスは精子の入った小さな袋と一緒に、「婚姻ギフト」として大きな食べ物の包みをメスに贈る。この包みは通常、オスの体重の五分の一ほどもある。この袋、食物嚢（しょくもつのう）を作るのは非常に大変で、オスの腹は食物嚢を作るための分泌腺がそのほとんどを占めるほどだ。この贈り物の役割は種類によって異なっており、オスが贈る食べ物で卵を作る種もいるし、それによってメスの寿命が延びる種もある。

　歌を歌うオスのキリギリスには生憎（あいにく）なことだが、森でその歌を聴いているのは交尾のお相手候補だけではない。その歌声は明らかに、鳥に発見されるリスクを高める。中でもカッコウはキリギリスを捕まえるのがお得意だ。

　だが、歌うキリギリスにとってもっとも多く、また危険な敵はヤドリバエ科の寄生バエだ。棘で覆われたこの生き物は、成虫になると花蜜（かみつ）を吸うが、幼虫はほかの昆虫に寄生する。ヤドリバエ科のうちの数種はもっぱらキリギリスを寄生先とし、このお気に入りの宿主の歌声には特に熱心に耳を傾ける。歌声を聞きつけた母バエは獲物のキリギリスにねらいを定め、近くに着地して、身をよじらせる幼虫の一群をそこに置く。

幼虫は獲物に群れ、その体の中に潜りこむ。イモムシの中のヒメバチと同じように、ヤドリバエの幼虫はゆっくりとキリギリスを内側から食いつくす。母バエの奇襲攻撃戦略は音だけが頼りなので、ヤドリバエの寄生という重荷を負うのはほとんど例外なくオスのキリギリスである。

あたりはますます暗くなった。セミはとうとう鳴くのをやめた。明日、昼間の暑さで目が覚めるまで合唱は休憩だ。これまでと違う種類のキリギリスが鳴きはじめる。小さめのキリギリス、レッサーアングルウィングド・ケイティディド〔*Microcentrum retinerve*〕が、木の上でマラカスが鳴っているかのようなかすれ気味の鳴き声をひとしきり絞り出す。そのほかの種類のすすり泣くような声や、うなるような声も合唱の中から聞こえてきて、頭の上にいる葉っぱ喰いたちの多様さをうかがわせる。

暗闇に包まれるにつれて私は視覚を奪われ、森は私のまわりで黒く大きなうねりとなり、やがて暗闇に溶ける。

あとには喜ばしげな大声だけが残る——ギリリリ！ギリリリ！

9月21日

薬

September 21st, Medicine

ヤムイモとアメリカニンジン

朝の強い日射しに、私は強烈な喜びを感じる。曼荼羅への小道を横切る小川で、渡ってきたアメリカムシクイが十数羽、水浴びをしているのを見たときは気持ちが高揚した。小鳥たちは小川にできた浅い水たまりに立ち、羽を毛羽立たせた体を水に浸けてはぷるぷるっと震わせる。それぞれの小鳥のまわりに銀色に光る水滴の丸い光の輪ができる。まるで、太陽の光で自分を洗礼しているかのようだ。

小鳥たちが手放しに嬉しそうにしているのは、私にとってはことのほか喜ばしいことだ——なぜなら、まさにこの小川が、最近の頭痛のタネだったのだから。

二日前、曼荼羅から帰る途中、私はこの小川が荒らされ、すべての石がひっくり返されるか脇に放り出されているのを見たのである。これは以前にもあったことで、密猟者が通りがかりにありったけのサラマンダーを捕まえて釣りの餌にするために持ち去ったのだ。小川はすっかり空っぽだった。この森から連れ去られたサラマンダーたちは、釣り針の先か汚臭のする餌のバケツの中で死んでしまうのだ。私は気分が悪くなり、心の底から怒りを覚えた。その先を歩きながら、わき起こる憤怒はぐるぐると渦を巻いた。斜面を早足で登りながら私はそのことを思いつめていた。崖のふもとまで来ると、緊張が一気に切れて緩み、心臓がギブアップして心房細動を始め、鼓動が数えられないほど速くなった。

それから必死に自転車で町まで行き、病院で数時間、点滴と投薬を受けた。二時間もすると私の心臓は落ち着きを取り戻し、一日ゆっくり休んで、私は森に戻った。だから今日はアメリカムシクイたちの輝くような美しさがとりわけ喜ばしく、救われたような気さえしたのだ。

曼荼羅で、私は植物を今までとは違った目で見る。それは一つの生態系であるだけでなく、今や私には薬局に見える。こういう見方をするようになったのは、病院でもらった、ともに植物由来の薬のせいだ。セイヨウシロヤナギの樹皮とセイヨウナツユキソウの葉が原料のアスピリンは私の細胞に入りこみ、蚊やダニに刺されたときにもらう化学物質同様に、血液凝固の原因になる作用が起きないようにした。ジギタリスはキツネノテブクロの葉が原料で、心臓細胞に作用し、化学物質バランスを調整して私の心臓の鼓動をより強くし、安定させた。

病院で、私は初めのうち自然から切り離されたように感じていたが、それは思い違いだった。自然の触手は病室にも入りこみ、薬を通して私に手を差し伸べた。私の体の中で植物が私と結びついた——植物の分子が私の分子を見つけて固く抱擁したのだ。今、私には、曼荼羅にそうしたつながりが見える。あらゆる植物に、薬としての可能性が溢れている。セイヨウシロヤナギ、セイヨウナツユキソウ、キツネノテブクロは曼荼羅には生えていないが、曼荼羅の植物には彼ら固有の薬効成分があるのである。

ポドフィルムはこの山腹でよく見る植物の一つで、曼荼羅にも、傘のような葉が数カ所飛び出している。くるぶしほどの高さの葉は、林床(りんしょう)に伸びる地下茎から生えたものだ。茎は水平に伸びて、落ち葉の中で枝分かれしながら徐々に大きくなり、やがて数十枚の葉が数メートルにわたってかたまって生えるようになる。ネイティブアメリカンはずっと昔からこの葉に強い薬効があることを知っていた。ポドフィルムのエキスは、ごく少量で通じ薬として、また腸内の寄生虫を殺すのに使われていたし、人間が服用すれば死んでしまうほどの高い用量を、蒔いたばかりのトウモロコシに撒いて、タネをカラスや虫から護ったものだった。

最近のポドフィルムの研究によれば、この植物に含まれる化学物質は、ウイルスやがん細胞を殺すことがわかっている。ポドフィルムのエキスは現在、ウイルスが原因でできるいぼの治療クリームに使われているし、製造所で化学構造を部分的に変更したあと、がんに対する化学療法薬として使用される。

ポドフィルムがなければこうした治療薬が存在し得ないのは明らかだが、ポドフィルムの存在自体が森の共同体に依存していることはわかりにくい。マルハナバチはポドフィルムの葉の下を、下向きに咲く白い花まで飛んでいき、花を受粉させる。夏の後半になると花は小さな黄色い実を結ぶ――「五月のリンゴ」という名前〔ポドフィルムの英名はmay apple〕の由来になった、小ぶりのレモンくらいの大きさの実である。アメリカハコガメはこの果実に異常なほどのご執心で、その匂いを嗅ぎあて、貪るように食べると、お腹をポドフィルムのタネでいっぱいにして去っていく。アメリカハコガメの腸を通過しないタネは普通、発芽できない。薬学の教科書は森に棲むマルハナバチやアメリカハコガメの生態には触れないが、それでも医療活動にとって彼らが必要な存在であることは変わらない。

この付近では、野生のヤムイモもまた重要な薬効成分をもつ植物の一つだ。曼荼羅の輪の中にはないがまわりじゅうに生えていて、森の中でも湿り気の多い日陰に特に多い。ヤムイモはつる植物で、細い茎を灌木や小さめの木に巻きつけながら、頭の高さかそれ以上になる。茎とハート形の葉はデリケートで、厳しい凍結が起きれば枯れてしまうから、指状の塊茎（かいけい）として枯れ葉の下で冬を越す。この塊茎には、プロゲステロンなど、人間のホルモンに構造が似た化学物質が豊富に含まれている。このこともネイティブアメリカンは知っていて、出産の痛みをやわらげるのにこの植物が使われた。その後一九六〇年代には、この塊茎のエキスに化学的に手を加えて最初の避妊薬が作られた。ヤムイモはまた、コレステロール値を下げたり骨粗鬆症を改善したり喘息の緩和にも効くと言われているが、これらの薬効があることを示す証拠については意見が分かれている。

ポドフィルムとヤムイモを森の中で見つけるのは容易だが、もう一つの野生の薬草であるアメリカニンジンはあいにくそれほど多くはない。アメリカニンジンを見舞った悲運は、有用な野生植物を採りすぎることについての警告だ。人間はアメリカニンジンがもつ刺激的・治癒的特性を非常に貪欲に求め、北米大陸東部のほぼ全域で、かつては豊富にあったこの森の薬草はすっかりなくなってしまった。

一九世紀半ば、米国は毎年、二五万〜三五万キログラムのアメリカニンジンを輸出していた。またそれと同じくらいの量が国内で使用されていたかもしれない。今ではアメリカニンジンは希少で、輸出量はかつての一〇分の一以下だ。連邦政府、州政府ともにアメリカニンジンの採集を規制してはいるが、アメリカニンジン市場は活況を呈する。曼荼羅から数キロ離れたところでは、その季節になるとディーラーが主要な交差点に売店を建て、地元の「掘り屋」からアメリカニンジンを買う。乾燥した根は四五〇グラムあたり五〇〇ドルの値がつく——大いに根っこ探しをする気にさせる金額だ。腕のいい掘り屋なら、パッとしない地域経済にあってかなりの収入が見こめるのである。

アメリカニンジンの豊富さにかげりが見えたことで、先見の明のあるディーラーや掘り屋たちは、アメリカニンジンを掘り起こしに森に行った際にタネを蒔いて、半野生のアメリカニンジンを栽培しはじめた。アメリカハコガメがポドフィルムのタネを運ぶように、今度は人間がタネを散布する役割を担うことになったのだ。

これは以前は鳥たちの、中でもアメリカニンジンの赤い実を夏の終わりの美味しいおやつと考えるツグミの仕事だった。タネを蒔く人間にとって運のよいことに、アメリカニンジンのタネはポドフィルムのタネほど気難しくなくて、鳥の腸を通過しなくても発芽する。こうしたタネを蒔くという努力が、アメリカニンジンの数がこれ以上減少するのを防げるかどうかは現時点ではわからない。植物学者たちのほとんどは依然として、アメリカニンジンの将来を憂慮している。

アメリカニンジン、ヤムイモ、そしてポドフィルムはどれも小さな植物で、栄養たっぷりの地下茎または根という形で冬を越す。この共通点を見れば、これら三つともに、薬効のある化学物質がこれほど豊富である理由がわかる。動きの素早い動物や皮の厚い樹木と違い、じっと動かず皮の薄いこれらの植物は、哺乳類や昆虫の攻撃に対して非常に無防備だ。これらの植物が地下にためこむ食物は、捕食動物にとってはことのほか魅力的である。だが植物は逃げることも頑丈な壁の後ろに隠れることもできないから、唯一の自己防護策は、その体を、敵の腸、神経、ホルモンなどをめちゃくちゃにする化学物質でいっぱいにすることなのだ。

自然淘汰のプロセスは、動物の生理機能を攻撃するという明確な目的をもって自己防護のための化学物質を作ったので、これらの毒は、慎重な人間の手にかかれば薬にもなる。ちょうどいい服用量を見きわめることによって薬草医は、植物の防護のための兵器を、刺激剤、緩下剤、抗凝血剤、ホルモン剤そのほか、みごとな薬剤に変えることができるのだ。

曼荼羅の薬草と私の血液中の薬は大きなグループのほんの一部にすぎない。すべての処方薬の四分の一は、植物、菌類、そして有機体に直接由来する。それ以外の処方薬も、その多くが野生種から発見された化学物質を改良することで作られる。だが、曼荼羅の植物たちが持つ複雑な化学物質の世界はよくわかっていない。曼荼羅の中の、目に見える二十数種の植物を構成する何千種という分子のうち、研究室できちんと調査されたものはほんの一握りにすぎない。そのほかは、伝統的に薬草として使われてきたにもかかわらず、研究はまだこれからだ。曼荼羅が持つ目には見えない生化学的な多様さは、多くの可能性に満ち、今後の調査が待たれる。

植物由来の薬を使った経験から私にわかったのは、私と曼荼羅の住民たちとの関係は微小な分子レベルにまでおよぶ、ということだった。これまでは、その関係はおもに、系統樹の上で同じ系譜を共有していると いうことと、互いに関連し合う生態的関係を意味していた。今では、私の肉体がどれほど密接に生命の共同体と結びついているかが理解できる。大昔に植物と動物の間にあった生化学的な闘いを通して、私は私の分子の構造によって、この森と固く結ばれているのだ。

9月23日

ケムシ

September 23rd, Caterpillar

アリと鳥とカモフラージュ

渡りの途中のアメリカムシクイが、曼荼羅の木々の枝から枝へ、次々と、波のように飛び移っていく。北の森の繁殖地から帰ってきたマミジロアメリカムシクイが一羽、曼荼羅の端に生えている背の低いカエデの若木に降りてきて、餌を探して葉をつつく。中央アメリカ南部にある越冬場所まで、彼らはまだ三五〇〇キロ以上を飛ばなくてはならない。餌を食べることが急務なのだ。

曼荼羅の頭上の葉の状態が、アメリカムシクイたちが何を餌にしているかを知る手がかりになる。どの葉もショットガンで撃たれたようにギザギザの穴が一〇個以上開いていて、ほとんどの葉は表面積の半分以上がなくなっている。曼荼羅のケムシ*たちが夏の葉を虫の肉にしてしまったのだ。そしてその肉が今度はアメリカムシクイの長旅の燃料となるわけだ。

*――Caterpillar はケムシとイモムシの両方を指す言葉だが、ここでは基本的にケムシと訳出した。

ケムシは大食いなことで有名だ。ケムシの体重は一生の間に二〇〇〇倍から三〇〇〇倍になる。人間の赤ん坊が同じことをすれば、大人になるころには九トンになる。マーチングバンド数個分を合計した重さだ。さらに、もしも人間の赤ん坊がケムシと同じペースで成長したとしたら、生まれて二、三週間後には大人になる。

ケムシの成長が速いのは、たった一つの仕事のためだけに存在しているからだ――つまり、葉を食べること。成虫と違い、ケムシは、硬い外骨格も、羽も、複雑な足も、生殖器官も、精巧な神経系も作らない。そういう付属器官はケムシの集中力を鈍らせ成長を遅らせるだけだからだ。自然淘汰のプロセスに許された、食べることと関係のない付属品といえば、身を護るための剛毛だけだ。食べつづける、という仕事に専念することによって、ケムシは、ほとんど競合相手のいない店を開いたのだ。ほとんどの森で、ケムシはそれ以外の草食動物全部を合わせたよりもたくさんの葉を食べる。

太った毒蛾のケムシが一四、曼荼羅に這ってくる。カラフルな毛や羽毛はまるでお祭りのようだが、その色鮮やかさは、刺毛（しもう）や体内にある毒がいかに危険かをまわりに宣伝するためのものだ。背中に黄色い毛の束が四つ、空に向かって立つひげそり用ブラシのように並んでいる。四つの束は、各体節から伸びている長い銀色の毛のもやの間にある。長くて黒い毛の束が二つ、頭の両側から飛び出し、尻尾の先端には茶色い針のような毛の塊が生えている。もしゃもしゃの毛の隙間から見える肌は、黄色、黒、灰色の横縞だ。美しく、そして怖ろしい装束である。

毒蛾の成虫は、大っぴらに葉を食べて自分を危険にさらすことはしないので、派手な色をしている必要がない。メスは隠れた繭から孵化すると、繭にしがみついたままオスを待つ。メスは飛ぶことができず、フワフワした寝袋のように見える。あちこち移動する必要がないので、自分がどんなに不快な存在かを知らしめる必要はなく、身を護るにはカモフラージュで十分だ。一方オスは飛ぶのが得意だ。羽のような触角でメスのフェロモンの匂いを嗅ぎつけ、交尾し、飛び去っていく。メスはまったく動かないことにより、またオスは強い羽によって危険から護られているので、オスもメスも目立たない茶色や灰色をしている。自然淘汰の絵筆は、華やかで大胆な幼虫と地味で目立たない成虫を作り出し、それはほかの多くの蛾にもあてはまる。

派手派手しいケムシを眺めていると、一匹の黒アリが、人間が竹藪をかき分けるようにケムシの剛毛を押し分けてケムシの背中に登っていく。アリは大腮（おおあご）を引き出し、ケムシの首に食いつこうとするがうまくいかない。ケムシはこの攻撃には動じていない様子で前進を続ける。アリはケムシの首から後ろに下がって黄色い毛の束の間に噛みつくが、今度も皮膚には届かない。

と、もっと小さくて赤褐色をしたアリが登ってきて、攻撃に加わる。二匹のアリが出会うとケンカが始まり、黄色い毛の敷物の上で取っ組み合いになる。赤褐色のアリは投げ落とされ、再びケムシの背中に登り、それから落ちる。黒アリがそれに続く。ケムシはおそらくアリから逃げようとして速度を上げるが、アリたちがケムシを取り囲む。黒アリがケムシに突進して再び攻撃をしかけ、何度も齧りつこうとするがケムシの柔らかな皮膚には届かない。

アリがケムシから落ちると、ケムシはすぐに、地面近くに弓形に下がっている枯れ葉によじ登る。ケムシの動きが止まる。アリを出し抜くことはできたのか？アリたちは地面の上をグルグルまわっているが、獲物が見つからない。そしてアリたちの輪はとうとう葉から遠ざかってしまう。ケムシは枯れ葉から地面に降り、曼荼羅のすぐ外にある大きなカエデの幹に向かって悠々と這っていく。邪魔者はいなくなった！

それとは別の、もっと小ぶりな毒蛾のケムシはちょっと運が悪かったようだ。アリたちが巣にいる仲間に食べさせるためにその死骸を引きずっていく。ケムシの毛が短すぎたのか、逃げるのが遅すぎたのか。その理由が何であれ、今やこのケムシは、曼荼羅とその周辺のアリの巣の入り口に向かう静かな葬送の列に加わったのである。

ある調査が算定したところによれば、一日に二万匹以上のケムシがアリの巣に運ばれている。曼荼羅でケムシの苦闘を目撃するまで、私はケムシに毛があるのは鳥に食べられないためだと思っていた。だが明らかに、その毛はアリの大腮からケムシの皮膚を隔てるためのものでもあったのだ。私が今日観察したことは、科学論文でも裏づけられている――ほとんどのケムシにとって、アリは大敵なのである。

この敵対関係を逆転させたチョウの一群がいる。アリとの共生関係を発達させせたシジミチョウ科のチョウだ。シジミチョウ科の幼虫には毛がなく、アリの攻撃には完全に無防備だ。だが基本的にアリは幼虫に噛みつかない――それよりも、このチョウの幼虫がアリのために分泌する「蜜」を餌にすることを好むのである。幼虫からアリへのこの贈り物は、ヤクザ流のみかじめ料に近いかもしれない。糖分の代償として、幼虫はアリの攻撃を免れるのである。だが食べ物をもらったアリは単に攻撃を自制するだけではない。ほかの捕食動物、中でも狩りバチの攻撃から積極的に幼虫を護るのだ。だから、アリは幼虫のボディガードとして雇われていると言うほうが喩えが近いかもしれない。

シジミチョウ科のチョウは、アリにつき添われないチョウにくらべ、生存率が一〇倍も高い。この幼虫たちはアリとの共生を好むようで、中には特別な摩擦片を持ち、それを使って葉の上で、ある振動を作り出すものもいる。この振動はアリを惹きつける。つまり幼虫は文字通り、ボディガードを歌で呼ぶのである。

曼荼羅では、アリの攻撃をかわした毒蛾のケムシがカエデの木の幹を登っていく。木の上にアリはいないが、幹はほぼ全体的にねばねばしたクモの糸に覆われていて、ケムシはなかなか前進できない。夕べの雨で濡れてまだ乾いていないコケの塊があるのも厄介な問題だ。ケムシの足についている小さなフックが足場を失い、ケムシは一〇センチ以上も滑り落ちて、それから再び懸命に登りはじめる。

ケムシが登った先は、アリではなく鳥が支配する世界だ。アリは触覚と嗅覚を使って餌を見つける。鳥は視覚を使う。だから鳥に見つかりたくなければ、色や模様がきわめて重要である。人間もまた非常に視覚的な生き物なので、ケムシが見せる模様の驚くような多様さに目を見張る。ケムシは子どもの絵本にしょっちゅう登場するし、自然を愛するようになったのはケムシに魅せられたことが理由の一つだという博物学者も多い。対照的に、ハエ、狩りバチ、甲虫の幼虫は人間の空飛ぶ親類たちの鋭い目から隠れたところに棲んでいるので、青白く、魅力がない。

曼荼羅にいる毒蛾のケムシは、明るい黄色と黒のどきっとするようなコントラストで、自分が不味(まず)いということをさかんに言いふらす。黄色い毛でできたひげそりブラシは、体のほかの部分を覆うとがった銀色の毛とははっきりと質感が違う。こうした外見を見れば、その棘にも毛にもたっぷり毒があることを疑うものはいない。ほとんどの鳥はこんな見た目のものはつつこうともしない。これとは別の種類の毒や剛毛をもつケムシにも同様の装束が見られ、色彩とコントラスト、という主題にそって、それぞれの種に特有のバリエーションを作り出している。

棘や有毒化学物質による防護策をもたないケムシは、宣伝のかわりに騙しの手法を使う。鳥の糞、枯れ葉、小枝、小さいヘビ、あるいは毒のあるサラマンダーなどの真似をするのだ。こうした生き物を作るのに自然淘汰は凝った手を使い、小枝を真似るケムシには葉の芽に見えるものを、ヘビを真似るケムシには瞳孔に偽の反射光がある目のようなものを、そして葉を真似るケムシには、その表面に小さな糞をつけ加えたりした。

何百万年も昔から、ケムシをねらう鳥の眼差しは変わらずに存在し、おかげでケムシの体は視覚デザインの傑作となった。だが驚いたことに、鳥の眼差しが形に影響を与えたものはケムシだけではない。曼荼羅の、虫喰い葉を通過する光の陰影のパターンさえ、鳥の鋭い目によって形づくられているのだ。

ヒナを育てている最中の鳥は、葉にギザギザに開いた穴とケムシの存在を結びつけることを学習する。ケムシがほかに移動したあとも葉は長い間穴の開いた状態のままなので、鳥は、最近ある種類の木では餌の獲れ具合がどうだったかということをもとに給餌パターンを更新する。葉にすぐにそれとわかる穴を開けておいて、その穴の隣でぐずぐずしているケムシは、たちまちこうした賢い鳥の注意を引いてしまう。だから、しっかりした防護策のあるケムシでなければ食い散らかしは許されない。

たとえば体にあまり毛のない、鳥に対してより無防備なケムシは、葉の縁からきちんと葉を食べていき、見てすぐにそれとわかるような穴も残さず、葉全体の輪郭も崩さない。自分の体を葉の縁の欠けた部分に巻きつけて葉の輪郭を整え、天敵の目を欺くケムシさえいる。曼荼羅の上の葉には無頓着なギザギザの噛み跡があるので、そのほとんどは毒蛾の幼虫とその親戚が犯人ではないかと思う。

鳥の目が、曼荼羅の形と色を創った。葉を齧るケムシの形態も、齧られた葉の形も、進化の過程におけるケムシと鳥の戦いを映し出している。渡っていくアメリカムシクイははかない存在に思えるが、彼らの体がここからいなくなっても、その存在の証はずっと残るのだ。

9月23日

コンドル

森の粛清者

September 23rd, Vulture

木の上のほうの翳られた葉を観察していたおかげで、私の視線は空に向けられた。いつもなら夏、林冠（りんかん）に葉が繁ると私の世界は小さくなり、視線は下向きになるのだが、今日の私は木陰の隙間から空を見上げている。昨日通り過ぎた激しい暴風雨が空中の塵を洗い流し、空は青く澄んでいる。真夏には高かった湿度も下がって、気温は高いけれども気持ちがいい。典型的な九月の気候だ――雲のない日が何日も続き、ときおり、メキシコ湾で発生した熱帯性低気圧の名残であることが多い、生暖かい暴風雨がやってくる。

今日は曼荼羅の真上をヒメコンドルが旋回している。幅のあるその翼は、風をはらんだ帆のように空に広がっている。くるりと旋回したヒメコンドルは、突然の風に乗って東の方角に高く舞い上がる。

曼荼羅はかなり南にあるので、一年を通じてヒメコンドルの姿を見ることができる。この地域に棲んでいる鳥は、この時期、北からテネシー州を越えてメキシコ湾岸とフロリダ州で冬を過ごす渡り鳥と交ざり合う。渡り鳥の中にはさらに南、メキシコやその先まで行って冬を越すものもいる。長い距離を移動するこれらの渡り鳥には出迎えがあるだろう――ヒメコンドルは中南米に定住しており、「新世界」でもっとも広く分布している鳥の一つである。

ほとんどの鳥と違い、ヒメコンドルは遠くからでもすぐにそれと見分けられる。翼を浅いVの字に広げ、翼の先が斜め上向きに広がって、あたかも空を飛ぶ波括弧｝のように見えるのだ。ヒメコンドルの飛び方はまるで酔っぱらいが歩いているようで、フラフラっとしたかと思うとひっくり返ったりする。

一見しらふに見えないこの飛び方には、空気力学的な理由がある。ヒメコンドルは帆翔（はんしょう）〔翼を広げて気流に乗り、羽ばたかずに飛ぶこと〕の名人で、翼を羽ばたかせることが少なく、一〇回以上連続して羽ばたくことはほとんどない。そんな省エネ型で楽ちんな方法で風に乗るために、大きな櫂のような翼は、上昇気流や旋風など、あらゆる上向きの空気の流れを捉えてうまく利用する。その結果、ゆったり、フラフラした飛び方になるのだが、表面的には不恰好なこの飛び方は、じつは驚くほど効率的なのだ。この酔っぱらいは倹約の天才で、操縦性も、優雅さも、スピードも必要としない。ヒメコンドルは来る日も来る日ものんびりと自分の領地を見張り、多いときは起きている時間の三分の一を空を舞って過ごす。

ヒメコンドルは死肉だけを餌とし、その倹約的な飛び方のおかげで、死体を探して一日に巡回する面積は数百平方キロメートルにおよぶ。おもな餌場である森林地区では林冠が視界をさえぎるが、たとえ視界に障害物がなくても、毛皮でカモフラージュされてじっと動かない死体を見つけるのは至難の業だ。だがヒメコンドルはそれらを徹底的かつ正確に探し当てる。研究者が故意に森の中に置いておいたニワトリやネズミの死体は、たとえ葉や低木の中に隠れていても、大概、一日二日で見つかってしまう。どうやらヒメコンドルは餌の匂いを嗅ぎつけているらしい。その大きな鼻腔で、混沌とした森の色彩の中をのぞきこんでいるのだ。

悪臭を放つ死体をその匂いで嗅ぎつけるということ自体は特にすごいことではないが、ヒメコンドルにできることはそれだけではない。実際、あまりにも腐敗の進んだ肉をヒメコンドルはあまり好まない。むしろ彼らが空を巡航しながら探すのは、最近死んだばかりの獲物のかすかな匂いだ。腐った死体の強烈な悪臭と違い、新しい死肉の匂いは、微生物と冷たくなっていく死体から発散される極上の微粒子から成り、ごくわずかだ。滑翔中のヒメコンドルはこのかすかな匂いを捉え、それを地表までたどって、視野に入る数百平方キロメートルの中からその場所を特定するのである。

現代社会では、ヒメコンドルの嗅覚が役に立たないこともある。一見普通の工場のようだが、死んだばかりの動物の匂いを空に向けて発散している食肉処理場の上を、彼らは旋回する。パイプラインも同様の混乱の原因になる。ガス会社は輸送パイプラインの中で、もともとは無臭の天然ガスに、エタンチオールという悪臭のある化学物質を少量加える。もしもパイプの栓や継ぎ目部分に不具合があると、この悪臭のある化学物質が天然ガスと一緒に漏れ出して、人間の鼻に爆発の危険を知らせるのだ。だがこのときヒメコンドルたちもまたガス漏れを嗅ぎつけ、ひびの入ったパイプのまわりに集まって、パイプラインのひび割れ箇所を探すのを意図せず手伝うことになるのである。

ヒメコンドルと人間の嗅覚がこうしてからまり合うのは「死の香り」のせいだ。というのも、エタンチオールは自然界では死体から発生するのである。人間は腐った肉に強烈な嫌悪感を抱くので、私たちの鼻はエタンチオールの匂いに極度に敏感だ。同じく強烈な悪臭であるアンモニアを人間が嗅ぎ分けることのできる閾値(しきいち)の二〇〇〇分の一の濃度であっても、私たちの鼻はエタンチオールの匂いに気づく。だからガス会社はこの臭い化学物質を、パイプにごくごくわずかな量加えるだけでいい。ヒメコンドルにはお生憎様だが、彼らもまたこの低濃度のエタンチオールを嗅ぎ分けることができるために、間違えてガス漏れ現場に集まってしまうのだ。

ヒメコンドルは森の浄化係であり、生態系における葬儀を執り行なって、屍から養分へ、大型動物の物質的変化を速める。彼らの学名がこのことを示している――*Cathartes*、粛清者。

死肉喰いという一見卑しい仕事は、私たちにはとても不快なものに思える。だが森はこの、私たちが見下すものをめぐる競争でいっぱいだ。コンドルが餌にありつく前に、キツネやアライグマが屍をくすねてしまうこともあるし、ヒメコンドルより大きいクロコンドルが集団でヒメコンドルを襲い、餌から追いはらってしまうこともある。シデムシ〔シデムシ科の甲虫〕は小動物の屍を引きずっていって土中に埋める。

この競争で、哺乳類と鳥と虫はライバルだが、彼らの競争力は、顕微鏡サイズの死神、バクテリアや菌類とくらべれば色褪せる。これらの微生物は死の瞬間から仕事を始め、動物を内側から消化する。彼らによる分解は独特の匂いを放ち、それが鳥を空から地上に導くので、初めのうちはコンドルの助けになる。だがいったん屍を見つけると、コンドルは屍にある養分を微生物と奪い合うことになる。暑い気候の地域ではこの競争は二、三日で微生物の勝ちになる。ご馳走にありつきたければ、コンドルは迅速でなくてはならない。

行動が速い、ということ以外にも、微生物には、もっと直接的な競争の手段がある。腐った肉を食べるとほとんどの動物が病気になるというのは偶然ではない――その一因は、自分たちの食物を護るために微生物が分泌した毒にある。食中毒というのは、微生物が自分たちの縄張りのまわりにめぐらせた壁を越えようとした罰なのだ。私たちの味覚は微生物の進化的な意図に従っている――私たちが腐った肉を避けるのは、彼らが自分を護るための、この分泌物を避けているからなのだ。

だがヒメコンドルはそう簡単にはあきらめなかった。ヒメコンドルの胃腸には蓄電池の希硫酸並みの強力な消化液があって、微生物は燃えつきてしまうのだ。胃腸の先にも第二の防護壁がある。ヒメコンドルの血液には異常なほど多数の白血球がうろうろしていて、バクテリアやそのほかの異物を見つけて呑みこみ、破壊しようと待ちかまている。この防御細胞の大群は、特別に大きい脾臓から提供される。

この強靱な体質のおかげで、ヒメコンドルはほかの動物なら吐き気をもよおすか気分が悪くなるようなところで餌を食べることができる。逆説的だが、微生物による毒の集中砲火は、ほかの動物を遠ざけることによってある程度はヒメコンドルを助けているわけだ。ここでも、競争と協調の間に線を引くのは簡単ではない。

コンドルの消化能力の高さは森の共同体に広く影響を与える。コンドルの消化管はバクテリアを破壊する力が強いので、コンドルの清掃人としての役割は、死体の掃除だけにとどまらない。炭疽（たんそ）菌とコレラウイルスはともに、コンドルの消化管を通過すると死ぬ。哺乳類や虫の消化管にはそんなことはできない。つまりその土地から病原菌を駆除する能力では、コンドルの右に出る者がいないのだ。粛清者とはよく言ったものである。

炭疽病やコレラが苦手な人間にとっては運のよいことに、ヒメコンドルは北米大陸の生息地のほとんどで安定した生息数を保っている。北西部ではその数はむしろ増えており、それはおそらくシカの頭数が増えたことによるものだ。増えたシカはみないずれ死んで清掃されなければならないのだから。

だがこの朗報にも例外が二つある。国内の、大豆そのほかの作物の大規模作付け農地が優勢をふるう地方では、コンドルの数が減少していること。単一栽培農業によって生命を支えられる生き物はほとんどおらず、葬儀屋の必要もないのだ。

コンドルを脅かすもう一つの例外はもっとわかりにくいが、シカやウサギ狩りでしとめられたまま、ハンターが見つけられなかったり、そのまま放置されたりした獲物がそれである。鉛の弾丸は砕け、重金属の細かい霧となって獲物の肉を汚染する。ハンターとその家族にとっては困ったことだが、どんなに頻繁に狩りをする人間よりもたくさんの狩猟肉を食べるヒメコンドルにとってはもっと困ったことだ。だから鉛のために若干健康を害しているヒメコンドルは多いが、全体としては、鉛のために数が減る危険はない。これはおそらく、ヒメコンドルのほとんどは食べる物が多様で、狩猟肉でない死肉もたくさん食べるからだ。

だがこれと対照的に、カリフォルニアコンドルの食べる物における鉛を浴びた死体の割合は、ヒメコンドルにくらべて高い。わずかに残った野生のカリフォルニアコンドルは、獣医たちが定期的に捕獲して鉛を体外に排出させることで生きながらえている。北米大陸の狩猟文化は、浄化係を浄化するという奇妙な逆さ行為を余儀なくさせるのである。

もっとひどいところもある。インドでは、テクノロジーとコンドルの接触がはるかに大きな危機を生み出した。家畜に広く抗炎症薬が使われたことが、うかつにもコンドルに壊滅的な打撃を与えたのである。抗炎症薬は死体の中に残り、かつてはたくさんいたコンドルを死に追いやった。インドでは今やコンドルが絶滅の危機に瀕しており、その結果、死んで腐敗した家畜が散乱する。ハエと野犬の数が爆発的に増加し、公衆衛生にひどい悪影響をおよぼしているのである。インドの一部では炭疽菌が日常的に見られる。インドはヒト狂犬病の発生率が世界一高く、そのほとんどが野犬に噛まれることが原因で起きる。コンドルがいなくなり、結果として野犬が急激に増えたことで、ヒト狂犬病は年間三〇〇〇例から四〇〇〇〇例増加すると見積もられている。

インドに住むゾロアスター教徒にとって、コンドルがいなくなったことには別の意味があった。彼らの葬式の習慣では、死者を「沈黙の塔」に安置することになっている。これは背の低い、天井のない円形の建造物で、死体はここに円形に並べられ、数時間でコンドルによって骨だけにされるのだ。ところが今、死人を食べるコンドルはいなくなった一方、教義では火葬が禁じられているために、ゾロアスター教のコミュニティは、種の絶滅が引き起こした哲学的危機に直面しているのである。

禿頭の浄化係が果たす役割の重要性について、インドは厳しい、また不当な教訓を与えられた。この災難を作り出した抗炎症薬は、現在インドでは使用が禁じられているが、地域によっては使用が続いており、コンドルの数は回復していない。残念なことにこれと同じ薬剤は現在、インド同様にコンドルが重要で、かつ無防備であるように見えるアフリカ諸国に上陸しつつある。

ここテネシー州では、丘の上を旋回するヒメコンドルはごくありふれた風景だ。あまりにもありふれているために、私たちはつい忘れてしまう——それがどんなに素晴らしい贈り物であるかということを。

9月26日

渡り鳥

September 26th, Migrants

アメリカムシクイとカッコウ

渡り鳥が曼荼羅を絶え間なく通り過ぎる。そのほとんどが、北の森、アラスカからカナダを通ってメイン州に至る広さ六五〇万平方キロメートルの広大な針葉樹林から南に渡っていく鳥たちだ。この針葉樹林は広さではアマゾンの熱帯雨林にも匹敵し、無数の鳴禽類の繁殖地である。曼荼羅を横切る渡り鳥たちには、この森に棲む留鳥たちの興奮した一群がつきまとっている。私は群れからは一〇メートルほど斜面を上がったところの岩に座って、アメリカムシクイ、アメリカコガラ、そしてセジロコゲラの集団が忙しく行き来するのを眺めている。森は彼らの、チチチ、ピーピー、チーッという声に満ちている——まるで旅芸人の集団だ。

産卵期の用心深さは何処へやら、鳥たちは近くに寄ってくる。中には私の手が届きそうなほど近づいてきて、そのみなぎる生命力をはっきりと見せてくれるものもいる。何と美しい羽だろう。翼と尾の羽根はパリッとし、頭頂はなめらかで、胴部の羽根は互いに重なり合いながら輝いている。夏の終わりの換羽（かんう）は終了して、すべての羽根が完璧だ。

曼荼羅の群れにいるクロズキンアメリカムシクイの

場合、新しく生え替わった羽根は丸一年もたなくてはいけない。植物や砂埃や風との摩擦は羽根を摩耗させ、盛夏がやってくるころには羽根は縁がギザギザになり痩せ細ってしまう。だがクロズキンアメリカムシクイは、こうして羽根が古くなることを逆手にとって利用する。摩耗することによって繁殖期用の衣装に着替えるのだ。彼らの頭と喉は今は渋い黄色だが、羽根の外側の縁がすり減ると、その下の繁殖期用の黒い羽根が見えるようになる。これはうまい倹約のやり方だ――ほかのほとんどの鳥たちは、繁殖期用の色彩を、新しい羽根を生やすことで用意する。その一枚一枚が、高価なタンパク質でできている。

アメリカコガラ、セジロコゲラ、そしてクロズキンアメリカムシクイは、ここ曼荼羅の周辺で、夏の繁殖期に続いて冬毛を生やした。だが群れの小鳥のほとんどが換羽したのは、もっとずっと北、カナダのトウヒの森だ。

アメリカムシクイ〔英名はウォーブラー（warbler）〕の種名がマグノリア・ウォーブラーだったりテネシー・ウォーブラーだったりするのは、彼らの生態を正しく伝えていない。どちらももともと米国南部の州に渡ってきたところを「標本」にされたものが分類され、名前がつけられて、そういう特異な歴史がその名に刻まれてしまったのだ。

マグノリア・ウォーブラーはミシシッピ州のタイサンボク〔英名マグノリア（magnolia）〕の木で餌をついばんでいたところを撃ち落とされ、テネシー・ウォーブラーはテネシー州のカンバーランド・リバーの岸辺で最期を遂げたというわけである。このほかにも、北方林で繁殖した鳥たちには同様の歴史的なお荷物を抱えたものがいる。ケープ・メイ・ウォーブラー、ナッシュビル・ウォーブラー、それにコネチカット・ウォーブラーは、どれもじつは広大な北の森の鳥である。

こうして動物学的な命名のしきたりが、北米大陸の鳥の生態に関する偉大な真実を覆い隠してしまった。

北方林こそ北米大陸の鳥類のエリートであるアメリカムシクイ類の繁殖地であり、アメリカムシクイ類の大部分は北方の森の中にだけ巣をかけるか一年のほとんどを北で過ごす。曼荼羅には年に二回、クズリやオオヤマネコの土地で生まれた鳥たちが、大変な数とパワーで波となって押し寄せる。

明らかに南方の鳥の声が、北方林の鳥たちの奏でる鈴のような鳴き声に割りこむ。キバシカッコウが林冠からクゥ、と鳴き、続けて低い声でクッ、クッ、クッ、とリズミカルに歌を歌う。カッコウは曼荼羅の上のはるか高いところにいて、枝から枝へサルのように飛び移っているのが見える。ほとんど羽を広げずにジャンプし、大きな鎌のような嘴（くちばし）を葉のかたまっているところにつっこむと、太ったキリギリスを一匹捕まえて一気に呑みこみ、それからよたよたと、ここからは見えない高い林冠に戻っていく。

カッコウは曼荼羅の周辺の森にはたくさんいるが、恥ずかしがり屋なのと高い木を好むのとで、めったに目にすることはない。このカッコウもこれまでに私が見たカッコウと同じように、その奇妙さで私を仰天させる。

動き方は霊長類のようだし、丸太のうろを叩いたような声を出すし、ほかの鳥は食べない、または食べられない虫を食べるのだ。嘴がものすごく大きいので、大きなキリギリスや、小型のヘビさえも丸呑みできる。ケムシが身を護るための毛はほかの鳥を追いはらうが、カッコウは動じない。毛が生えていようがいまいが、まるごと食道に放りこむ。毛をひきちぎるために勢いよく頭を振ることもあるが、たいていは、毛も何もかもそっくり呑みこんでしまう。聞くところによればカッコウの腹の中は、棘のようなケムシの毛が腸壁にくっついて、ぶ厚く覆われているらしい。

カッコウはそのほかにも、鳥の挙動のルールを破ってばかりいる。予測可能な縄張りを決めることもなく、食べ物を求めて繁殖地を放浪し、かと思えばササッと巣を作って産卵する。ヒナはあっという間に育って、完璧にできあがった羽根が文字通りパッと飛び出すように生える。成鳥の換羽は行き当たりばったりだ。ほかの鳥のように、系統的な順序で決まった時期に羽根が抜けたり生えたりするのではなく、カッコウはやみくもに、一本また一本と羽根を交換し、夏場から冬場にかけてバラバラと換羽する。ひょっとすると、精神活性作用のあるケムシの毒がカッコウの現状維持意欲をなくさせたのかもしれない。いや、それよりも、カッコウの換羽戦略は産卵スタイルと同じで、景気のよいときにパッとそれを利用し、不景気なときは惰性でやり過ごすように工夫されているのかもしれない。

カッコウは渡り行動すらだらしがない。南米の鳥類学者たちはカッコウのヒナを捕獲しており、このことは、「渡り鳥」であるはずのカッコウの一部が越冬地に残って繁殖するということを強く示唆している。

今日曼荼羅にいる鳥の中で、一番長距離を移動するのがカッコウだ。アンデス山脈の東、アマゾンの熱帯林が彼らの冬の住処である。アメリカムシクイ類のほとんどはそれよりはやや手前の、メキシコ南部、中央アメリカ、またはカリブ海まで飛んでいく。つまり今この瞬間、曼荼羅は、「新世界」のほぼ全域をつないでいることになる。バクやオオハシの記憶がツンドラの辺境の記憶と交錯する。エクアドルやハイチからの鉱物は、カナダのマニトバ州やケベック州で採れた蜜と一緒に空を飛ぶ。

夜になれば、アメリカムシクイたちは曼荼羅を、地球という境界線を超えてその外へと結びつけるだろう——森という物質界に、星という意識をもちこむのだ。一日中餌を食べ、休息をとった渡り鳥は、涼しくて安全な闇の中を南に向かって飛び立つ。彼らは夜空を見わたし、北極星を見つけると、その位置を頼りに南へ向かうのだ。鳥たちはこの天文学の知識をヒナのころに学んだ——巣の中から夜の闇をのぞきこみ、夜空を横切ろうとしない星を探したのだ。鳥たちはこの記憶をその脳みその中に抱えていて、秋になると夜空を見上げ、星座を頼りに進路を決めるのである。

これはすごいことではあるが、星について知っていても舵取りのあてにはならない。曇った夜には星は隠れてしまうし、今年生まれたばかりの鳥は、ぎっしりと葉に覆われた森や、雲に覆われがちの地域で育つかもしれない。だから渡り鳥はこのほかにも舵取りの手法をいくつかもっている。日の出や日の入りを観察したり、南北に走る山脈に沿って進むことを学んだり、目には見えない地球の磁場線を感じとることもできるのだ。

渡り鳥はその五感を宇宙に向けて開き、大きな波となって南に打ち寄せながら、太陽、星、そして地球を一つにする。

10月5日

警戒の波
音と香りの情報網

October 5th, Alarm Waves

私はじっと座っている。時間が流れる。曼荼羅の反対側の縁を一匹のシマリスが歩いている。一メートルと離れていないところだ。シマリスはちょっと立ち止まり、前脚と鼻で落ち葉を引っかきまわし、それから散らかった岩の向こうに姿を消す。これはめずらしいことだ。都会やキャンプ場にいるシマリスとは違って、この山腹にいるシマリスは臆病な生き物なのだ。私が身動きをせずに長時間座っていなければ近寄ってこない。じっとしていることへのこの褒美に励まされて、私は気持ちを静め、岩と一つになる。

そよそよと風が吹く。遠くで鳥の鳴き声が聞こえる。静かに森の中を水が流れる。一時間が過ぎる。

と、そのとき、私のほんの数十センチ後ろで鋭いかすれた声が聞こえる。私は動かない。シカはもう一声、続いてふた声、大きな警戒声を発する。目の端に白いものが翻ったかと思うと、シカは鳴きながら跳ねて行ってしまう。シカの警戒声は、なめらかで静かな空気にぴしゃりと平手打ちをくらわせ、曼荼羅に鋭いエネルギーが走る。

シカの鳴き声でたちまち三匹のリスがキィキィ、キューキューと鳴きはじめる。さらに八匹のシマリスがそれに加わり、小刻みにチッ、チッ、チッと鳴く。曼荼羅から波が広がっていく。斜面の下のほうにいるモリツグミが、ヒュー、ピヨ、ピー、と、頭の羽根を逆立たせながら鳴きはじめる。どこか遠いところでシマリスがスタッカートのコーラスに交じり、聞こえるか聞こえないかの限界まで波が広がる。

じっと動かない人間に突然出くわしたことでシカが発した警戒声は、何百メートルも先まで届いたのだ。動物たちの動揺、なかでもシマリスの慌てぶりは、収まるのに一時間以上もかかる。

曼荼羅の鳥や哺乳動物たちは、音のネットワークに組みこまれて生きている。それぞれが、ほかの生き物たちと音でつながっているのだ。森ではニュースがこのネットワーク上を波のように伝わり、厄介者がどこで何をしているかについて、最新の情報を運ぶ。私たちのような都会型人間が、こうして伝わっていく信号に気がつくようになるにはなかなか苦労する。

私たちは「背景音」を無視するのが習慣になっていて、かわりに自分の頭の中の雑音の言うことを聞く。森の中で座ったり、歩いたりしている時間のほとんどを、私は自分の頭の中の波に乗り、過去か未来のことを考えて過ごすのだ。それはごく普通のことだろうと思う。何度も何度も、意識してそうしなければ、私たちは今この時に、そして自分自身の五感に立ち戻ることができない。

今この音の中に立ち入ると、森の報道室の興味の焦点は――驚くなかれ――私たち人間である。人間は、大きくて、うるさくて、動きが速い。そして森の動物の多くは、捕食者としての私たちを目撃している。人間の銃や罠やチェーンソーと直接の接触をもったことのない動物も、すぐに経験豊富な仲間から学ぶ――動物にとっては、ほかの動物が何におびえるかに気をつけることが大事なのだ。

人間は、タカ、フクロウ、それにキツネと同じで、自分がやかましい臨時ニュースのネタになることなく森のネットワークを観察できることはめったにない。身を低くして座り、身動きをせず、ただじっと待つ。それだけが、森にこっそりと入りこむ方法だ。そうすれば、ニュースを伝えるネットワークが静かになったり騒々しくなったりするのを体験することができる。

たとえば何人かのハイカーがやってくる前には、彼らのおしゃべりや笑い声が届く数分も前に、それを知らせる波がくる。それよりも些細な出来事――たとえば枝が落ちたりカラスが頭の上を飛んだりすると、ネットワークにはもっと静かな、短時間の波が走る。一方、私に出くわしたシカの警戒声は大波、大見出しだった。

このネットワークに耳を傾けることは、森の動物にとっては明らかに益がある。危険がやってくる可能性に気がつけば、どう反応するかを一歩先んじて決めることができるからだ。だが、情報の波に自ら積極的に加担することで、どういう利点があるのかはそれほど明快ではない。

敵を見たときに声を出すのはなぜなのか？　ほかの動物の声に聞き耳を立てても、自分は黙っていればいいではないか？　捕食者が近づいてくるときに大きな声を出して、自分に注意を向けさせては意味がないではないか。

家族が近くにいる動物にとっては、警戒声を発することで降りかかる危険よりも、家族を護ることの必要性のほうが大きいのかもしれない。繁殖期も終わりだとは言うものの、曼荼羅近辺のリスやシマリスの中には子どもを連れているものがいて、彼らのキーキーという甲高い声は子どもたちに危険を予告する。だが、家族がいないときにも警戒声を発する動物は多いから、それとは別の利点もあるに違いない。

警戒声の中には、危険がせまった瞬間に自分に注意を向けさせ、積極的に捕食者とコミュニケーションをとるようにできているものもある。そうやって敵に自分の素性と位置を知らせることが、逆説的に自分に有利に働く場合があるのだ。捕食動物からしてみれば、自分が近づくのが目に入り、逃げる態勢にある獲物は捕まえるのが難しいだろう。自分に気づいていない獲物を探すのに時間を使うほうがいい。つまり警戒声は、攻撃してもむだだよ、と知らせることで、声を出す動物に直接的な利益をもたらすのだ。「お前に気づいているよ、捕まらないよ、ほかを探しな」。

オジロジカはこの告知の効果をさらに一歩進める。敵から逃げながら尾を上下に動かし、追ってくる敵に白い尻と尾の下側部分〔尾鏡（びきょう）〕を見せるのである。前進のための時間がむだになるにもかかわらず、オジロジカは上方向に大きく跳ねながら走る。

こうしてチラチラと尾を上下させながら跳ねるように走るのは、敵に対し、お前を見たぞ、と知らせるという以上の役割があるに違いない――走り去る、ということ自体すでに、オジロジカが捕食者を察知したことを明確に示しているのだから。オジロジカは、自分が元気で、だから逃げる能力もある、ということを伝えようとしているのかもしれない。健康なシカでなければ、逃走の合間にそんなものを見せびらかして消耗する余裕はないはずだ――弱いシカ、あるいは病気のシカは、そんなことで時間をむだにして命を危険にさらすわけにいかない。

この考え方はオジロジカについてきちんと検証されたわけではないが、ガゼルが見せる、これと同様に不可思議な、大げさな身振りは、ガゼルの状態を率直に知らせているように思われる。

目には見えないが、動物たちがもつ音のネットワークに似たものは森の植物の間にもある。虫が葉を齧ると、齧られた植物に生理的な反応が起こり、その反応が、それ以上の被害を受けるのを阻止するばかりか周囲の植物に警告を発するのである。

傷つけられた葉は、化学物質を作る遺伝子のスイッチをオンにする。この防護のための化学物質の一部は蒸発して、傷ついた植物の周囲の空気に香りをつける。近くの植物の葉の湿った内部にこの香りの粒子が浸みこみ、人間の鼻が香りを嗅ぐように、粒子は溶けて周囲の細胞に移る。化学物質はそこで、最初の植物の中で防御用化学物質を作ったのと同じ遺伝子のスイッチをオンにする。つまり、齧られた植物のまわりの齧られていない植物は、昆虫にとってさほど美味しくなくなるのである。木には耳がある、というわけだ。

森の中に座る、あるいは森の中を歩くとき、私は「対象物」を観察している「主体」ではない。曼荼羅の中では、私はコミュニケーションの網の目、関係性のネットワークの中に組みこまれてしまう。そのことに私が気づいていようがいまいが、私がシカを警戒させたりシマリスを脅かしたり、あるいは生きた葉を踏みつけたりすることでこうした網の目は変容する。曼荼羅では、関係をもたないで観察することは不可能なのだ。

この網の目はまた、私を変化させる。息を吸いこむごとに、宙を舞う何百もの粒子が私の体内に入る。これらの粒子こそが森の香りだ——何千種類もの生き物たちの香りが混ざり合ったものである。中にはあまりにも芳しい香りなので人間が栽培品種化し、「香料」を抽出するようになったものもある。こうした香料のうち少なくともジャスモン酸は警戒用の化学物質であり、植物の間で危険を知らせ合うためのものだ。ひょっとすると私たち人間の嗅覚がよしとする香りは、自然界にある苦労を分かち合いたいという願望を映し出しているのだろうか？

だが香料は例外だ。森の粒子のほとんどは私の嗅覚をすり抜けて直接私の血液に溶け、私の意識レベルより深いところで私の体内に入る。人間と植物の芳香が化学的に相互浸透することがどんな結果を生むのか、まだ未知の部分が多い。西洋の科学は、森が、あるいはその不在が、人間という存在そのものの一部である、という可能性を本気にするほど落ちぶれてはいないのだ。だが森を愛する人なら、木が私たちの意識に影響を与えるというのは周知の事実である。日本人はこの知識に森林浴と名前をつけて習慣化している。もしかすると、曼荼羅の情報共有コミュニティの一員となったとき、濡れた化学物質でできた私たちの核心部分が健全でいるための方法がわかるようになるような、そんな気がする。

10月14日

翼果
カエデは何処へ行く
October 14th, Samara

森は少しずつ色づいていく。曼荼羅のニオイベンゾインはまだほとんど緑のままだが、葉の何枚かには黄色い斑(まだら)模様がある。ニオイベンゾインの隣のアメリカトネリコは色が褪せて、外側の葉は乾燥し、白っぽくなっている。私の頭の上のカエデとヒッコリーはまだ夏場の色をしているが、斜面の少し上のほうにある大きなヒッコリーの木はすっかり紅葉して赤褐色と黄金色だ。あちらこちらに葉が落ちて、積もった落ち葉の表面を化粧直しし、動物たちが動くとカサコソと静かに音を立てる。

私の顔のすぐ横を、羽のあるカエデの種子が通り過ぎる。サーカスのナイフ投げのナイフのように、種子は回転してぼやけた光の輪を作る。ゆっくりと羽を回転させながら降りてきた種子は、コンロンソウの葉にぶつかると、砂岩の小石をうまく避けて林床の枯れた二枚の葉の間に落ち、腐植層の割れ目に、羽を上に、タネの部分を下にして収まる。発芽には絶好の場所だ——運がいい。

四月に咲いたカエデの花はやっと成熟したタネにな

り、何カ月もゆっくりと成長したあと、森の地面をヘリコプターでいっぱいにする。落ち葉の間の暗い穴に落ちたものもいくつかあるが、ほとんどは葉や岩の乾いた表面に剝き出しになっている。せっかく樹冠からドラマチックに回転しながら飛んできても、カエデの種子の最終的な運命は着地地点がどういう場所かで決まる。

ザラザラした地面は風で飛んできた種子をキャッチしやすいので、コケの生えた岩は裸の岩よりもたくさんの種子を捕まえる。木の風下側は風上側より種子が集まりやすい。捕食動物は、種子を食べて破壊することもあるし、あとで食べるために保存しておきながら、それを忘れたり死んでしまったりして結局食べず、その結果知らず知らずのうちに種子を散布したりもする。

風に運ばれる種子には、発芽のための一等地を選ぶ手立ては何もない。ヘパティカの種子のように、養分たっぷりなアリの巣の中に運んでもらえるわけでもないし、サクランボの種子のように糞の山の中に排泄されるわけでも、ヤドリギのように鳥の嘴(くちばし)が都合のよい木の枝にこすりつけてくれるわけでもない。だが、その最終的な行き先を選ぶ手立てがないからと言って、カエデの種子が無能なわけではない。カエデの種子がその手腕を発揮するのは、最終的な着地より前のことなのだ。

今は朝で、曼荼羅には種子はまったく降っていない。ところが午後の遅い時間になると種子は雨のように降り注ぎ、地面に落ちるときのパチパチという音が、まるで山火事のように聞こえるほどだ。これは偶然ではない。種子を母親に結びつけている細くて薄っぺらな組織は、乾いた午後にもっとも弱くなるのだ。そういう午後はまた風が一番強い――木は、一番いい風に乗れるタイミングを計って種子を送り出すのである。もちろん木に中央管制官がいて種子に出発の指示を出すわけではない。そうではなくて、種子をその母親である木につなぎ止めるために使われているものの材質、その形や固定の強さなどによって、種子がいつ、どうやって木から離れるかが決まるのである。何百万年にもわたる自然淘汰が、種子を送り出すこれらの装置のデザインを整えたのだ。

木の戦略は、単に乾いた空気の中に種子を放り出すだけではない。宙を舞う種子には二通りの道が待っている。「下の道」を行く種子は樹冠から、林床の、母親である樹の近くに落ちる。そういう種子は、最大でも一〇〇メートルくらいしか故郷から離れない。一方「上の道」は、種子を樹冠の上の広大な空へと導き、種子の移動距離はキロ単位におよぶ。

重力に抗う「上の道」を行く種子はごくわずかだが、これはその樹木の「種」としての命運にはとても重要だ。遠くに分散する数少ない種子が、その樹木の遺伝子構造や、森が寸断されてしまった地域で生き残る力や、氷河期の終わりやせまりくる地球温暖化にどれだけすばやく反応できるかということに大きな影響をおよぼすのだ。人間の歴史と同様、生態系と進化の物語もまた、大陸を股にかけ、故郷から遠く離れたところに住みつく少数の行動にかかっているのである。

カエデの木は、強い上昇気流に種子を乗せようと企て、メイフラワー号の乗船券を手に入れようとする。そのために、カエデは上向きに吹き上がる突風や旋風に優先的に種子を放ち、下降気流の中ではタネをしっかりつかんで離さない。風で種子を散布させる樹種の多くは、種子を樹冠の頂上に集中させて、放たれた種子が上昇気流に乗る確率を高めようとする。曼荼羅のカエデの木にはさらに有利な点がある。下の谷を何ものにもさえぎられずに吹く卓越風が、曼荼羅がある山の急斜面にぶつかって進路を上向きに変えるのだ。つまり重力と闘う曼荼羅の種子には、空に向かって吹く風のあと押しがあるというわけだ。

一本一本の木のシードシャドウ〔風散布型の種子が木から散らばる範囲を光の影に喩えたもの〕は、木のすぐまわりがもっとも濃くて種子が密集しているが、理論的にはその影ははるか地平の彼方まで伸びている。山の斜面の上方に目をやればたしかに、曼荼羅にパラパラと落ちてくるカエデの種子のほとんどすべてが「地元滞在型」で、タネが滑空して無理なく届く範囲内の木から落ちたものだ。その中に交じって、数はほんの少しだが、この森の別の区域から飛んできた競合種、あるいはコンドルのように上昇温暖気流に乗って数十キロ、いや数百キロ離れたところから飛んできた非常にまれな種子がある。

シードシャドウがこれほど長距離におよぶため、種子散布の研究は難しい。親元近くに残る大部分の種子に関する情報を集めるのは簡単だが、広々とした大空に投げ出された子どもたちを追跡するのはほとんど不可能に近い。けれどもそういう種子こそが、それぞれの樹種の歴史という壮大な物語の主役なのだ。

空飛ぶ種子を追跡するための無人偵察機をもっていない私は、曼荼羅の地表にあるカエデの種子に注意を戻す。その形状、特に羽の形の多様さは目を見張るばかりだ。ほかとくらべて三倍の表面積があるもの。物差しのようにまっすぐなもの。ブーメランのように下向きにカーブしているものもあるし、上向きに反り返っているものもある。ほとんどの場合、羽と種子が合わさるところは羽が浅くくぼんでいるが、そうでないものもある。くぼみの角度と深さもさまざまなら、羽の厚みもいろいろだ。曼荼羅はまるで植物版航空ショーのようだ――そこにはありとあらゆる形の航空機の翼が、人間のエンジニアなら決して使わない形のものも含めて展示されている。

形がさまざまなので、カエデの種子の落ち方もさまざまだ。一番わかりやすいのは、飛ぶと言うよりも落下するもの。種子の五個に一個は兄弟種子とくっついたまま落ちるのだが、そういうペアはまったく回転せず、木の下の地面にドスンと落ちる。一つひとつバラバラでも、羽が小さかったり丸まっていたりすればやはり回転せずに落下する。

だがそれらは例外だ。ほとんどの種子は、一、二秒間自由落下したあと、回転しはじめる。羽が回転してその小骨——羽の厚いほうの縁部分——が空を切り、薄い膜状の部分がそれを追う。翼が回転することで揚力が生まれ、落下の速度が遅くなる。横に流れれば、石のようにまっすぐ落ちる種子とくらべて親元から遠いところまで飛んでいけるのは当然だ。また滞空時間が長くなれば、吹き上がる気流に乗って上昇する可能性も高くなる。

浅い角度で落ちるにしろ、運よく上昇気流に乗るにしろ、風によってシードシャドウは外向きに拡がり、兄弟種同士の競争が減少して有望な子孫が広い範囲に落ちることになるのだ。

植物学者は、自分で揚力を作り出す種子を翼果（よくか）と呼ぶ。厳密に言えば翼果は種子ではなく特殊な果実であり、母親の細胞組織が内側に種子を抱えている。アメリカトネリコやユリノキも翼果を作るが、カエデの回転翼ほどの揚力はない。カエデの場合、その非対称性が強みなのだ。カエデの翼果には空を切る先端部があって、鳥や飛行機の羽のように空中を進むような設計になっている。

アメリカトネリコとユリノキの翼果は左右対称で、カエデのように優雅に回転することができない。そのかわりにアメリカトネリコとユリノキの種子は、長軸を中心にクルクルとスピンし、羽が風に逆らわないようにしながら落下する。自分の翼ではなく、強い風が運んでくれることに頼っているのだ。したがって、アメリカトネリコもユリノキも翼果をしっかりと抱えこみ、強風が吹きすさぶときにしか手放そうとはしない。

カエデの翼果は、車や航空機のように高速で大きい物体に関する航空力学と、塵や埃のような、ゆっくりと動く極小の物体をめぐる航空力学にはさまれた、知る人のあまりいない世界に属している。航空機は周囲との摩擦をあまり感じないが、塵はものすごく小さいので、摩擦以外には何も感じないと言っていい。言い換えれば、物体が小さくなればなるほど、それを取り巻く世界は瓶入りの糖蜜に似る——その中を泳ぐのは大変だが、浮かぶのは楽になるのだ。サイズとスピードから言えば、翼果はいみじくも安物のメープルシロップのような世界にいるのかもしれない。このシロップ状の空気が、回転する翼の先端の上部に渦を形成するということは、技術者たちが証明して見せた。この小さな渦巻きが回転する翼果の上面の空気を吸いこむために、落下のスピードが落ちるのだ。

カエデの翼果が見せる形状の多様性が、航空力学的にどんな重要性をもつのかはわかりにくい。が、カエデの翼果の研究者たちがバルコニーから翼果を投げ落とした結果わかったことが二つある。一つめは、翼端の幅が広いと空気が乱れて翼の回転のスピードが落ち、揚力が弱まるということ。同様に曲がった羽も、まっすぐな羽とくらべて揚力を生み出す力が弱い。つまり、先端が幅広くて曲がった翼果は、研究所の建物のまわりを整然と流れる空気の中では飛行能力が劣っているのである。

だが、曼荼羅に飛んできた種子のほとんどは、先端が幅広くて曲がっている。ではこれらの翼果は、なかなか見つからない「完璧な」形状の種子の欠陥品なのだろうか。それとも、先が太くて曲がった「不完全」な翼の利点について、私たちが知らない何かをカエデの木は知っているのだろうか？

森の中を吹く風は渦巻きや突風がでたらめに入り混じる。私には、翼果の形状は風の複雑さが植物に写しとられたもののように思える。どんな風の渦にも、どんな突風にも、それに合った翼があるのだ。

このような生物学的形状の多様性は翼果に限ったことではなく、森全体を貫く主題である。葉、動物の四肢、小枝、昆虫の羽——どんな構造をとってみても、よく観察すれば、いたるところに多様性が認められる。こうした不規則性の中には、それぞれの個体が多様な環境状況を体験することに起因するものもある。が、その多くはもっと深い遺伝的な原因があって、それは生殖の際にＤＮＡが改造されることによって起こるものだ。

同種の個体間に微妙な違いがあるという事実は、自然界の歴史においてはとるに足らないことのように見えるが、そうした多様性こそが、あらゆる進化の基盤なのである。多様性がなければ自然淘汰も適応も起こらない。『種の起源』の最初の二章を変種に割いたダーウィンは、このことを知っていたのだ。つまり翼果の多様性は間接的に、目には見えない進化の仕組みを指し示している。ここにあるさまざまな形状の中から、この曼荼羅を吹き抜ける風に特に適応した次世代のカエデが選ばれるのである。

10月29日

顔

アライグマはなぜ可愛いのか

October 29th, Faces

先週は冷たい大雨が森の大掃除をし、今年初めて大々的に落ち葉が積もった。その後、強い日射しが落ち葉を乾かし、生き物の動きすべてがガサガサと大きな音を立てる。暖かいものだからコオロギとキリギリスは活発になり、元気いっぱいに鳴いている——落ち葉とアングルウィングド・ケイティディドのかすれた鳴き声の下に隠れて、規則的で波長の高いコオロギの声がする。春の夜明けに聞こえる小鳥たちの合唱と違って、秋に繁殖するコオロギの鳴き声は、昼下がり、体がすっかり暖まったころが一番にぎやかだ。

虫たちの緻密な歌声に交じって、まとまりのないカサカサという音も聞こえる。ハイイロリスが一匹、ときどき鼻を落ち葉につっこみながらフラフラと曼荼羅（まんだら）に近づいてくる。リスの体はとりとめのないエネルギーでぶるぶると震え、まるで熱があるようだ。急に前進しては落ち葉を引っかきまわす、を繰り返しながら、リスは一本の木にたどり着くと素早く幹を駆け上って視界から姿を消す。数分後、頭を下にして降りてきたリスは、ヒッコリーの実をくわえている。リスはその黒い瞳で私を見つけてピタッと動きを止める。頭を持ち上げ、尾は木の幹に平行にまっすぐ伸びる。リスはじっと私を見つめる。やがて波のように尻尾が震える。尻尾の毛が寝て、ブラシのようだった尾は扇が波打っているように見える。

尾が波打つのと一緒に、静かに太鼓を打つような音が聞こえる。どうやらぺたんこになった尻尾は、幹を叩いて警告のドラム音を響かせるほど頑丈なのだ。リスが尻尾を平らにするところはこれまで何度も見たことがあったが、そのかすかな音が聞こえるほど近くの、また静かな場所にいたことはなかった。今日までそれを聞いたことがなかったのは、私の観察力の欠如ばかりが理由ではない――それはそもそも、私に聞かせようとしている音ではないのである。そっと木を叩く音は空中はうまく伝わらないが、その振動は森の中を効率よく伝わる。この木にいるほかのリス、特にうろの中にいるリスは、耳と足の両方でその音を聞くのである。

立ち止まって太鼓を叩いたかと思うと矢のように走るのを交互に繰り返しながら、リスはすごい勢いで木の幹を降りきる。地面につくと幹の向こう側に走っていき、木の後ろから頭をのぞかせて私を最後にもう一度見てから、大事なヒッコリーの実をしっかりくわえたまま跳ねて行ってしまう。

そのリスは独りではない。私から半径五メートル以内のところに少なくとも四匹のリスがいて、せっせと積もった落ち葉を引っかきまわしているし、木の枝の上にはもっといる。曼荼羅の隣に生えているヒッコリーは、森のこのあたりでは唯一実が落ちきっていないものだから、冬を越せるかどうかが体脂肪と木の実の蓄えにかかっているリスには人気があるのである。食料探しの競争は、葉がガサガサいう音と口がカチカチ鳴る音の嵐を引き起こす。

午後の日が沈んで夜が訪れる。私は座ったまま耳を傾ける。リスたちが立てるせわしない音は、コオロギの、絶え間なくやわらかな震え声を背景に、大きくなったり小さくなったりする。暗くなりはじめたころ、私はまた違う音に気づく。音は私の背後、斜面の上のほうから聞こえてくる。振り向いてこの聞き慣れない音の主を驚かすのがいやなので、私は身動きせず座ったまま音に神経を集中する。リスたちが鼻を落ち葉にこすりつけたり跳ねまわったりする音と違って、こちらは安定し、連続してカサカサいう音で、段々大きくなる。落ち葉の中を大きなボールが転がっているかのようだ。その耳慣れない音はますます大きくなっていく。まっすぐ私に向かって近づいてくるその音に、私は少々不安になり、盗み見をしようと首だけをゆっくりまわす。

私のほうに向かって転がるような足どりで歩いてくる三匹のアライグマの、一二本の足が落ち葉を踏みしだく。彼らは一直線に、落ち着いて、ひたむきに進む。まるで哺乳類版のケムシのように銀色がかったフワフワの毛に包まれて、斜面を滑り降りてくるように見える。このあたりで見かけるアライグマの成獣より若干小さめなところを見ると、この春生まれた子どもかもしれない。

私はアライグマたちの進路のど真ん中に座っており、私の後ろ三〇センチほどのところまで来ると彼らは突然立ち止まる。私が首をまわした方向が進路と逆だったので、アライグマたちは私の視界から消えてしまう。私は神経を耳に集中させる。立ち止まったアライグマたちはフンフン、クンクンと鼻で私を調べている。三〇秒ほどそうしたあと、一匹が小さく鼻を鳴らす。おだやかで肉づきのよい鳴き声だ。この鳴き声をきっかけに、三匹は私を数十センチ離れて迂回し、歩きつづける。再び私の視界に入った三匹は警戒する様子を見せず、斜面を下っていく。

私はアライグマを見て最初は驚いた。耳慣れない音の主が、近づいてくる三匹のアライグマだとわかったときはとても興奮した。それからその顔が近づいてきた——真っ白いラインに縁どられた黒くてやわらかな覆面、黒曜石のような目、小粋につき出た丸い耳、そしてほっそりした鼻。それがすべてフカフカの銀色の毛に包まれている。一つ歴然としていること――それは、アライグマが愛らしい動物だということだ。

そう思った途端、動物学者としての私は恥ずかしくなった。博物学者ともあろう者はそんな感情を卒業していて然るべきなのだ。「かわいい」なんて子どもや素人の言うことだ――アライグマのようにどこにでもいる動物のことを言うならなおさらだ。

私は動物をそのあるがままの、独立した存在として見ようとしているのであって、私の気持ちの中から思いがけずほとばしり出てしまう願望の対象として見ているのではないのである。だが、好むと好まざるとにかかわらず、その感情はそこにある。私はアライグマを抱き上げて顎の下をくすぐりたかったのだ。尊大な動物学者の、科学者としての面目が丸つぶれである。

ダーウィンなら、私の苦しい立場をわかってくれたかもしれない――「顔」には情緒に訴える力があることを彼は知っていた。『種の起源』の一〇年後に出版された著書『人及び動物の表情について』の中でダーウィンは、ヒトや動物の顔がいかに感情を表わすかについて説明している。私たちの神経系は、たとえ知性が心の中にあるものを隠したがっても、内面の感情を顔に書き表わしてしまう。顔の表情の微妙なあやに対する感受性は、私たちの存在の核心的な部分である、とダーウィンは主張する。

ダーウィンは、感情を顔の表情に変換する神経系と筋肉の仕組みに焦点を当て、顔を観察すればそれを正しく解釈できるということを暗にほのめかした。二〇世紀初頭から半ばにかけて、動物行動の進化的な研究を最初に提唱した一人であるコンラート・ローレンツが、ダーウィンの推測を確かなものにした。ローレンツは顔をコミュニケーションの手段として分析し、顔の表情に敏感であることによって動物が進化論的にどんな益を得るかを分析したのである。彼はまたダーウィンの分析を発展させ、人間がある動物の顔には惹かれ、ほかの動物の顔には惹かれないのはなぜなのかを考察した。

私たちが人間の赤ん坊の顔を好ましく思うことが、動物の見方を誤らせる可能性がある、と彼は結論した。赤ん坊のような顔をした動物を私たちは「愛くるしい」と思う――本当はその動物の本性が決して「かわいらしく」などないとしても。ローレンツは、大きな目、まるっこい容貌、体のわりに大きな頭と短い手足などは、どれも私たちの中の、抱き上げてかわいがりたい、という本能を発揮させるのだと信じた。こういう見当違いの感情は、これ以外の顔のタイプにもあてはまる。たとえばラクダは鼻を目より高い位置に持ち上げるが、私たちの目にはこれが高慢で尊大と映る。鷹は眉弓(びきゅう)がはっきりとして口は細く、毅然としたラインを描く――そして私たちはその顔に、リーダーシップ、帝国主義、戦争などを重ね合わせる。

私たちが動物を見て感じることは、私たちがヒトの顔を評価するときにあてはめるルールに強く影響される、というのがローレンツの主張だった。おそらく彼は正しかったのだろうが、正しかったのは一部分にすぎなかったと思う。人間は何百万年も前から動物と交流がある。アライグマが人間の赤ん坊でないと理解する能力くらい培ったはずではないか？　そういう能力があれば役に立ったはずだ。人間の祖先のうち、ヒト以外の動物がもつ危険性や有用性を正しく理解することができた者は、動物学的な洞察力のない者より有利だったはずなのだ。

私たちが無意識のうちに動物に対してもつ反応は、人間の顔に関して発達したルールの誤用もあるが、同時にこうした判断力が形づくるものでもあると私は思う。私たちは、私たちに身体的な危害をおよぼすことがほとんどない動物を好む――体が小さかったり、顎が弱かったり、従順で服従的な目をした動物たちだ。逆に、その目で私たちをにらみつける動物、顎の筋肉が顔を大きくしているような動物、その四肢で私たちより速く走り、圧倒する動物を私たちは怖れるのだ。

人間と動物の関係の、進化しつづける歴史の最新ページに、動物の家畜化がある。動物というパートナーと有効な関係を築けた人間は、猟犬を、ヤギの肉と乳を、労働する雄ウシを手に入れた。牧畜には、ヒト以外の動物の能力を読み解く洗練した能力が必要なのである。

アライグマたちが目に入ったとき、複雑になった私の脳の回路を通じて祖先たちが私に語りかけた――「脚は短く、顎は弱そうだし体つきはずんぐりしている。こいつらは危なくないな。肉づきがいいから結構なご馳走になるだろう。怖がっている様子がないから飼ったら面白いかもしれない。それに赤ん坊みたいなかわいい顔をしている」。

こういうことが全部、言葉にならないまま遠い過去から湧き上がってきて、私をアライグマへの愛着で満たし、あとから言葉がこの切望を説明しようとするのである。だが魅了されるというプロセスはまず初めに、理性以前の、単語や言語体系の奥にあるところで起きるものなのだ。

アライグマたちに瞬時に激しく魅了されたことを、私は恥ずかしいと思うべきではなかったのかもしれない。動物学に精通した者としての面目がつぶれるように感じたあの気持ちは、じつは私の中にある動物の部分が学習したことだったのだ。

ホモ・サピエンスは顔を読む動物だ。私たちは生涯にわたって、情緒的判断という波を乗りこなし、顔というものを見るたびに、素早く、無意識に判断を下す。アライグマの顔を見て思いもかけない気持ちになったことに私はショックを受け、私の理性は困惑した。だがアライグマに対する私の反応は、私が日に何十回、何百回と経験する反応の延長にすぎないのだ。

乾いた落ち葉を踏みしだいてアライグマたちが歩いて行ってしまうのを見ながら、森の観察は、私自身のありようを鏡に映し出すことでもあるということに私は気づく。その鏡は、人工的な現代社会でよりもここでのほうが曇りが少ないのだ。

私たちの祖先は、森や草原の動物たちと同じ共同体の中で何十万年も暮らしていた。ほかのあらゆる生物種と同じように、私の脳や感情が何に対して親近感を覚えるかは、何千年にもわたる生態的な相互作用によって形成された。人間の文化は私の心的傾向を修正し、混ぜ合わせ、その形を変えるが、それにとってかわるわけではない。完全なコミュニティの一員ではなく傍観者としてであるとはいえ、森に戻れば、私の心理が受けついだものがその姿を現わすのだ。

11月5日

光

November 5th, Light

色彩とナメクジと擬態

今週、私の足音は大きく変化した。二日前には森の地面は乾ききった落ち葉に厚く覆われていた。音を立てずに動くのは不可能で、歩けばまるでシワ加工した包装紙を丸めたボールの平原を横断しているかのような音がした。ところが今日は、秋の落ち葉が砕けるパリパリという音はしなくなっている。落ち葉の張りつめたカールが雨で緩み、濡れて音のしなくなった地面を動物たちは足音もなく歩いている。

一週間のお天気続きのあとで雨が降ったものだから、落ち葉に棲む、湿気が大好きな生き物たちは、何日も身を隠していたところから地表に出てきた。こうした小さな生き物たちの中でもっとも目を引くのは、エメラルド色のコケの上を滑るように動いているナメクジだ。森のほかの場所でこういうナメクジを見たことはあったが、曼荼羅で見るのはこれが初めてだし、昼下がりにこうして無防備に移動するナメクジを見るのも初めてだ。この地域で庭や菜園に被害を与えるヨーロピアン・スラッグ［コウラクロナメクジ科（*Arionidae*）の一種］と違い、これは在来種で、生来の森林生息地でしか見られない。

お馴染みのヨーロピアン・スラッグの背中には、頭のすぐ後ろに鞍のようなものが乗っている。そのスベスベした皮膚は、肺と生殖器官を覆っている外套膜だ。一方曼荼羅にいる在来種のナメクジはナメクジ科〔*Philomycidae*〕に属し、この科のナメクジはどれも、特徴的な外套膜が、エクレアの上に乗ったチョコレートのように背中の端から端まで伸びている。それでナメクジ科のナメクジは、裸っぽいのが不快なヨーロピアン・スラッグよりも、きちんとした身なりをしているように見える。長く伸びた外套膜はきれいな模様を描くキャンバスにもなる。曼荼羅のナメクジは、つやのない銀色の地色の上に濃い茶色の模様がある——背中の中央に沿う細い線と、外套膜の縁から中央線に向かう指のような線だ。

雨で生き返った緑色のコケの上で、ナメクジの模様は目立ち、美しい対照を見せる。だが、地衣類に覆われた岩の表面に移ると、その印象が変化する。模様の色と形が斑な岩の表面に溶けこんでしまうのだ。やはり美しいが、こちらは似たもの同士の目立たない美しさである。

ナメクジに集中させていた私の意識が、樹冠にあたる激しい雨音で途切れる。私は気もそぞろに、目はナメクジからそらさずにレインコートを着る。だがそれは私の勘違いだった——雨ではない。風に散った落ち葉が地面に叩きつけられているのだ。落ち葉のスコールが一段落すると、曼荼羅の上でだんだん厚くなっていく落ち葉のベッドの上に、もう一つ層が加わっていた。落ち葉の大部分は、しっかりと枝をつかんでいた葉が、ここ二日間に雨の重さでふるい落とされて積もったものだ。二日前まで林冠は、銅褐色と金色のヒッコリーとカエデの葉でびっしりと覆われていた。今では林冠の甲冑はなくなってしまった。わずかばかりの葉がまばらに残っているだけで、林冠の甲冑はなくなってしまった。

とうとう雨が降りはじめ、最初は大きくて冷たい雨粒が地面を叩くように落ちてきていたのが、やがて規則正しいシャワーになった。さらに葉が落ちてくる。アマガエルがオークの幹で大声で鳴き、四連符で雨を迎える。コオロギは静かになった。ナメクジはなめらかな空気の中、くつろいで探検を続けている。

私はレインコートにしっかりとくるまり、意外にも、森の様子の変化を私の美意識が歓迎しているのを感じる。これは理屈に合わない——秋の雨は、寒さと、冬に向かって縮こまっていく生活の予兆なのに。だが、夏には欠けていた何かが戻ってきたのだ。雨の中、森を見わたした私は、広々と開け放たれた林冠の下で明るくなった光に気持ちが浮き立っているのに気づく。森はより深く、より完全に見えるような気がする。それまでそこにあると気づかなかった、光をさえぎり、明るさを狭めていたものから私は解放されたのだ。

曼荼羅の野草たちもその変化を感じているように見える。春の終わりに育ち、夏の間はしおれていたスイートシスリーも新たな芽吹きを見せている。一本一本に新しいレースのような葉が数セットある。おそらくこうした丈の低い野草は、葉が薄くなった林冠の下で光合成ができる短い期間を利用しているのだろう。日は短いけれど、新芽を育てるという投資に見合うだけの光が曼荼羅の地表に届くのである。

葉という傘がなくなり、林床は前より明るくなっている。だが私の反応も、野草の反応の一部も、光の強度が増したこともさることながら、おそらくは光の形と質の変化に同じくらい原因がある。木々に葉がなくなったことによって光のスペクトル*が拡がり、森はより絵画的になったのである。

*——現象が起こる程度が連続しており、はっきりとした段階に分けられない様子。

夏の光は、スペクトルが狭められた窮屈な光だ。森の奥深い日陰では黄色と緑の光が支配的で、青、赤、紫、またこの三つの組み合わせの色は弱くなる。林冠を射し貫く太陽光は強い橙黄色（とうこう）が支配的だが、その範囲は非常に狭くて、空の青や曇り空の白い光は含まれない。林冠に大きな穴があるところの近くでは、くすんだ緑色をした日陰の色に空から間接的に届く色が加わるが、太陽光の赤はめったに届かない。夏の林冠の下で展開する出来事には、ごく限られた色の照明しか当たらないのである。

でも今は、赤や紫、青、オレンジ色が混ざって何千種類という色、色調を作り出している——灰色の空、サンドベージュやサフラン色の葉、青緑色の地衣類、銀色とセピア色のナメクジ、木の枝はくすんだ焦げ茶に小豆（あずき）色、そして濃い青灰色。森の中の国立美術館がその所蔵品を公開したのだ。名作だが所蔵品のごくごく一部にすぎない、ゴッホのひまわりやモネの睡蓮の黄色と緑の光にどっぷり浸かってひと夏を過ごしたのち、私たちは美術館を自由に歩きまわって絵画の幅広さと奥行きを楽しむことを許されたのである。

森の光の変化が私を無意識のうちにホッとさせたことは、私たちの視覚について、あることを示唆している。私たちには光の多様さが必要なのだ。ある一定の光の中にいると、私たちは違うものが欲しくなる。ひょっとするとこれが、天候が変わらないところに暮らす人びとの倦怠感の理由かもしれない。雲一つない青空の単調さや果てしのない曇り空は、私たちが求める視覚的な多様性を奪うのだ。

＊＊＊

曼荼羅の光環境は、私という人間の美的感覚よりもはるかに多くのものに影響をおよぼす。植物は光を介して成長するし、ほとんどの動物が食べ物を食べたり繁殖したりするのにも光の仲立ちがある。だから光の変化に対する感受性は、森の生き物の生活の中心を占める。秋に林床に生える野草は、夏には木の葉にさえぎられていた波長の光をとりこむ。木々の枝は、ほかの枝を避けてよく陽の当たるスポットに伸びるための方向を決めるのに、光の強さと色を利用する。植物細胞の内側で、光を集める粒子が刻々と変化する光に反応し、必要に応じて集まったり離れたりするのである。

動物もまた光の変化に応じて行動を変化させる。クモの中には、森のさまざまな場所の明るさや色調の特徴に合わせて巣の糸の色を変化させるものがいる。アマガエルは皮膚の中で色素の状態を変化させ、皮膚の明るさや色合いを自分がいる木の表面に合わせて背景に溶けこむ。そしてディスプレイで求愛する鳥は、自分の羽の色がもっとも美しく見える光環境にその身を置く。

森の中でそういう機会がことのほか豊富なのは赤い羽をもつ鳥だ。ショウジョウコウカンチョウやアカフウキンチョウは、環境から切り離された図鑑の中で見るとけばけばしさが目立つ。だが森の沈んだ緑色の中では光のスペクトル中、赤の部分が弱い。「華やかな」赤い鳥も、森の日陰では沈んで地味な色調に見えるのだ。ところがその鳥が直接日光が当たっている陽だまりに足を踏み入れると、その色はパッと燃え上がり、羽はキラキラと輝く。サンフレックを出たり入ったりすることで、森に棲む赤い鳥は人見知りのむっつり屋から目立ちたがり屋に変身し、かと思うとまたむっつり屋に戻る――あっという間に。

私の知る限り、この芸当がことのほかうまいのがキツツキだ。ここにいるキツツキ七種類はすべて、頭頂、またはとさかが赤い。そして光を利用する名人だ。ひっそりと餌を食べているキツツキを見つけるのは至難の業だが、森の一部を自分のものだと宣言したり、交尾の相手に求愛しているときには、彼らはまるで黄昏(たそがれ)時のたいまつの火のようで、見逃しようがない。

派手なディスプレイはみごとではあるが、動物による光への適応技術ということで言えばこれが一番ではない。もっと難しいのが、目立たない、ということなのである。カモフラージュ〔隠蔽擬態(いんぺいぎたい)〕している動物は、まわりの環境の色相や明暗に合わせるだけでなく、その表面の質感も、背景のリズム感やスケール感と同じでなくてはならない。周囲の環境の見え方と少しでも違えば視覚的な不協和音が生まれ、擬態に失敗するかもしれない。森で目立つ方法はいくらでもあるが、森に溶けこむ方法はほんのいくつかしかないのだ。

隠蔽擬態の進化は、その過程に細心の注意を必要とし、その場所の特殊性が非常に重要な意味をもつ。だからたとえばヒッコリーの樹皮の上にしかとまらない蛾のように、ある一種類の視覚的背景の前で生涯を過ごす生物種のほうが、ヒッコリーの幹からカエデの枝へ、そしてニオイベンゾインの葉へと飛びまわる蛾のように、異なった背景の間を動きまわる生物種よりも、隠蔽擬態を身につける可能性が高い。移動性の高い生物は擬態以外の方法で身を護る――逃げ足の速さ、有害化学物質、そして防護用の棘などだ。

隠蔽擬態する生き物にとって、ある微生息地で身を隠すのは、短期的に見れば素晴らしい適応だ。だが長い目で見ると、そういう特殊化は罠になる可能性もある――擬態する生き物の運命が、背景となる環境と結びついてしまうからだ。

ヒッコリーの樹皮の上でみごとに擬態してみせる蛾はヒッコリーの木がたくさんあるうちは元気に繁殖するが、万が一ヒッコリーの数が減ることがあれば、新しい視覚的環境の中でほかに自己防護の術(すべ)をもたない蛾は鋭い視力をもつ鳥たちに食べられてしまうだろう。たとえヒッコリーの数が減ることがなくても、ヒッコリーの木の幹にだけ棲む蛾は生態学的に束縛されており、別の生き方を進化させる可能性は低い。擬態以外の自己防護法をとる近縁種は、擬態が失敗した場合の厳しい罰を受けることなく新しい生息地を開拓することができる。

生息地の木が工業汚染される前の灰色から煤によって黒く変色したのにともなって、黒い羽を進化させたイギリスのオオシモフリエダシャクは、擬態の発達の模範例とされているが、ある意味ではこれは蛾が一般に経験する進化的圧力を代表するものではない。擬態する生物が、幸運な突然変異によってこれほど簡単に背景を変更できることはめったにない。視覚的環境の複雑さと高度に洗練された捕食動物の目のせいで、擬態の発達は、教科書が言うよりも困難だし条件が厳しいのである。

曼荼羅をくねくねと横切っていくナメクジの色は、ナメクジの体の下にある地衣類や濡れた落ち葉の色に合っている。このわかりやすい擬態の形に加えて、もう一つ、視覚的なトリックがある。外套膜の縁からなめるように伸びる色の濃い部分の形が不規則なのは、ナメクジの輪郭線をわからなくする役割があるのだ。この支離滅裂なパターンのために、縁でないところに縁があるように見える目の錯覚が生まれ、捕食動物の目や脳の神経回路を混乱させて、本当の輪郭線を一見意味のないパターンで隠すのである。

パターン認識システムをこうして騙すのは、驚くほどの効果がある。ヒナを育てている鳥を使った実験では、迷彩パターンは、たとえそれが目立つ色彩でできていたとしても、単純な色の適合による擬態と同等あるいはそれ以上の効果があることがわかったのだ。

迷彩パターンは、生き物とその背景の色や質感がぴったり合っている必要がない。だから迷彩パターンをもつ動物はさまざまな背景の場所で姿を隠すことができ、ある一種類の生息地にだけ完璧にマッチする擬態生物のように生息地を制約されることがない。皮膚に緑色がなくても、ナメクジはコケの上でも保護されている。偽物の輪郭のおかげで、餌になるナメクジの本当の形がわからないのだ。長い時間じっと見つめなければ騙されていることはわからない。餌場を素早く見わたす必要のある捕食動物は、私のように、小さな一塊のコケを一時間以上も座って見ているわけにはいかないのである。

捕食動物にも対抗手段がないわけではない。たとえば人間の視覚がもっている特性の一部は、捕食動物とその獲物の間に繰り広げられる視覚的な丁々発止がその一因かもしれない。第二次世界大戦中の戦略家たちは、色覚異常の兵士は視力が正常な者よりもカモフラージュを見破るのがうまいことに気がついた。もっと最近の実験の結果は、二色覚者（二種類の錐体細胞をもつ、いわゆる赤緑色覚異常の人）は、三色覚者（三種類の錐体細胞をもつ、人間の一般的な状態）よりカモフラージュを見破るのに優れていることを裏づけた。二色覚者は、色の違いに固執して判断が狂ってしまう三色覚者には見えない、質感の境界線を識別するのである。

二色覚者がパターン認識能力に優れているというのは、いっぷう変わった、だがさしたる重要性のない、不運な突然変異であるように思われるかもしれない。だが、そうではないことを示す事実が二つある。

まず、二色覚をもつヒトが生まれる頻度は全男性の二〜八パーセントで（遺伝的変化が起きるのは男性性染色体である）、二色覚という状態が仮に進化における不適応であった場合に予測される出現率よりもずっと高い。これほどこの状態が一般的であるということは、状況によっては、これこそが進化が味方している状態なのかもしれないということを示唆している。

二つめに、私たちの親戚であるサル、具体的には南北米大陸のサルたちにも、同じ種の中に二色覚と三色覚の個体がいて、一緒に生活している。サルの場合、二色覚の出現率は全頭数の半分以上におよび、このこともまた、二色覚がたまたま起きた欠陥ではないことを示す。シロガオマーモセットを使った実験で、薄暗いところでは二色覚のほうが三色覚よりも優れているということがわかっている。これはおそらく三色覚が見落とすパターンや質感が見えるためだ。明るいところではこれが逆転し、熟した赤い果実を見つけるのは三色覚をもつ個体のほうが二色覚の個体より速い。つまりサルたちの視覚に多様性があるのは、森の光の状態が多様であることを反映しているのかもしれない。

南北米大陸のサルたちは基本的に共同体として生活しているから、同じ集団の中に両方のタイプの視覚があれば全員にとって益になる。どんな光の状況下でも食べ物が見つかるということだからだ。これと同じ説明が人間の場合にも当てはまるかどうかはわからない。人間の進化もまた、家族を超えた集団のもつ社会的な文脈の中で起きたわけだから、現在ヒトの中に二色覚者がいるのが、過去に起こった自然淘汰の結果である可能性はある。ひょっとしたら、二色覚者のいる集団のほうが、全員が三色覚である集団よりも生き残りがうまくて、その結果、二色覚者が生まれる遺伝的傾向が後続世代に受けつがれたのかもしれない。これは興味深い推測だが、私たちの祖先が生きた環境に近い条件下での人間の視機能を研究し、この仮説を検証した者はまだいない。

＊　＊　＊

森の光の変化に対する私の反応は、意識下で起こったことであり、美的感覚の反応として表われた。審美的観点からのこうした反応は単に人間がでっちあげたことで、森とは何の関係もない、とつい軽視したくなる。過剰に発達した人間の趣味嗜好ほど自然と無縁なものがあるだろうか？　だが実際には、美を見出す人間の能力は、森の生態系を映し出しているのだ。色彩、色調、そして光の強弱に対する人間の感受性は、私たちが進化で受けついだ遺産と密接な関係がある。私たちの視覚能力が多様であることさえ、祖先たちの生態を反映しているのかもしれない。

私たちの暮らす文明社会では、コンピュータの画面や屋外広告看板のように、光というものに微妙なニュアンスが欠けていることが多い。曼荼羅で変化していく秋の光によって、私の中に、森の中でもより繊細な光に対する気づきが呼び覚まされた。なんと気づくのが遅かったことか。

スイートシスリーは私が気づく何週間も前から秋の光のことがわかっていて、新しい葉を広げた。何世代にもわたる自然淘汰によってナメクジは光について学び、外套膜に模様を描いた。クモ、ショウジョウコウカンチョウ、キツツキ、そしてカエルはみな、森がどんなふうに照明されるかを知っていて、自分たちの行動様式、糸や羽や皮膚を森の表情豊かな光に合わせた。雨が黄金色の葉の最後の一群を散らすころ、私にもそれがやっと見えるようになったのだ。

11月15日

アシボソハイタカ

驚異の飛翔

November 15th, Sharp-shinned Hawk

季節の変わり目を越えた。曼荼羅に氷が戻ってきて、丈の低い野草の葉は、けば立った氷の結晶で覆われた。ここ一週間ちょっと、林冠に霜が降りることは何度かあったが、霜が地面に届いたのは今日が初めてだ。凍結によるダメージを避けるために葉を落とす落葉樹と違い、野草の多くは、不凍剤の役割を果たす糖分で細胞を満たし、寒さの中でも生き残る。また、細胞を保護する紫色の色素で葉をいっぱいにして、細胞が普段使っている光吸収機能が凍ってしまったときでも太陽によるダメージから細胞を護る。以前は緑一色だったヘパティカとリーフカップは、今では濃い紫で縁どりされている。冬が近いしるしだ。これらの葉は、暖かい日に少量の光合成を行ないながら冬の間じゅう持ちこたえ、春の新芽にとってかわられるまで枯れない。

朝のうち霜が降りるようになっても曼荼羅にはまだたくさんの生き物が蠢(うごめ)いている。日中、気温が上昇すると、空中に小さな虫が押し寄せ、枯れ葉にはアリ、ヤスデ、クモなどが見える。これらの無脊椎動物は鳥にとっては豊富な栄養源だ。鳥の中には、もっと北の森で食料を吹雪に奪われ、最近ここへ逃れて来たものもいる。そういう鳥の一種類であるミソサザイが一羽、曼荼羅に座っている私のところに遊びに来る。ミソサザイは私の隣に降り立ち、針のような嘴で私の鞄の折り目やジャケットの裾をつついてから灌木に矢のように飛んでいく。そこで今度は小枝からぶら下がり、頭をひょいと傾けて黒い片目で私をじっと見つめたかと思うとパッと飛び立って、数メートル先の、折れて落ちた枝のもつれた塊の中に入っていく。くすんだ色の小さな体は茂みの中に隠れて、鳥と言うよりもネズミのように動いている。ミソサザイのさえずりは少なくともここ一週間はしょっちゅう耳にしたが、こんなふうにミソサザイが近くで私を観察してくれたのは幸運だった——普通はもっとずっと用心深い鳥なのだ。

曼荼羅を去って今は中南米にいるアメリカムシクイと違って、ミソサザイの渡りは比較的距離が短く、冬中、北米大陸の森で過ごす。たいていの場合この戦術は成功で、大きな犠牲が強いられる大陸間飛行もしなくてすむし、繁殖地にもサッと戻れる。だが、地表や倒れた木で餌を食べるのが好きな彼らは、特に厳しい冬には弱い。南部の森に寒さと深い雪が重なれば、年によっては数が激減する。

好奇心の強いミソサザイの訪問は、今日私が出会った鳥のめずらしい行動の二つめだ。私が森に到着したとき、コバルトブルーの閃光が曼荼羅の中心から上向きに跳ね上がったのだ。そのアシボソハイタカは翼と尾を広げて急上昇のスピードを緩めたかと思うと、瞬く間に、まるで空気を弾くように七メートルほど飛び上がった。それから翼が回転し、体が水平になって、ハイタカは上向きの弧を描き、カエデの枝に止まった。背中と長い尾を縦にしてちょっとの間じっとしていたが、やがて翼と尾をTの字に広げ、動かしもせず斜面を滑るように舞い降りていく。

氷の上を滑る小石のように、ハイタカの動きはなめらかで楽々としているように見える。もやに霞む木々の中にハイタカが見えなくなってしまうと、私はまるで固定用のベルトで地面にしばりつけられているかのような重力を感じる。私はまるで岩だ。不恰好な大岩だ。

ハイタカの優れた飛行技術は、体重と力の間の微妙な釣り合いにかかっている。アシボソハイタカの体重はおそらく二〇〇グラムほどで、私の数百分の一だ。それに対し、胸筋は数センチの厚みがあり、多くの人間よりも肉づきがよいし、体重の六分の一を占めている。だから一度その筋肉を収縮させればハイタカは空高く舞い上がる。力強い足が空に向かって蹴り上げたビーチボールのように。

人間もタカに続こうと試みはしたが、塔から飛び降りた中世の人間やヘイト・アシュベリー〔米カリフォルニア州のヒッピー文化の発祥地〕のヒッピーたちの、空を自由に飛びたいという望みに与えられたのは、辛く、容赦のない答えだった。私たちは、化石燃料からとり出した一塊の力を使って肉体の限界を乗り越えることでしか、私たちを地面にしばりつけるベルトを断ち切ることができないのである。人間の力だけでそれをしようとすれば、人間の肉体はグロテスクなまでの改造が必要だ——厚さ一・八メートルの胸筋を持つか、それ以外の体があり得ないほど小さくなるか。何しろ私たちはこの重たい体のわりに弱すぎるのである。

クレタ島から空に飛び立ったイカロスの物語は、人間の尊大さについてはよい教訓を残したかもしれないが、航空力学の教師としてはお粗末だ。太陽が鳥の羽根と蠟でできたイカロスの翼を溶かして審判を下すよりずっと前に、重力が彼に謙虚さを叩きこんだはずなのだから。

鳥の生態は、体重と力のバランスの上に成り立っている。地表で生きる動物は生殖器官を一年中体内に持ち歩くが、鳥は繁殖が終わると、睾丸や卵巣を萎縮させ、点ほどの小さい組織にしてしまう。同様に、歯も持たず、かわりに紙のように薄い嘴と砂肝がある。車のフロントガラスに落ちてくる鳥の糞も鳥の工夫の一つだ。尿素を水分としてではなく尿酸の白い結晶のまま排泄することによって、鳥は重たい胆嚢も持たずにすむ。

鳥の体で固体なのは一部分にすぎない。体の大部分は気嚢が占めているし、骨の多くは中空になっている。そうした管状骨(かんじょうこつ)は人間に思いがけない贈り物をもたらした。中国の考古学者が、タンチョウヅルの翼の骨で作った九〇〇〇年前の笛を発掘したのである。笛を作った者は、骨に穴を開けて、近代西洋音楽のドレミに近い音階を作った。新石器時代のアーティストはこうして、飛翔という魔法を、それとは別の形で風に乗る喜びへと変身させたのだ。

気泡シートのように軽いタカの体は、厚い胸筋の生理機能によって、よりいっそう上昇しやすくなっている。鳥の体温は摂氏四〇度以上と高く、筋肉を構成する粒子が高速かつ力強く反応して、その筋収縮は哺乳類の弱々しい筋収縮の二倍にもなる。割合で言えば哺乳類の心臓の倍の大きさがあり、鳥の祖先である爬虫類が持っていた穴あきの心臓*よりもはるかに効率のよい鳥の心臓から筋肉に、網の目のように走る毛細血管を通して血液が運ばれる。鳥の肺は独特の一方通行で、体のほかの部分の気嚢をふいごのように使って空気が肺の濡れた表面の上を流れるようにし、血液には常に酸素が送りこまれる。

*——爬虫類の心臓は二心房一心室で、全身から戻ってきた静脈血(酸素が少ない血液)と肺から戻ってきた動脈血(酸素に富んだ血液)が心室で混ざり合う。

こうした素晴らしい生理機能が生み出すのは、単なる飛行ではない。タカは空中を舞うのだ。わずか一〇秒の間に、タカは急降下をやめ、うなりながら垂直に上昇し、飛ぶ方向を変え、羽ばたいて上昇し、さらに上向きの弧を描いて、最後はスピードを緩めて足をカエデの枝の真上に止めた。

私たちは鳥の飛翔の正確さと美しさをあまりにも見慣れていて、もはや驚かなくなってしまっている。シヨウジョウコウカンチョウが餌箱に止まったり、駐車場の車のまわりにスズメが群がっているのを見て、驚きのあまり動けなくなっても不思議はないのに、私たちは、空中でクルリと回転する鳥を見ても、たいしたことではないどころか、ごくありふれたことであるかのように通り過ぎる。曼荼羅の中心からドラマチックに飛び上がったタカは鈍感になった私に衝撃を与え、あまりに見慣れたせいで節穴になってしまった私の目を覚まさせるのだ。

　鳥の翼の骨は人間の上腕と同じ設計になっているので、鳥がどうやって翼を広げ、また閉じるか、少なくともその一部は想像することができる。だが翼には羽根という異質な改良要素が加わっていて、それについては私たちは直観的に理解することができない。人間の体で一番羽根に似ているのは髪だが、単純にタンパク質をより合わせただけの髪には生気がなくてダラリとしているのにくらべ、鳥の羽根は複雑で制御性がある。一つひとつの羽毛は羽枝(うし)が隣同士かみ合いながら扇のように羽軸を中心に並んでいる。羽軸は一群の筋肉で皮膚に固定されており、鳥はこの筋肉を使って一枚一枚の羽根の向きを調節する。つまり鳥の翼は、より小さい羽根が組織的に集合したもので、それが私たちの憧れをかき立てずにはおかない、みごとな飛翔のコントロールを可能にするのである。

　森を行くタカの翼は空気を下向きに屈折させ、それが翼を上に押し上げる。また空気が流れる速度は、下向きのカーブがついた翼の上面のほうが、翼の下側の凹面よりも速い。空気は高速で流れるほど気圧が小さくなるので、タカにはさらに揚力がかかる。着地したり急に方向転換をするときは、翼に急角度をつけ、なめらかな空気の流れを遮断する。すると翼の後ろにできる乱気流がブレーキの役割を果たし、翼を後ろに引っ張る。タカがこうやって速度を落とす能力は非常に洗練されており、小枝に微動だにせず舞い降りるのも簡単そうに見える。

　曼荼羅のアシボソハイタカは餌を探しているところだった。アシボソハイタカはおもにミソサザイなどの小さな鳥を食べる。翼が幅広くて短いため、枝と枝の間に入りこむこともできるし、獲物を追う際にはみごとな加速を見せる。そしてその長い尾を使ってこみ入った森の中で舵をとり、上向きに急旋回して、飛んでいる鳥を下から鎌のような鉤爪（かぎづめ）で捕まえるのだ。獲物が木のうろや茂みの中に逃げこめば、ひょろ長い脚で引っ張り出す。

ハイタカの翼のデザインには一つ欠点がある。丸みを帯びた翼は、丸い先端付近に空気の乱流を起こし、まわりに乱れた空気の渦ができる。この空気の渦が鳥の体を後ろ向きに引っ張るので、ハヤブサ科やそのほかの、先が細くなった翼をもつ鳥にくらべて長距離飛行にエネルギーを要する。さらに、アシボソハイタカの翼は十分な扇形もしていないので、コンドルのように高く飛翔することもできない。アシボソハイタカは森の鳥で、マツやオークの枝の間を素早く飛びまわるのを得意とし、長距離を飛ぶのにふさわしい形状はしていないのである。アシボソハイタカが長距離を飛ぶときは、羽ばたくのと短い滑空飛行を交互に繰り返す。ハヤブサのように継続的に羽ばたくのと、コンドルのように楽々と滑空する飛び方の中間の妥協点である。これは重労働であり、そのため途中で止まって餌を食べる必要があるところも、もっと長距離飛行を得意とする鳥と違う点だ。

テネシー州に棲むアシボソハイタカは渡り鳥ではないが、もっと北に棲むアシボソハイタカが冬を逃れてやってきて、その数に加わる。だが、秋に南に飛んでくるアシボソハイタカは近年減少している。科学者たちは初め、公害や生息地の喪失が渡ってくるタカの数の減少の原因ではないかと考えたが、これはどうやら違っていた。そうではなくて、冬を越すために南下せず、凍てつく北の森に残るアシボソハイタカの数が増えているのだ。こうして北に残るアシボソハイタカは、人間の居住地区をウロウロし、北米の生態系が用意した、素晴らしい新趣向を利用して冬を生きのびる——庭に設置された餌箱である。

鳥好きな人間が、新しい移動のパターンを作り出したのだ。北から南に移動する鳥のことではない。西から東に移動する植物のことである。以前は大草原だった広大な土地がもつ生産力が、何百万トンものヒマワリのタネに封じこめられ、東に送られたのだ。そこにぎっしりつまったエネルギーが、木やガラスでできた餌箱からチョロチョロと給餌されて、東部の森に棲む小鳥たちの、予測のつかない冬の食料事情に、安定した食料供給源として加わった。こうしてアシボソハイタカにとっては頼りになる食肉貯蔵庫ができ、彼らは冬も森に棲めることになったのである。鳥の餌箱は森の食料を増補するだけでなく、さらに重要なのは、小鳥がそこに群がることで、ハイタカにとって都合のよい餌場ができるという点だ。

美しい鳥を愛でる私たちの気持ちは波及効果を生み、波は草原や森を渡って曼荼羅の岸にも届く。北から渡ってくるタカが少なければ、曼荼羅に棲むアシボソハイタカは生きるのが多少楽になる。小鳥たちにとっても森は前より安全な場所になり、おそらくはミソサザイの数も少しずつ増えているかもしれない。ミソサザイの数が増えればアリやクモの数が減り、スプリング・エフェメラルの花にアリが散布すべきタネができる時期の植物界は、あるいはクモの減少によってキノコバエの数が増えた菌界は、大騒動になるかもしれない。

私たちは水を振動させずに動くことはできず、私たちの欲望の結果は世界中に波及する。アシボソハイタカはそうした波及効果を体現し、そのみごとな飛翔で私たちを驚かせ、目を覚まさせてくれる。私たちがこの世界に組みこまれた一部であるという事実が、みごとな具体的形状になったのだ――扇のように広がったその翼は進化の過程における私たちとのつながりを示し、北の森や大草原と私たちを結びつける確かな物理的存在である彼らは、食物網の残忍さと優雅さを示しながら、森を滑るように飛んでいく。

11月21日

小枝
成長の記憶

November 21st, Twigs

曼荼羅の頭上の枝には葉が一枚もない。晴天を見上げる私の視界は、黒い線の透かし模様に寸断される。私の真上で一匹のリスが、カエデの木のてっぺんの信じられないほど細い小枝の上でバランスをとっている。後足で小枝をつかみ、前足と口はまだ木から落ちていない種子の塊に伸ばしている。リスが通り過ぎると、種子の殻と小枝が雨のように降りそそぎ、勢いよく落下して地面を激しく打つ。丸ごとの種子も、風に乗ってゆっくりと回転しながら舞い降りて、曼荼羅の西側数メートルのところに着地する。カエデの木にリスがいるのを見るのは数週間ぶりだ。このところ、大きくてでっぷりとしたヒッコリーの実のほうが嬉しいご褒美だったのだが、その実もなくなってしまったので、リスはさしてお気に入りでもない食べ物のほうに移ってきたのである。

リスの乱暴な餌漁りの被害の中でも大きなものが、私の目の前に横たわっている。そのカエデの枝は私の上腕の半分ほどの長さで、いくつかに分かれた先端には空になった種子の莢（さや）の塊がぶら下がっている。最初、私の視線は枝を通り越し、無意識のうちにそれを無視

する。それから私は視線を引き戻す。と、突如として
その細部が飛びこんでくる。小枝の皮に記された内容
はまだ菌類に汚されてはおらず、この小さな樹幹のか
けらの物語は鮮明だ。

褐色をした枝の樹皮にはクリーム色の口が散らばっており、それぞれが枝の縦の方向に平行して唇を開いている。裸眼でやっと見えるほどの皮目(ひもく)だ。ここから樹皮の下の細胞に空気が流れこむのである。小枝が成熟して枝になり、幹になるにつれて、皮目の数は減り、樹皮の割れ目の根元に隠れてしまう。若い小枝は、活発に成長する細胞を支えるために高密度の皮目を必要とする。子どもの肺が、体に対する割合でいうと大人の肺よりも大きいのと同じことだ。

もっと大きな、むくんだ三日月のようなものが表面から盛り上がっているのは、葉があったところだ。葉(よう)痕(こん)にはそれぞれその上に小さな芽、あるいはかつての芽の痕である円形のへこみがある。この芽からは小枝が伸び、そのほとんどが一年以内に枯れてしまう。一見むだの多い成長のしかただ。何百という小枝のうち、数年後に残って太い枝になるのは一本か二本しかない。このむだ遣いは生命という経済活動に一般的に見られるモチーフだ。たとえば私たち人間の神経系も、分岐して複雑な網状になってから枝枯れして、よりシンプルで成熟した状態になる、という発達のしかたをする。社会的な関係も同じことだ。形成されたばかりの鳥の群れではメンバー間の争いが絶えないが、間もなく群れはもっとシンプルなピラミッド形組織に収束して、小競り合いは自分のすぐ上とすぐ下のメンバーとしかしなくなる。

木、神経、そして社会的なネットワークはどれも、予測不可能な状況の中で成長するものだ。カエデの若木には一番よく陽が当たるのがどこかはわからないし、神経網は自分が何を学ぶよう求められているかを知らないし、幼鳥は自分が群れという社会組織のどこに入れるかがわからない。つまり、木も、神経も、社会的

序列も、何十、いや何百通りものバリエーションを試してみて、その中から最良のものを選び、自分を環境に合わせるのである。

光をめぐる競争の結果、生き残る小枝と枯れる小枝が決まり、そうやって起きる何百という小さな出来事によって、多様な木の構造が生まれる。広々とした草原でたっぷりと光を浴びて育つ木は、幹の低いところから扇状に枝が広がって、幅広で丸みのある輪郭になる。ここ曼荼羅の木は、低いところにはほとんど枝がなく、樹冠は幅が狭くて円筒状をしている。こみ合っていて、光をとり合わなければならないからだ。これは自然淘汰による進化に似ている。つまり、それぞれの種にある何千という変種の中から、いくつかの勝者が選ばれるのだ。

この仕組みは、私の目の前にある小枝にも見ることができる。古い部分はすでに側枝（そくし）がすべて落ちて裸になっている一方、枝の先端は弓なりのマッチ棒のような細かく分かれた枝が繁っている。なめらかな小枝の樹皮のところどころに、細いブレスレットが数本はまっている。これは、ひしゃくのような形をし、冬の間、休眠芽を覆って護る芽鱗（がりん）が残した痕だ。成長する芽を護ろうとする木の努力が時の経過を刻み、一年ごとに輪状の跡を残すのだ。輪と輪の間隔は、木がその年どれだけ成長したかを示している。

枝の先端から逆に数えていくと、このカエデは今年は二・五センチ、去年も二・五センチ、その前の二年は七・五センチずつ伸びたことがわかる。一番古い区画は途中でリスの足に折られてしまったが、残っている部分は一五センチ伸びたことを示している。この枝は過去五年間、徐々に成長の速度を緩めてきたわけだ。

私はカエデの小枝から、曼荼羅に生える若木の芽鱗に視線を移す。カエデの小枝と同じ物語がここにも書いてあるだろうか？　曼荼羅の中央から膝丈に伸びているアメリカトネリコの先端にはみごとな芽がついている——両脇に二つの小さなティアドロップ形の芽を従え、二つの大きな裂片でできている、大きく膨らんだ頂芽(ちょうが)だ。このでぶっちょの驚異を包んでいる芽鱗はざらざらで、ブラウンシュガーの色をしている。わずか二・五センチ下に、去年の芽鱗の痕がある。今年はあまり伸びなかったわけだ。去年はそれより少しましだが、その前の年は五センチ成長しているし、四年たった木部はとても長くて二〇センチある。ここ二年の気候に何か成長に適さないことがあったのだろうか？

曼荼羅の西側に生えているカエデの若木も、年ごとの違いはそれほど目立たないものの、カエデの小枝やアメリカトネリコの若木と同じパターンを示している。が、六〇センチ北寄りのカエデとアメリカトネリコの成長パターンはそれとは違っている。この二年間、小枝は二五センチ以上伸びているのだ。この二本はものすごく元気がいい——特に、東を向いた枝が。天候に対する一様の反応よりも複雑な何かが、木の成長に影響しているのである。

成長速度のばらつきは、光をめぐる若い木の競争に一因がある。曼荼羅のアメリカトネリコの成長率が年々小さくなっているのは、周囲を囲む、もっと古いアメリカトネリコやカエデの木の葉が青々と繁るようになったせいかもしれない。四年前はこれらの木々はまだ、曼荼羅の真ん中まで影を落とすほど背が高くなっていなかった。ここ三年、この木々が落とす影は年ごとに大きくなり、このアメリカトネリコの木から光を奪ったのだ。

植物の成長は、一本一本が光を求めて繰り広げる競争を超越した出来事からも影響を受ける。曼荼羅のすぐ東に、林冠に大きな穴が開いたところがある。二、三年前に古いシャグバーク・ヒッコリーの木が倒れ、それと一緒に小さい木も数本道連れになった。私はそのヒッコリーが倒れるところを見たわけではないが、ほかの木が倒れるのを見たことはある。

木が倒れるときはまず、木部が折れ、幹が崩壊する、ライフル銃のような音がする。続いて、林冠を引きずり降ろされる無数の葉が大きなシューッという音を立て、倒れる幹のスピードが上がるにしたがってその音が大きくなる。木が地面に倒れる衝撃はまるで巨大なバス・ドラムのようで、音が聞こえるだけでなく体で感じる。それから匂いが襲ってくる。破れた葉は不愉快な甘い匂いを放ち、それが、裂けた木部と樹皮の、苦くて湿った匂いと混ざり合う。幹が裂けずに木が根こそぎになった場合には、地面はえぐられて根の塊は高さ一・八メートルにもなる。それはすさまじい混乱だ——より低い木は押しつぶされ、つる植物は林冠から引き剥がされ、ねじれた枝がそこら中に散らばる。倒れると、木というものがどれほど巨大な生命体であるかがわかるのだ、浜に打ち上げられたクジラのように。大きな木が一本倒れれば、森に住宅数軒分の広さの穴が開く。まわりの木を道連れにすればなおさらだ。

木が倒れたところには光がどっと流れこむ。倒れた木に粉々にされたり押しつぶされたりしなかった若木は、光をたっぷり浴びて速やかに成長する。このときを長い間待っていたのだ。小さくて若い木のように見えるが、これらの若木の中には樹齢数十年、数百年というものもある。日陰でゆっくりと育ち、数年ごとに根元以外は枯れて、やがて再び芽を出し、じわじわと伸びて、いつの日か林冠に穴が開いて解放されるまで時間を稼いでいたのである。

林冠に穴が開くと光の質も変化する。葉はある特定の波長をほかの波長よりもよく吸収する。特に赤色光をよく吸収するが、遠赤色光は吸収されずに葉を通過する。赤外線とも呼ばれる遠赤色光の波長は、人間の目の受容体が感じるには長すぎるため、私たちの目には見えない。だが植物には、赤色光も遠赤色光も「見える」のである。成長しつつある小枝は、二種類の波長の光の相対的な比率を使って、自分がほかの植物とどういう位置関係にあるかを知る。林冠に葉が繁り、木がまわりに多い状況では、競争相手である植物の葉が赤色光をほとんど吸収してしまうので、遠赤色光が優勢になる。だがさえぎるもののない空の下では、赤色光の割合がぐっと上がる。小枝はこれに反応して自分の構造を変化させ、枝を広く広げて芽を光のほうへと伸ばすのだ。

木の「色覚」は、葉にある化学物質によって生まれる。フィトクロムと呼ばれるこの分子は、二種類の形状をとることができる。この二つの形状を行ったり来たりするスイッチを操作するのが光なのである。赤色光は分子を「オン」の状態にし、遠赤色光は「オフ」にする。植物はこの二つの状態を利用して、周囲の環境の赤色光と遠赤色光の比率を算定する。

林冠に穴が開いているところでは赤色光が強く、フィトクロムは「オン」の状態のものが支配的で、それによって木は林冠の穴に向かってもじゃもじゃと枝を伸ばす。森の日陰では遠赤色光が優位にあり、木は上に向かってひょろっとした幹を伸ばし、側枝はほとんど生えない。木の全体がフィトクロムで溢れているので、木はまるでそれ自体が大きな目であるかのように、色を体全体で感知する。ラルフ・ウォルドー・エマーソンは、自分は森に向かって開かれた「透明な眼球」であると言った。見ることにかけて木が優れた能力をもっていることを、彼ならよく理解したかもしれない。

林冠に開いた穴の真下にある植物が溢れる光によって変容するのは間違いないが、林冠の傷からはその周辺にも太陽光がこぼれ、カエデとヒッコリーの傘にしっかりと覆われている曼荼羅にすら届く。その結果、東側の若木のほうが成長が速く、東の方向を向いた枝のほうが、西側の枝よりも元気がいい。ここの斜面は北東に向かって傾斜しているので、光の穴はもともとあった偏りを強化する。

地表を這う草木もまた、林冠に開いた穴の影響を受ける。曼荼羅の西半分にはリーフカップは生えておらず、真ん中あたりでは発育不良なのが、徐々に元気がよくなって、東の縁では生き生きとしたくるぶし丈の草になる。リーフカップは林冠ギャップで育つように適応していて、ギャップの中央では膝の高さまで育っている。一番背が高いものは、来年、二年目で最後の成長を終えて花が咲くときには私の肩ぐらいまで伸びるだろう。

ほかの草本性植物、ヘパティカとセリはと言えば、光に飛びつく様子もなく、曼荼羅の西側半分の日陰でも東側と同じようによく育っているようだ。表面上均一に見えはするものの、そこにはもっと微妙な影響が隠されているかもしれない——なぜならこの二つは、背が高くなるのではなく、より多くのタネを落とすとか、より多くの根茎を送り出す、といった形で光量の多さに反応するからである。

五年以内にこの林冠ギャップは、林冠目指して競走する若木で一杯になるだろう。ギャップをとり囲む成木はギャップの内側に枝を伸ばし、若木の頭上から光を奪うだろう。一〇年後には、若木のうちの一本か二本が勝ち残り、競走に負けた数十本の若木は枯れてしまうだろう。いったん林冠に届いた成木が何世紀も生きることを考えれば、これは短い勝負ではある。けれども若い木が繰り広げる熾烈な競走は、森の組成に大きく影響する。テネシー州の多様性に富んだ森では、林冠を目指す短距離競走でいつも必ず勝つ、という植物は存在しない。変化に富んだ土壌と温暖な気候のせいだ。

倒れたヒッコリーの木と折れた小枝は、林冠で起きる多種多様な攪乱(かくらん)のスペクトル上の二点を指し示している。この連続体の一方の端は、めったに起きることがなく、テネシー州のこのあたりでは一〇〇年に一度かそこらのハリケーンのように規模の大きなものだ。スペクトルの反対側の端には、林冠にかかった足場に乱暴者のリスの足が開けた小さな穴がある。こうした穴は長くは続かないし規模も小さいが、スプリング・エフェメラルや丈の低い若木の成長を促進するサンフレックを作る。木材の腐朽や冬の氷雨をともなう暴風も林冠に小さな穴を開ける。太い枝が落ちるときに立てる大きな音は、特に冬にはほんの数時間ごとに聞こえる。中規模攪乱も普通のことで、その原因は何と言っても暴風が一番である。

森で起きる嵐は、整理された都会の土地で起きる嵐よりも原始的な特徴をもっている。盛大な土砂降りには気分が高揚する。葉の香り、灰色の光、肌寒さ――感覚的な喜びがほとばしるのだ。だが、木をなぎ倒すような本格的な嵐には、高揚や興奮という感覚を通り越して恐怖を感じる。パラパラという雨音がスコールに変わると、林冠は風の圧力にあえぐ。木の幹は左右に大きくゆれ、信じられないほど大きくたわんだかと思うと風を切って跳ね返る。

私は五感を全開にして、キョロキョロとあたりを見まわす。足元の地面が動く。振り子のように木がゆれるのと一緒に根が引っ張られ、地面を持ち上げるのだ。ゆれる船の上を歩いているかのように私の脚がふらつく。嵐は私を混乱させる――流れる雨に目はかすみ、葉を渡る風の轟き(とどろき)が耳をつんざき、足の下では地面がゆれる。混乱はやがて、逃げたい、という衝動に集約されていくが、岩など、身を寄せるものが近くにない限り、走ったところで安全なところへなど行けはしない。ときどき木の大枝が折れ、下の枝をつき抜けて大音響とともに落ちてくる。想像力に火がついて、何かが折れる音がするたびに大木が落ちてくる音に聞こえる。

こういう嵐の時、私は、安全な場所があればそこへ走っていくし、あるいは頑丈そうに見える木の幹に、それが重たそうにうねるのを背中で感じながらぴったりくっついている。一番怖いのは大木が倒れることだが、その怖さを吐き出す術はないので、私は目を大きく見開いたまま、じっと座って嵐が収まるのを待つのである。嵐がピークを迎えると、私は自分の無力さに奇妙な心地よさを感じる。私が何をしたところで、私が捉えられているこの荒々しい世界を変化させることなどできないと思えばあきらめがつく。そしてあきらめとともに、奇妙な感覚に襲われる――しびれたような肉体に包まれて、精神的な明晰さが訪れるのだ。

この山の斜面は毎年何十回も激しい嵐に襲われる。だが嵐は短時間で、物理的な被害を受けるのは小さな区画であることが多い。古いカエデの木が数本生えているこのあたりとか、根が緩んだあっちの大きなセイヨウトチノキ、といった具合だ。森にはこうして倒れた木が作ったギャップが点在している。林冠に開いた穴は、たとえばサトウカエデのような木に林冠までの近道を与えるが、カエデ科の木は日陰に強いので、林冠の穴があってもなくても成長はできる。

だが、ギャップが頼みの綱である樹木種もある。ユリノキがそうだし、それほどではないにせよオークやヒッコリー、そしてクルミの木も成長には強い光を必要とするので、これらの樹木種が生き残れるかどうかは、攪乱が森中に作る不均一なパッチワークにかかっているのだ。曼荼羅の日陰に落ちたユリノキの種子は、一年目に発芽して育つ可能性はまずない。だが曼荼羅から七メートル東側に落ちた種子は、太陽の光に対する貪欲な渇きを満たし、与えられた力を発揮して、林冠に到達する一〇〇万個に一個の種子になろうと競い合うだろう。

逆説的だが、林冠の再生は、それがまず割れて光が地面に届くことに依存している。したがって、ギャップの力関係に起きる変化はすべて、森の生存能力に影響を与えることになる。

このことで私がことさら心配なのは、曼荼羅の隣にあるギャップの後ろのほうに生えているひょろっとした木のことだ。春以降この木は二メートルかそこら伸び、幅六〇センチあるハート形の葉を空き地につき出している。学名を *Paulownia tomentosa* というこのキリの木をはじめとする成長の速い外来種が、東部の森に拡がり、明るいギャップにはびこって在来種よりも大きくなり、森を乗っとりつつあるのだ。キリとその侵略仲間のニワウルシ〔*Ailanthus altissima*〕は、風散布型の種子を大量に作り、それによって急速に分散していく。特に道路脇や伐採された森を好むが、先駆種のほとんどがそうであるように、小規模攪乱でできた空き地を喜んで侵略するのである。

成長の速い侵入種は、成長にたっぷりの日光を必要とする、オーク、ヒッコリー、クルミ、ユリノキなどの在来種の再生にとっては特に有害である。ギャップにキリの木とニワウルシが生えると、成長が遅い在来種を窒息させてしまう。火事、伐採、あるいは住宅開発などによる激しい攪乱のあった森では、外来種によって在来種の多様性が急速に損われかねない。

小枝の研究は何か神秘主義めいたことのように思えるかもしれないが、そう思うのは危険な間違いだ。芽鱗痕をたどって一年ごとの成長を足し上げると、在来種と外来種の闘いのみならず、世界の大気の勘定帳が見えてくる。小枝はそれぞれ年に数センチ成長するが、こうして成長した森中の小枝を合計すると、世界でもっとも大きな炭素の格納庫ができあがるのである。

小枝、葉、幹の胴まわりの成長、伸びた根――それから、新しく成長した部分すべてを積み上げると小型車くらいの大きさになり、曼荼羅はおそらく今年一年で一〇キロから二〇キログラムの炭素を空気中から吸収している。世界中の地表全部で計算すると、森は一兆トンを超える炭素、つまり大気に含まれる炭素の約二倍を含んでいる。この膨大な格納量こそが、私たちを厄災から護る緩衝材なのである。森がなかったら、その炭素の多くは二酸化炭素として大気中にあり、怖ろしい温室効果で私たちを焼き殺すだろう。

石油や石炭を燃焼することによって私たちは、長い間埋まっていた炭素を大気中に戻してしまった。だが森のおかげで私たちは、それによる気候変動の衝撃を完全には受けずにすんでいる。私たちが燃やした炭素の半分は、森と海に吸収されたからだ。近年、緩衝材としての森の効果は弱まっている――木が大気中から余分な炭素を吸収する速さには限界があるし、私たちが化石燃料を燃やすスピードは速まっているのだからなおさらだ。しかしそれでもなお森は、私たちの浪費がもたらす怖ろしい結果から私たちを護ってくれる。つまり、小枝や芽鱗痕について学ぶことは、私たちの未来の幸福について学ぶということなのだ。

12月3日

落ち葉
菌と根がすべてをつなぐ

December 3rd, Litter

曼荼羅の縁に腹ばいになって、私は落ち葉の海に潜る準備をする。鼻先にあるアカガシワの葉は、太陽と風による乾燥で菌類やバクテリアから護られ、パリッとしている。地表の葉はみなそうだが、このアカガシワの葉も、来年の夏の雨で崩れるまで、一年近くこのままだ。こういう地表の葉がいわば外皮となって、その下で繰り広げられる物語を可能にし、それを隠しているのだ。地表の葉が作る盾に護られて、秋の森が脱ぎ去ったそれ以外の落ち葉は、湿って暗い土の中で粉々になる。森の地面は毎年、呼吸をするお腹のようにうねる――一〇月に急いで吸いこんだ息で盛り上がり、その生命力が森の身体に溶けていくにつれて沈んでいくのである。

アカガシワの葉の下では、落ち葉は濡れてくっついている。私は、カエデとヒッコリーの葉が三枚重なった、濡れたサンドイッチを剝がしとる。剝がれたところから香りの波が立ちのぼる――初めはとがってカビ臭い腐敗の匂い、続いて生えたてのキノコの、まろやかないい香り。それらに加えて、背景にはふくよかな土の香りがある。土壌が健康なしるしだ。こうした香りを嗅ぐのは私にとって、土中の微生物群を「視る」ことにもっとも近い体験だ。私の目の光受容体や水晶体は大きすぎて、バクテリアや原生生物やさまざまな菌類が反射する光の粒子を像に結ぶことはできないが、鼻はミクロの世界から漂い出る微分子を感知し、不自由な視覚を乗り越えてちらりとその中をのぞかせてくれるのである。

だが、のぞき見る、というのが精一杯だ。私が露出させた、ひとつかみにもならない土の中に棲む一〇億の微生物のうち、研究室で培養して観察ができるのはわずか一パーセントにすぎない。残りの九九パーセントの微生物は非常に強い相互依存性で結ばれており、そうしたつながりをどうやったら真似たり再現したりできるのかについて私たちはあまりにも無知なので、全体から切り離されると微生物は死んでしまうのだ。だから土壌中の微生物群は大きな謎のままで、そこに含まれる微生物のほとんどは名前もなく、人間に知られることなく生きているのである。

この謎を端から切り崩そうと懸命に努力するうち、大きな無知の塊の一片が崩れて宝石がこぼれ落ちることがある。私の鼻を包んでいるこの土の匂いは、そうした宝石の中でももっとも明るく輝くものの一つ、放線菌から放たれている。これは奇妙な、つながりのゆるいコロニーを作るバクテリアで、私たちが持つもっとも効果のある抗生物質は、土壌生物学者によってこの放線菌から抽出されたものである。キツネノテブクロ、セイヨウシロヤナギ、セイヨウナツユキソウがもつ治癒効果のある化学物質のように、放線菌はほかのバクテリアとの争いにこの微粒子を利用する。抗生物質を分泌して、競合・敵対する相手を抑制したり殺したりするのである。人間はこの争いを、医真菌学を通して自分たちに役立つものに変化させるのだ。

抗生物質の分泌は、放線菌が土壌の生態系の中で果たす多大かつ多様な役割のほんの一部にすぎない。放線菌というバクテリアの一グループの食性だけをとってみても、動物界全体に匹敵するほどの多様性がある。

放線菌の中には、動物に寄生するものもいれば、植物の根にくっついて根を齧りながら、その植物にとってもっと有害なバクテリアや菌類をやっつけるものもいる。そのような、植物の根を住処にする放線菌が宿主に謀反し、地下での暗殺行為におよんで植物を枯らす場合もある。また放線菌は、もっと大きな生物の死体の表面を覆い、死体を分解して、肥沃な土壌に含まれる奇跡の成分、黒い腐植質を作る。

放線菌はそこらじゅうにあるが、私たちがそれを意識することはめったにない。それでも、私たちは本能的にその重要性を理解しているらしい。人間の脳は「土臭さ」を好むようにできていて、その香りを健康な土のしるしとして認識するのである。殺菌された土壌、あるいはほとんどの放線菌にとって湿気が高すぎたり低すぎたりする土壌は、苦い、人を寄せつけない匂いがする。もしかすると、人間が狩猟採集民としてまた農耕民として進化してきた長い歴史が、私たちの鼻腔に肥沃な土地の見分け方を教え、人間を無意識に土壌微生物と結びつけて、それが人間の生態的地位を決めているのかもしれない。

地球のお腹から立ちのぼる複雑な匂いの中に、放線菌以外の微生物群を特定するのはもっと難しい。つんと鼻をつくカビ臭さは真菌の胞子のせいだし、バクテリアが分解しかけた枯れ葉は甘い香りを放つ。嫌気性微生物が隠れている水浸しの一角からは、濡れた微量のメタンガスがのぼってくる。ほかにも、私の嗅覚が届かないところにたくさんの微生物がいる。バクテリアは大気中から窒素を吸収し、それを生物の経済圏に送りこむ。逆に、生き物の死体から窒素を取り出して大気中に送り返すものもいる。原生生物は、真菌や、朽ちていく葉を覆うバクテリアを食べる。

微生物たちのこの秘密の世界は、一〇億年、あるいはそれより前から存在している。中でもバクテリアにはある生化学的な芸当があって、それが三〇億年前、生命が誕生して間もなくのころから彼らに食物を与えていた。だから私が嗅いでいる匂いは、深くて広く、複雑で長い歴史をもつ、目に見えない世界からやってきているのだと言える。

微生物は目に見えないが、土の中に開いた窓から見えるものはほかにたくさんある。黒い葉の上には稲妻のように真っ白な菌糸が網を張っている。ピンク色をした半翅(はんし)目の昆虫がオレンジ色のクモのまわりで踊っている。幽霊のように青白いトビムシが、朽ちた去年の落ち葉の黒っぽいかけらの上を動いている。すべてがミニチュアだ。これらの生き物の上に、地中に埋まったカエデのタネがそびえ立つ様子は、大邸宅とその小さな主(あるじ)のようだ。ここで一番大きな生物といえば細根である。植物のごく小さな一部だが、おそらくはそれは若木か成木のものだろう。かろうじてピンの先ほどの太さしかないが、落ち葉に私が開けた小さな穴の中では飛び抜けて大きい。

細根というのは、もじゃもじゃと細い根毛の生えたなめらかなクリーム色の線状のもので、それが土壌を構成する粒子の中に放射状に拡がっている。繊細な一本一本の根毛は細根の表面の延長で、植物細胞から伸びた触手だ。根毛は砂粒子のまわりを這いまわり、土壌にしがみつく水の膜に滑りこむ。根毛によって根の表面積がぐっと大きくなり、さもなければ入手しようのない水分や養分を取りこめるのである。根毛の存在は非常に重要で、植物体が引き抜かれたり、植え替えでその複雑な土壌とのつながりが断ち切られてしまうと、植え替えた人が特別に水をやらないかぎり、その植物体はしおれて枯れてしまう。

根毛は土壌から水分と溶けた養分を取りこみ、それを上に送って葉の渇きをいやし、植物が成長するのに必要な無機物を提供する。この上向きの運動のおもな動力は太陽がもつ蒸発力で、木部内の水の中を下向きに伝わる。だが根毛は、井戸のポンプのように水を吸い上げるだけの受け身なパイプの末端というのとは訳が違う。根毛は、土壌の物理特性や生態と互恵の関係にあるのだ。

根毛から土壌への贈り物として一番わかりやすいのは水素イオンで、粘土粒子にくっついた養分がそこから離れるのを促進するために根毛から送り出される。粘土粒子は負の電荷をもっているので、カルシウムやマグネシウムなど、正の電荷をもつ鉱物〔ミネラル〕は粘土粒子の表面にくっつく。この引力のおかげでミネラルは土壌にとどまり、雨に流されずにすむのだが、同時にこのつながりのため、植物は根に吸いこまれる水からミネラルを吸収することができない。

それに対する根毛の解決策が、粘土粒子に正の電荷をもつ水素イオンを浴びせるということなのだ。それによって粘土粒子にくっついた無機イオンの一部が粘土の表面から引き剥がされる。自由になったミネラルは粘土粒子を包む水膜の中を流れ、水の流れとともに根毛に吸いこまれる。ミネラルの中でももっとも役に立つものは簡単に剥がれるので、根毛はほんのわずかな水素イオンを放出するだけでお目当てのものが手に入る。酸性雨などによって水素イオンがより大量に土中に浸透することがあるが、そうするとアルミニウムなどの毒性の高い元素が溶出してしまう。

根毛はまた、大量の有機物を土壌中に送りこむ。地面の上に堆積する落ち葉と違い、根毛から土への贈り物は廃棄物として処分されたものではなく、積極的に分泌される。枯れた根はたしかに土壌を豊かにするが、生きた根毛から周囲の土壌に注入される、糖分、脂肪分、タンパク質の混ざり合ったものにくらべれば、死の貢ぎ物はとるに足らない。根のまわりを覆うこのゼリー状をした食物の鞘の周囲、特に根毛に近いところで、さかんな生物活動が起きる。昼時の弁当屋のように、土壌中の生命活動の大部分が、この狭い根圏に集中する。微生物の密度は土壌のほかの部分の一〇〇倍に達する。原生生物が集まってきて微生物を食べ、線形動物や微小な昆虫がその群れを押し分ける。菌類はその巻きひげを生きたスープの中に伸ばす。

根圏の生態は、それが非常に壊れやすく繊細であるがゆえに研究は困難だ。植物が土中の生命活動を促進するのは明らかだが、そのお返しに植物は何を受けとるのだろう？　根圏で生物多様性が爆発的に高まれば、根は病気から護られるのかもしれない。樹木の種類が多様な森のほうが、木の生えていない草原よりも雑草に蹂躙（じゅうりん）される可能性が低いのと同じことだ。だがこれは憶測にすぎない。私たちは、暗いジャングルの入り口に立つ探検家のようなもので、土の中に蠢く奇妙な姿を見つめ、このめずらしい生き物たちのうち、わかりやすいもののいくつかに名前をつけてはいるが、ほとんど何も理解してはいないのだ。

　根圏というジャングルは薄暗いが、そこに存在する関係性の中で一つ、非常に重要なものがあって、どんなに性急な探検家でもその蔓には足をとられて転び、上を見てびっくりすることになる。その驚くべき関係性における植物の相棒の姿が、私が落ち葉の中に開けたのぞき窓の中に見えている。土壌のほとんどを、菌糸が地中のクモの巣のように覆っているのである。沈んだ灰色で、行き当たりばったりに拡がり、その途中にあるものを何でもかんでも覆っているように見えるものもあるし、白い糸がうねうねと波打つように伸び、三角州の川のように分かれては合流しているものもある。

　菌糸の一本一本は根毛の一〇分の一の細さである。とても細いので、菌糸は微小な土壌粒子の間に入りこんで、不恰好な根よりもずっと効率的に土中に浸透できる。ひとつまみの土の中に含まれている根毛は数センチ分でも、あらゆる砂、シルトの粒子に巻きついた菌糸は数十メートル分におよぶこともある。菌糸は多くの場合単独で仕事をし、落ち葉やほかの生き物の死骸の腐りかけの残骸を消化する。だが中には、根圏に入りこんで根と対話を始めるものがある。そしてこの対話が、古く、また非常に重要な関係の始まりなのである。

　菌類と根は化学信号を送りあって挨拶を交わし、つつがなく挨拶がすめば、菌類は抱擁のために菌糸を伸ばす。それに応えて植物のほうが小さな細根を伸ばし、菌にコロニーを作らせる場合もある。あるいは、菌が根の細胞壁を貫いて菌糸を細胞内部に拡げるのを許す植物もある。細胞の内部に入りこんだ菌糸は枝分かれして、ミニチュアの根のようなネットワークを根の細胞の中に形成する。これは病的な関係に思える。私の細胞がこんなふうに菌類に侵されたなら私は病気になってしまうだろう。

だが、植物の細胞に侵入する菌糸の能力は、伴侶となった根の健康には役立つのである。植物は菌糸に糖分をはじめとする複合分子を提供し、菌糸はお返しにミネラルを——とりわけリン酸を——流しこむ。植物は空気と日光から糖類を作れるし、菌類は土壌の中の小さな隙間に入りこんでミネラルを掘り出せる。この婚姻関係は、二つの界がそれぞれ得意とするところが合致して成り立っているのである。

菌根と呼ばれるこの菌と根の関係性はもともと、ペルシャ王がトリュフを栽培しようと試みたときに副産物として発見された。王様お抱えの植物学者は、その貴重な菌の栽培には失敗したが、トリュフを作る地下の菌のネットワークが木の根とつながっていることを発見したのである。のちに彼は、それらの菌は当初考えていたような寄生生物ではなく、養分を木に運んでその成長を速める「乳母」のような役割を果たしていることを明らかにした。

植物学者や菌学者が植物界の研究を進め、顕微鏡で根の標本を観察するうちに、ほとんどすべての植物が菌根菌を根の中かそのまわりに持っていることがわかった。菌がなければ生きられない植物は多い。単独でも成長できる植物もあるが、根と菌が一緒にならなければ成長ははかばかしくなく、弱々しい。ほとんどの植物では、地中で栄養分を吸収するのはおもに菌糸で、根はそのネットワークとの連結部にすぎない。つまり植物というのは模範的な協働体なのである——光合成ができるのは、葉に組みこまれた、太古の昔からあるバクテリアのおかげだし、呼吸もまた体内の協力者を動力としているし、根は有益な菌の地中のネットワークとの連結器の役割を果たしているのだ。

最近行なわれた実験では、菌根に見られる根と菌の関係がそれだけではないことがわかった。生理学者が、植物に放射性元素を送りこんで森の生態系における物質の流れを追跡したところ、菌が植物と植物を結ぶパイプ役を果たしていることがわかったのだ。菌根は節操なく複数の植物の根と関係をもつ。一見別々の個体に見える植物が、地下の恋人である菌類を媒介としてつながっているのだ。曼荼羅の頭上のカエデの木が大気中から炭素を取りこんで糖類に変換したものが、根に運ばれ、菌類に提供される。菌類はそれを自分で使うか、ヒッコリー、または別のカエデの木やニオイベンゾインに渡すかもしれない。つまり、ほとんどの植物群落においては、個体性というのは錯覚にすぎないのである。

生態学が、発見された地下のネットワークについて完全に理解するのはまだこれからだ。私たちはいまだに森を、光と養分を求める熾烈な闘いが支配する場所だと思っている。菌根による資源の共有は、地上の苦闘をどんなふうに変化させるのだろうか？ 光を求める競争があるというのは錯覚ではあるまい？ 植物の中には、菌類という人あたりのよい詐欺師を使ってほかの植物に寄生するものがあるということだろうか。それとも菌類は、植物間の相違を緩和させ、取りのぞいているのだろうか？

こうした問いの答えがどんなものであるにしろ、自然界は「弱肉強食」の掟で動いている、という昔ながらの見方が更新される必要があることは明白だ。私たちには森を表現する新しい比喩が必要だ――植物を、共有と競争を同時に行なうものと捉えるのを助ける比喩が。ひょっとするとこれに一番近いのは、人間の思想の世界かもしれない。思想家は、叡智を、ときには名声を求めて自分なりにもがき苦しむが、それは人間が共有する思想という資産の貯水池から引いた水を使ってすることだ。そして彼らの思想が貯水池をより豊かにし、そうやって知力を争う競争相手をも前進させることになる。私たちの知性は木に似ているのだ——文化という養分たっぷりの菌類に助けられなければ、まっとうに成長することはできない。

曼荼羅を地下で支える菌類と植物の結びつきは、大昔、植物が陸上におそるおそる最初の一歩を踏み出したころから続く婚姻関係だ。一番初めの陸生植物は、根も、茎も、本当の意味での葉ももたない、無秩序に拡がった糸状のものだった。だがその細胞には菌根菌が入りこんでいて、植物が陸上という新しい世界にゆっくりと慣れるのを手助けした。

そういう協力関係があった証拠は、初期の植物のきめの細かい化石に刻まれている。こうした化石によって、植物の歴史は書き改められた。陸生植物でもっとも初期にできた、そしてもっとも基本的な部位であると私たちが考えていた根は、じつは進化の過程であとから加えられたものだった。菌類こそ、植物が最初に地下に伸ばした食料調達係だったのだ——根は、土壌から直接養分を探して吸収するためではなく、菌類を探し、抱擁するために発達したのである。

こうして協調関係が、進化という王冠にまた一つ宝石を加えた。

生命の歴史における大きな遷移のほとんどは、植物と菌類の結びつきのような共同作業によって成し遂げられたものだ。あらゆる大型生物の細胞に共生細菌が棲んでいるだけでなく、彼らが棲む環境自体が、共生関係によって作られた、あるいは改造されたものなのだ。陸生植物、地衣類、そしてサンゴ礁はどれも共生関係が生み出したものだ。この三つを世界から取りのぞいてしまえば、事実上世界は丸裸である——曼荼羅は、産毛のようなバクテリアを身にまとった単なる岩の塊になってしまうだろう。私たちの歴史もこのパターンを踏襲している。人間に急速な発展をもたらした農業革命も、小麦、トウモロコシ、米などの作物と相互依存関係をもち、私たちの命運をウマやヤギや家畜の命運と一つにすることによって行なわれたのだ。

進化というもののエンジンは、遺伝子が自己の利益を護ろうとすることを原動力とするが、これは単独の身勝手な行動のみならず、協調的な行動となって表われる。自然界における経済活動には、悪徳資本家もいればさまざまな労働組合もあるし、個人主義的な起業精神と同時に強い連帯も存在するのである。

土の中に開いた私ののぞき穴は、進化と生態系に関する新しい考え方を私に垣間見せてくれた。だがそれは本当に新しい考え方なのだろうか？　もしかしたら土壌科学者は、私たちの文化がとっくにわかっていて、言葉の中に組みこまれているものを、再発見し、拡大しているだけなのかもしれない。土壌中の生命活動について知れば知るほど、言葉のもつ象徴性がより適切なものに思えてくる。

「ルーツ」「地に足をつける」――それは単に物理的な意味での土地とのつながりのことではなくて、そこにある環境との互恵性を、そのコミュニティに生きるほかの生き物との相互依存関係を、そして、根の存在が、棲むところ全体に与えるプラスの効果を示している。

こうした関係は歴史に深く深く埋めこまれていて、個体性はもはやなくなりつつあり、周囲から隔絶された存在などあり得ないのである。

12月6日

地下世界の動物寓話

December 6th, Underground Bestiary

目には見えない大きな世界

私たちが日常的に接する動物界には、二つのグループの動物が圧倒的に多い。脊椎動物と昆虫だ。私たちの文化が動物学的な見地から眺める世界の大部分は、生命の木に生えたこの二本の枝に占められているのだが、動物の構造の多様さにあって、それはごく一部でしかない。生物学者は動物界を三五の「門」に分類し、それぞれがその体制〔生物体の構造の基本的、一般的な形式のこと〕によって定義されている。脊椎動物と昆虫は、三五の門の下位に位置する二つの亜門にあたる。

私たちは鳥やミツバチには想像力をかき立てられるのに、線形動物や扁形動物、そのほかの動物寓話の主人公たちは意識の奥の埃だらけの部屋に放っておくのはなぜなのだろう。一言で答えれば、私たちはそうそう線形動物にはお目にかからないからだ。いや、お目にかからない、とそう思っている。もっと深く答えようとすると、多様な動物の大部分が私たちの目に見えないのはなぜなのかを説明しなくてはならない。私たちはしょっちゅう外を出歩いているのに、なぜ隣人と顔を合わせないのだろう？

豊かな経験を求める私たちにとっては都合の悪いことに、私たちはこの世界に存在する居住可能な環境の中でも奇妙で極端な隅っこに暮らしている。私たちが出会うのは、やはりこの風変わりなニッチに棲むわずかな動物たちだけなのだ。

私たちが仲間はずれである第一の理由はサイズだ。人間は、ほとんどの生き物の何万倍もの大きさなので、感覚が鈍すぎて、私たちのまわりや上を這いまわるリリパット〔『ガリバー旅行記』に登場する小人の国の名〕の住民の存在に気づかないのだ。バクテリアや原生生物、ダニ、そして線形動物は、私たちの体という山並みに棲みつくが、縮尺が違いすぎて私たちの目には見えない。これは経験主義者にとっては悪夢だ——私たちの知覚をはるかに超えたところに実在する世界があるのだから。人間の知覚は昔から役立たずだった。ガラスというものの作り方を覚え、透明な、磨いたレンズを作れるようになって初めて、私たちは顕微鏡をのぞき、自分がそれまで知らずにいたことの莫大さにやっと気がついたのだ。

巨人のように大きい、というハンディキャップに加えて、陸に住んでいるということがさらに私たち人間を残りの動物界から遠ざける。動物界の門のうち、九割は水の中にいる。海水、淡水の河川や湖、土壌中の湿った割れ目の中、あるいは水分を含んだほかの動物の体内。陸生節足動物（おもに昆虫）や陸に上がった脊椎動物のごく一部（脊椎動物のほとんどは魚類で、脊椎動物にとって陸上に棲むのはめずらしいことだ）を含む、「乾いた」動物は例外的なのだ。進化は私たちを濡れた隠れ家から引っ張り出し、私たちは親族のもとを去った。だから私たちの世界に棲んでいるのは極端な少数派で、私たちには生命の真の多様性がゆがんで見えてしまうのだ。

初めて土に頭をつっこんだとき、私は生態系における世捨て人の住処から逃げ出して、地表より下に棲む生き物の宝庫がどんなものかを味わった。それが私の欲望を刺激した。私はもう一度土の中に降りていくことにする。曼荼羅の縁の三カ所を選び、落ち葉の小さな塊を剥がしとって、積もった落ち葉の中に小さな穴を開け、拡大鏡でのぞき、それから葉をもとに戻す。地上の世界とはみごとに対照的だ。地上では、たまにシジュウカラが横切る以外には、森には私のほかに誰もいないように思える。だが落ち葉の表面から数センチ下には生き物が溢れている。

私の地中探検で出会った一番大きな動物は、オークの落ち葉のくぼみの中で丸くなっているサラマンダーだ。私の親指の爪に収まってしまうほどの大きさだが、それでも私が見つけたほかの生き物たちの何百倍もある。まるで雑魚に囲まれたワニを、近眼のクジラが観察しているみたいだ。

手に持った拡大鏡でまじまじと観察すると、サラマンダーの後ろにチラチラと動くものがあり、菌糸と枯れ葉がかすかにゆれ動いているのが見える。痛くなるまで目を細めてみるが、その動きを起こしている小さな生き物が何なのかは識別できない。これが私の知覚の限界なのだ。

幸い、ここにはほかにも見るものがたくさんある。一番多いのはトビムシだ。曼荼羅が典型的な陸の生態系をもっているとすると、曼荼羅の中だけで多ければ数十万匹のトビムシがいることになる。だから、私が落ち葉を一枚持ち上げるたびにこの小さな生き物が少なくとも一匹いるのも驚くにはあたらない。裸眼ではただの点にしか見えないが、拡大鏡を通すと、樽のような体からずんぐりした足が六本飛び出しているのが見える。私が観察したトビムシはどれも白くて柔らかく、湿っていて、目がない。まるで動くジェリービーンズのようなこの生き物は、トビムシ目のうちのシロトビムシ科〔*Onychiuridae*〕の一種である。

色素と目がないのは、このグループがもっぱら地下に棲んでいるからだ。ほかのトビムシ類と違って、シロトビムシ類は決して地上に出ることがない。トビムシの名前の由来である、叉状器（さじょうき）と呼ばれる跳躍のための器官はなくなってしまっている。一生を土壌の隙間で過ごす生き物にとって、お腹に強力な跳躍台が備わっていても何の役にも立たないのだろう。飛び跳ねて敵から逃げるかわりに、シロトビムシ類は皮膚から毒のある化学物質を分泌して敵を寄せつけない。この化学物質は、彼らを餌にするダニをはじめ土中に一般的に見られる肉食動物を撃退するが、それよりも大きく、遭遇することはめったにないミソサザイやシチメンチョウの嘴には効果がないらしい。

トビムシが一〇万匹いれば、小さな糞塊がたくさんできる。曼荼羅には一〇〇万単位のトビムシの糞があり、その一つひとつが、菌糸や植物からできた小さな堆肥の塊だ。バクテリアや菌糸の胞子は動物の消化管を消化されないまま通過するので、トビムシは微生物の散布者であり、同時に土壌にとっては優れた堆肥作りの役割を果たす。さらにトビムシの消化管の反対側の端も重要な役割をもっている。その詳細はわかっていないが、トビムシは、菌糸と植物の根が菌根を作るのを促進するようなのだ。トビムシは菌糸を食べ、それによってある種の菌類の成長はうながし、別の種の菌類の成長は抑制する。まるで牧場のウシのように、絶え間なく餌を食み、糞で土を肥やすことで、自分たちの食べ物の成長を調整するのである。

トビムシが土中の生物圏で担っている重要な役割は、残念ながら彼らの分類学上のポジションには反映されていない。トビムシには足は六本あるが、（頭にあって裏返すことのできる袋の中に収まった）奇妙な口器と特徴的なDNAが、昆虫に近いが別のグループであることを示している。昆虫とそのほかの無脊椎動物の間に位置するので、トビムシを研究する生物学者は少なく、その生態はあまりわかっていない。だが彼らこそ、私たちと同じ地上世界に棲む昆虫を生んだ進化の土壌なのである。

私が集める標本で一番数が多いのがトビムシだが、体がごく小さいので、森の土壌中に棲むすべての生き物の総重量のうち、トビムシはわずか五パーセントを占めるにすぎない。生態系における彼らの重要性のわりに、トビムシはまたその種類も少ない。地球上には六〇〇〇種のトビムシがいるのに対し、昆虫は一〇〇万種いる（うち一〇万種以上が双翅目である）。だから、曼荼羅の中を動きまわる私が遭遇するトビムシの数は多いが、どれも同じ種類に見える。ほかの生き物は、私が採集するサンプルごとに種類が違っていて、分類学的により多様であることを示している。

目に見える生き物のうち、トビムシに続いて豊富なのはほかの節足動物たちだ――クモ、ブユ、そしてヤスデである。鎧をつけた節足動物の体制は、進化の過程で洗練され、エンジニアにとっては夢のようなデザインをしている。平らにつぶれてハエの羽になったもの。とがってクモの鋏角になったもの。節のある足は、絹糸を紡ぐピンセットになったり、キノコをむしゃむしゃと食べる口器になったり、どんな場所でも登れるブーツになったりした。体の形状の多様さにかけては、節足動物にかなう動物門はほかにないが、そのすべての形が同じ基本設計からできている。つまり、体節があり、成長のためにそれを周期的に脱ぎ捨てるのである。

曼荼羅には節足動物型の体制をもつ生き物が多いが、それがすべてではない。曼荼羅の土中に埋まった枯れ葉の間では、小さなカタツムリが餌を食べている。その中には、曼荼羅の表面にいる大きなカタツムリの幼体もいるが、湿った枯れ葉に抱かれて一生を過ごすものもいる。

カタツムリの殻は素晴らしい甲冑だが、節足動物の体節性万能スーツにくらべれば単純だし、用途が狭い。カタツムリは脱皮しないので、カタツムリの体は完全には殻の中に収まりきれない。だから、殻の開口部からの攻撃には弱い。曼荼羅にいるカタツムリの多くはこの危険を減らすために、殻の口を、縁部分が伸長した歯のような突起で部分的に塞ぐ。こうした伸長部分が非常に発達しているために、餌を食べるために体の肉質の部分を殻から絞り出すのもやっと、というものもいる。

カタツムリが繁殖できるのは、舌の使い方の巧妙さに負うところが大きい。彼らは世界一舐めるのがうまい——地球上で、彼らが舐めようとしない表面など存在しないほどだ。その舌はざらざらした細い帯状で、歯舌（しぜつ）と呼ばれる。カタツムリはこれを口から伸ばしてはこすりつけるようにして引き戻しながら、その下にあるものを何でもこそげとる。歯舌は口の中に戻りながら硬い下唇に触れ、それによって歯舌は後ろに折り曲がって歯が立ちあがる。歯の一本一本がブルドーザーの排土板のように、カタツムリの下にある表面を削って食物を口の中に運ぶのだ。

ベルトコンベアとかんなが混ざったようなこの歯舌こそ、カタツムリが世界の扉を開く鍵である。私たちにとっては裸の岩にしか見えない大きな岩石も、カタツムリにとっては、岩の表面にはバターとジャムが塗ってあるのだ。

地下探検を続けるうち、私はまた別の体構造をもつ生き物、「蠕虫（ぜんちゅう）」を発見する。その中には見慣れたものもいる——体節のあるミミズや、もっと小さいミミズの仲間、ヒメミミズなどだ。

だが私の関心がこれらの見慣れたミミズにあったのは数秒で、それはすぐに別の、破れた葉の縁にいる奇妙な蠕虫に移る。拡大鏡を通さなければ見えない大きさで、葉を包む水の膜の中にいる。見ているとそれは頭をもたげて空中でのたうち、それから水の中に戻る。よろめくようなその動きで、それが線形動物だとわかる。

ミミズやヒメミミズと異なり、この生き物には体節がなく、頭と尾は先が細くなっている。曼荼羅にいる線形動物は一〇億匹ほどにもなるだろうか、そのほとんどはあまりにも小さくて、強力な顕微鏡がなければ姿は見えない。寄生性のものもいるし、自由に動きまわる捕食性のものもいる。植物や菌類を食べるものもいる。彼ら以上に食性や生態系における役割が多様なのは節足動物だけだ。だが線形動物はあまりにも小さくて水を好むため、科学的にはほとんど未解明なのである。

これらの線形動物を研究する数少ない人びとは、もしもこの世界から線形動物だけを残してそのほかの物質をすべて消し去ったとしても、地球上のものの形はそのまま、線形動物でできたもやとなって残るだろう、と豪語する。動物、植物、菌類の形状はクリーム色の霞となって、それでも認識可能だし、線形動物は非常に分化しているので、そうした形状に棲んでいた線形動物の種類も識別できる。どんな線形動物がいるかを教えてくれたら、あなたが誰なのか教えてあげる、というのだ。

曼荼羅の土壌のうわべを探索したら、動物園にいる動物を全部合わせたよりももっと多彩な動物の体の構造が見つかった。私の足元で、たくさんの生き物が、這い、体をくねらせ、身をよじらせている。だが地表では、私は曼荼羅を覆う空気の中にたった一人だ。土壌の暖かさと湿り気が、動物たちのお祭り騒ぎを可能にしているのだが、土に栄養がなければいくら居心地がよくても意味がない。

土壌に含まれる食べ物のおもな供給源は死である。あらゆる陸生動物、葉、塵の粒子、糞、樹の幹、キノコの傘——それらはすべて土に還る。私たちはみな、地下の暗闇をくぐり抜ける定めなのだ——ほかの生き物たちの食べ物となりながら。

人間の経済界には土ほど完全な独占企業は存在しない。人間の経済では、ある業種がほかの業種より力を持つことはあるが、一つの産業がほかのすべての産業の産物を処理し、そこから益を得ることはあり得ない。銀行はそれに近いが、現金取引をすればそれも回避できる。

だが自然界では、「彼らの根は腐り、花は塵のように舞い上がる」〔イザヤ書第5章24節、新共同訳より〕というイザヤの預言からは逃れようがない。分解者とそのビジネスパートナーたちが、精力的かつ多様な活動で土壌を満たしているのだ。地上の生活が世界を支配しているように見えるのは、つまり幻影にすぎない。世界の活動の、少なくとも半分は、地下で起きているのである。

つまるところ、私たち人間が大きくて乾燥した生き物であることによって私たちに見えなくなっているのは、単に地下に棲む動物たちの物語だけではなく、生命というものの生理学の真の姿そのものなのである。人間は、生命の皮膚の上の、図体の大きな飾りにすぎず、体の残りの部分を作っている微小で膨大な数の生き物たちの存在にぼんやりとしか気づかないまま表面を動きまわっている。曼荼羅の地表の下をのぞき見るのは、体の皮膚の上にちょこんと乗っかって、心臓の鼓動の動きを感じているようなものなのだ。

12月26日

木のてっぺんで
リスたちの日光浴

December 26th, Treetops

正午の空は快晴だが、曼荼羅（まんだら）には陽が当たらない。ここの斜面は北東に傾き、低い太陽とは逆向きで、斜面の上方にある断崖が直射日光をさえぎっているのだ。斜光は断崖を通り越して木々のてっぺんを照らし、木の幹は地上三・五メートルくらいのところで日なたと日陰がはっきり分かれている。この境目は日ごとに低くなって、二月には太陽の高さが十分になり、長いご無沙汰ののち、再び地面にキスをする。

斜面を五〇メートルほど下ったところにあるシャグバーク・ヒッコリーの枯れ木の、陽の当たる上のほうの枝で、ハイイロリスが四匹遊んでいる。一時間ばかり眺めていたが、四匹はおもに四肢を伸ばして日なたぼっこをしている。時折お互いの後ろ脚や尻尾の毛皮を軽く齧り合ったりして、仲がよさそうだ。たまに中の一匹が日なたぼっこを中断して、菌類で覆われた枯れた枝を齧りに行き、それから戻ってきてほかのリスたちと一緒におとなしく座っている。

リスたちが見せるこのおだやかな光景に、私はえも言われぬ喜びを感じる。リスたちが争い合うのをしょっちゅう見たり聞いたりしているせいかもしれないが、のんびりしている今日の彼らはことのほか愛らしく思えるのだ。だが私が嬉しいのはそれだけではない——知識をつめこみすぎた私の頭が抱える重荷から解放されたような気がするのである。野生の動物が仲間と一緒に仲良く自分たちの生活を楽しんでいるということ、それはすぐ目の前にある、まぎれもない事実であるにもかかわらず、こういう本当の出来事は、動物や生態系に関する教科書や研究論文からは完全に欠落している。そのことが、不条理なまでに単純なある真実を物語っている。

科学が間違っているとか悪だとか言っているのではない。むしろ反対だ——適切になされた科学は、私たちと私たちの世界の親密度を増してくれる。だが、科学的なだけの考え方には危険がともなう。森は図形に、動物は単なるメカニズムに、そして自然の仕組みは巧妙なグラフになってしまうのだ。今日のように陽気なリスたちは、そうした偏狭さに対する抗議のように思える。自然は機械ではない。動物には感情がある。彼らは生きているのだ——私たちの親戚で、つながりがあればこそその共通の体験もある。

そして、現代生物学のカリキュラムのどこにも言及されていない現象だが、リスたちは太陽の日射しを楽しんでいるようなのである。

残念ながら現代科学は、ほかの生き物が体験することを思い描くことができない、あるいは思い描こうとしないことが多すぎる。たしかに科学の「客観性」は、自然界の一部を理解する糸口にはなるし、文化に根づいた先入観を手放す助けになることもある。現代科学が動物の行動を分析する際に好む冷静な態度は、ビクトリア時代とそれ以前の博物学者たちが、自然界の何もかもを自分たちの文化的価値観を裏づける比喩として解釈したことを受けて生じたものだ。だがそれは、チェスに喩えれば単なる最初の一手であって、試合全体のためのまとまったビジョンではない。科学の客観性が払拭してくれる思いこみもあるが、それは同時に、学術的な厳密さという隠れ蓑に隠れて、世界に対する尊大で無神経な態度を生む、別の思いこみを作り出す。

危険なのは、科学的な手法によって理解できる限られた範囲と、世界の本当の大きさを混同することだ。自然をフローチャート化したり、動物を機械として説明することは有用だし便利かもしれないが、その便利さを、私たちの窮屈な思いこみが世界の姿を映し出している証拠だと勘違いしてはいけない。

科学を偏狭に利用する尊大な態度が、産業経済の要求に応えるものであるのは偶然ではないだろう。機械なら買ったり売ったり廃棄したりできるが、それが喜びに満ちた私たちの親族となればそうはいかない。二日前、クリスマス・イブに、米国農務省林野局は、トンガス国立森林公園〔アラスカ州〕の原生林三〇万エーカー〔約三億七〇〇〇万坪〕を商業伐採に開放した。これは曼荼羅一〇億個分以上の広さだ。フローチャートの上で矢印が動き、数値化された材木量のグラフが変化した。現代の森林科学が世界規模の一次産品市場とみごとに融合した——その言語と数字は翻訳を必要としない。

生物を機械に喩える科学の手法や比喩は有用だが、それには限界があり、私たちが知る必要のあることのすべてを教えてはくれない。私たちが自然界に押しつける理論の先には何があるのだろうか？

今年一年、私は科学的手法を脇に置いて、森に耳を傾けようと試みた。仮説も、データ抽出のための計画も、学生に答えを教えるための授業計画も、機械や道具も持たずに自然と対峙しようとしたのだ。私は科学というものがどれほど豊かで、同時にその対象範囲も考え方もいかに狭いものであるかを垣間見た。

不幸なことに、科学者が正式に受ける教育の中では一般的に、耳を傾ける、という行為が顧みられない。それが不在であるために、科学は不必要な失敗を生み、私たちはその分貧しく、そしてもしかするとその分他者を傷つけている。耳を傾ける文化なら、クリスマス前夜にどんな贈り物を自分たちの森に贈るだろうか？

リスたちが日光浴をしているのを見ているときに、私を通り過ぎていった気づきとは何だったのだろう？　科学に背を向けよ、ということではない。私と動物たちの関係は、私が彼らの物語を知ることでより豊かになるのだし、そうした理解を深めるためには科学は非常に有効な手段だ。そうではなくて私が気づいたのは、すべての物語は半分はフィクションに包まれている、ということなのだ——物事を単純化しようとする思いこみや、近視眼的な文化や、物語の語り手のプライドが生み出すフィクションに。物語を大いに楽しみながら、それが言葉では言いつくせない、鮮やかな世界の本質であると勘違いしないこと。私はそのことを学んだのだ。

12月31日

December 31st, Watching

観察する

森と私

谷の反対側の西向きの斜面を、遅い午後の弱い陽光が照らしている。密集して生えている木々の樹皮に赤みを帯びた光が反射して、森は紫がかった灰色に輝く。陽が沈むとともに影のラインが斜面をゆったりとのぼっていき、暖かな反射光を消して森を暗褐色に変える。さらに陽が低くなるとその光は山の彼方の空に向かう。稜線の深紅がぼやけ、青かった空は、初めは淡い藤色に、それから灰色に褪せていく。

十日前の冬至の日、私は今日と同じように、太陽の光が動くのを見ていた。光と影の境目が谷の向こうの森の斜面を上がっていくのに私の目は釘づけになっていた。境界線はゆっくりと山をのぼって、やがて影が頂上に達し、明るい陽の光が消える瞬間がやってきた。影が稜線に届いたまさにその瞬間、私のすぐ東側の森の斜面に隠れているコヨーテたちが遠吠えを始めた。コヨーテは三〇秒ほど甲高い声で吠えてから静かになった。

太陽が斜面から消えたちょうどその瞬間に始まったコーラスは、偶然と言うにはあまりにもタイミングが正確すぎるような気がした。もしかしたら、コヨーテと人間である私はともに山の斜面の輝かしい光景を見物し、太陽が消えるのを見て感動を覚えたのかもしれない。コヨーテの遠吠えは、昼の光と月の満ち欠けの両方に敏感に反応することがわかっている。だから、彼らが沈む夕陽に吠えたのだと推測するのは無理なことではない。

今夜は、コヨーテたちは黙っているか、そこにいないかのどちらかで、私は彼らの伴奏なしで光の変化を眺める。だが森は静かなわけではない。とりわけ鳥の鳴き声は賑やかだ。日中、氷点よりずっと高かった気温のおかげで元気なのだろう。今聞こえるのはミソサザイとキツツキがねぐらに戻りながらさえずる声で、深まりゆく闇の中でチチチ、カカカ、と鳴いている。太陽が稜線のはるか下に沈み、大騒ぎの鳥たちが静かになったあと、一羽のアメリカフクロウが斜面のちょっと下の高い木の梢で甲高く鳴く。フクロウは振り絞るような鳴き声を十数回繰り返す――冬はフクロウの求愛時期だから、交尾の相手を探しているのかもしれない。

フクロウの鳴き声がやむと、私がかつてここで経験したことがなかったような深い静寂が森を包む。鳥の鳴き声も虫の声も聞こえない。風もない。遠くの飛行機か道路の音だろうか、人為的な音も消えていく。聞こえるのはただ、ここから東に行ったところにある川が静かに流れる音だけだ。この奇妙な静けさの中で一〇分が過ぎる。それから風が出て、木のてっぺんの梢がシューッという音を立てる。高度の高いところを飛んでいる飛行機の轟音、そして遠くの農場から槌を打つくぐもった響きが谷をのぼってくる。まわりの静けさが、一つひとつの音を鮮明にする。

稜線の上の空は色と光が流れ去って、深い青に暮れていく。四分の三くらい満ちてお腹の出っ張った月が空の低いところに光っている。森が影だけになってしまうと私の目は何も見えなくなる。

暗い空に、ゆっくりと星が瞬きはじめる。昼間のエネルギーは引いて、私をくつろがせる。と、突然――グサッ！　と刃（やいば）が私につき刺さる。怖れという刃だ。コヨーテが静けさを破る。近い。こんなに近かったことはかつてない。尋常ならざるコヨーテの遠吠えの声は、ほんの数メートルのところから聞こえる。喉の奥から吠える音に、甲高い、笛のような音が重なってだんだん大きくなる。途端に私の意識は変容する。恐怖の刃があらゆる思考を一つに集める――野犬だ、殺される。くそ、なんて大きな声だ。

　これはみな、ほんの数秒の間に起きたことだ。それから私の理性が戻ってきて、コヨーテの合唱が終わる前に私は恐怖という刃を抜き取っている。コヨーテが私に悪さをするわけがない。むしろ私は幸運だった、匂いを嗅ぎつけられなかったのだから。さもなければこんなに近くまで来るはずがない。私の恐怖心はすぐに消える。だがほんの一瞬、私の体は遠い昔に学んだことを思い出したのだ。何億年もの間追われて暮らしたことを中心とした記憶が、絶対的な明晰さとともに私の頭の中で炸裂したのである。

　コヨーテの一群の声は谷の数キロ先まで届き、遠くの納屋や田畑で農場の番犬たちが吠えはじめる。イヌたちの頭もまた、長年の淘汰によって条件づけられている。牧畜を営むようになった人間の祖先がイヌたちに、野生の親戚が吠えるのを聞いたら徹底的に吠えまくれ、とけしかけたのだ。農場の番犬の集団が耳障りな声で吠えたてるところに突撃しようというコヨーテやオオカミはいない。そして彼らの怖れのおかげで、無防備な家畜は音の盾で護られるわけだ。こうして人間、野生のイヌ、そして飼い犬は、進化の過程で生まれた音でからまり合いながら生きている。

　森以外の場所では、このからまり合った結びつきが緊急車両のサイレンとなって表われる。狼男のように吠えて注意を引きつけ、人類の深いところに根ざした恐怖心を思い出させるのだ。救急車に向かって吠えるところをみると、飼い犬たちにもこの遠い時代の残響は聞こえるのだろう。森はこうして私たちを文明の地まで追いかけてくるのだ、精神の奥深くに埋めこまれて。

始まったときと同じくらい唐突に遠吠えがやむ。私は暗闇では目が見えないし、コヨーテは足音を立てないから、コヨーテが行ってしまったかどうかも、どうやっていなくなったのかもわからない。おそらくはそっと立ち去って、小さな動物を狩るという夜の仕事に出かけたのだろう――しっかりした根拠に裏づけられた彼らなりの怖れに導かれ、人間から遠く離れて。

曼荼羅に静寂が戻ってくる。いるべきところにたどり着いた、というかつもの感覚とともに、私はこの瞬間の中に身をゆだねる。曼荼羅に通い、黙って座ったまま何百時間も過ごす、ということを実践した結果、森と私の五感、知性、感情との間に横たわる障壁の一部は剝ぎとられた。私は、かつてはそんなことがあり得ることさえ知らなかった形で、今、ここに存在することができるようになった。

こうしてここに存在する、という帰属意識があるにもかかわらず、曼荼羅と私の関係は単純ではない。私はこの場所に心の底からの親近感を感じると同時に、言いようのない距離感もまた感じるのである。曼荼羅を知るにつれて、私には自分と森を結ぶ生態学的・進化論的なつながりがより明らかに見えるようになった。このことはまるで私の体の一部に織りこまれたように感じられ、私を作り変えた――と言うよりも、そもそも私がどのように作られたのかを理解する力を、私の中に目覚めさせたかのようだ。

と同時に、「異質である」という感覚も同じくらいに強烈なものになった。観察するうちに、自分が知らないことの大きさに気づき、私はそのことに圧倒された。単に曼荼羅に棲むものの目録を作り、それぞれの名前を羅列する、ということですら、私の力には遠くおよばないのだ。彼らの生命や関係性を、ごく断片的に理解する以上のことはとても不可能である。観察を続ければ続けるほど、曼荼羅を理解する、あるいはそのもっとも根本的な性質を把握する、という望みは私から遠のいていった。

それでも、私が感じる距離というのは、以前にも増して自分の無知に気づいた、という以上のものである。私の心の奥深いどこかで、私は自分がここに必要のない存在であることを理解した。すべての人間がそうなのだ。それに気づくのは寂しいことだ――私は痛切なまでに無用の存在なのだ。

だが私はまた、曼荼羅の生き物たちが私から独立した存在であることに、何とも言いようのない、強烈な喜びを感じる。このことを痛感したのは数週間前に森に足を踏み入れたときだった。一羽のセジロアカゲラが木の幹に降り立ち、鳴き声を上げたのだ。私はこの鳥の異質さに強烈に感動した。ここにいる生き物の一族は、人間が登場する前からもう何百万年も、そのキツツキ特有の鳴き声を響かせてきたのだ。彼らの毎日は、乾いた木の皮や、隠れた虫や、仲間のキツツキたちの声に満ちている――それは、私の世界と並行して存在する、別の世界である。たった一つの曼荼羅の中に、そんなパラレル・ワールドが何百万も存在するのだ。

どういうわけか、この「別々である」ということのショックが私を安堵感で満たしたのだ。世界は私を中心にまわっているのでも、私が属する種を中心にまわっているのでもない。自然界を在らしめている中心は、人間とは関係のないところでできたのだ。生命は人間を超越している。そして私たちの視線を外に向けさせる。キツツキが飛び立つのを見て、私は謙虚な気持ちになるとともに高揚したのである。

だから私はここ曼荼羅で、よそ者として、同時に同類として、観察を続ける。

輝く月が、ゆらめく銀色の光に森を浮き上がらせる。私の目が夜に慣れるにつれて、月の光が落とす私の影が、落ち葉の作る環の中に横たわっているのが見える。

エピローグ

Epilogue

私たちの文化と自然界の断絶が大きくなりつつあるのを今日の博物学者が嘆く、というのはよくあることだ。こういう愚痴には、少なくともある部分、私も共感する。企業のロゴマーク二〇個と、この地方で一般的に見られる動植物二〇種の名前を訊かれると、私が教える大学一年生はいつも決まって、企業の名前はほぼ全部言えるが名前を言える動植物はゼロに近い。これは私たちの文化圏に暮らすほとんどの人が同じだろう。

だがこれは今に始まったことではない。現代生態学と分類学の始祖の一人、カルロス・リンナエウスは、一八世紀の同国スウェーデン人の植物学的な知識についてこう書いている――「視ようとする者も理解する者もほとんどいない。この、観察と知識の欠如によって、世界は多大な損失を蒙っている」。ずっとあとになって、アルド・レオポルドは、一九四〇年代の世の中についてこう書いた。「現代人は、間に入るたくさんの人や機械によって土地から隔てられている。土地と生きた関係をもっていないのだ……戸外に一日放り出してみるといい、そこがたまたまゴルフ場だったり

『景勝地』だったりしない限り、ひどく退屈してしまうから」。どうやら、熟練した博物学者というものは昔から、自分の暮らす文化が、最後に残されたその土地とのわずかなつながりをあわや失いかけている、と感じていたらしい。

二人の言葉はともに共感するところではあるが、同時に私は、博物学者にとってはある意味、今という時代のほうがよい時代なのではないかと思っている。

生き物たちのコミュニティに対する関心は、ここ数十年、いやひょっとしたら数百年なかったほどの広がりと強さを見せている。生態系の未来に対する懸念は、米国内でも国際的にも政治的関心事の一つだ。人間の一世代より短い期間に、環境保護に関する活動、教育、科学は、とるに足りないものから最重要分野へと成長し、分断された人間と自然のつながりをいかに回復するかということが、教育改革者たちのお気に入りのテーマになった。こうした関心のすべてはおそらくこれまでにはなかったもので、心強く思う――リンナエウスやレオポルドの時代には、一般の人たちの心情も、政府も、人間以外の生き物の生態を学ぶことに興味を持たなかったのだから。

もちろん、近年の私たちの関心は、先人たちの無頓着が私たちに押しつけた環境問題による、必要に迫られてのことだという一面はある。だがまた、人間以外の生き物に対する偽りのない関心や彼らの幸福を気遣う気持ちも、その動機となっていると私は思う。

現代社会は、さまざまな方法で博物学者の気を散らし、障壁を作るが、同時に目を見張らんばかりにさまざまな、有用なツールを提供する。一八世紀に古典『セルボーンの博物誌』を書いたギルバート・ホワイトが、一連の正確な野外観察図鑑と、花の写真やカエルの鳴き声にアクセスできるコンピュータと、最新の研究論文データベースを持っていたならば、彼の詳細な自然観察はより豊かなものになり、知識人としての孤独感は小さくなって、より深い生態学的理解を得られたかもしれない。もちろんそうなれば彼の好奇心がネット上の人工的な世界で浪費された可能性もあるが、ここで言いたいのは、自然史に興味のある人にとって、かつてのどんな時代よりも今のほうが、助けてくれるものがたくさんあるということなのだ。

私はこうしたものを使って曼荼羅という森を探索した。そしてこの本が、自分なりの探索を始める人たちを勇気づけてくれることを願う。原生林のこの小さな一角を観察できた私は幸運だった。これは希少な、恵まれた経験だ——原生林は、米国東部の土地の一パーセントの半分にも満たないのである。

だが、世界の生態系への窓は原生林だけではない。実際、曼荼羅観察の成果の一つは、私たちがある場所を大事にすればそれが素晴らしい場所になるのであり、何か素晴らしいものをもたらしてくれる「手つかずの」場所を見つける必要はない、と気づいたことだ。庭園、都会の木々、空、野原、幼齢林、郊外に棲むスズメの群れ——すべてが曼荼羅なのだ。それらを綿密に観察するのは、太古の森を観察するのと同様に有意義なのである。

人はみなそれぞれのやり方で学ぶものだから、そうした曼荼羅の観察のしかたについて私が提案するのはおこがましいかもしれない。けれども、私が経験から学んだことのうち、やってみたいと思う人に伝える価値があると思うことが二つある。

まず、期待は持たずに出かけること。興奮したいとか、美、自然の猛威、悟り、奇跡などを期待して行けば、明晰な観察をじゃまし、思考は落ち着きを失って曇ってしまう。五感を積極的に開放しておくことだけを望むことだ。

二つめの忠告は、瞑想のやり方を真似て、繰り返し繰り返し、意識を今この瞬間に向けること。私たちの意識はひっきりなしに彷徨(さまよ)ってばかりいる。そうしたらそっと連れ戻そう。そして繰り返し繰り返し、自分が何を感じているかを詳細に追究する——音の特徴、その場所に触れた感じや匂い、視覚的な複雑性。これは難しいことではないが、はっきりと意図して行なうことが必要だ。

私たちの意識の内容そのものが、自然の歴史に関して重大なことを教えてくれる。ここから私たちは、「自然」というのが私たちとかけ離れたものではないことを学ぶ。私たち人間もまた動物——生態学的・進化論的に豊かな背景をもつ霊長類である。注意を向ければ、私たちの中のこの動物をいつでも観察することが可能なのだ——果物、肉、砂糖、塩などに強い興味を示したり、社会的序列や部族、人脈に執着したり、人間の肌、髪、体の形の美しさに魅了されたり、常に何かに知的な好奇心や野心を持ったりする、といったことを。

私たちはみな、原生林と同じように複雑で奥の深い物語をもった曼荼羅の住人なのだ。さらに素晴らしいのは、自分自身を見つめることと世界を見つめることは対立する概念ではないということだ——森を観察することで、私には私自身がより明瞭に見えるようになった。

自分自身を見つめることによって気づくことの一つは、自分を囲む世界との一体感だ。生物が形づくるコミュニティの自分以外のものに名前をつけ、理解し、味わいたいという欲求は、人間らしさの一部である。生きた曼荼羅を静かに観察することは、こうして私たちが受けついだものを再び発見し発展させる、その一つの方法なのである。

謝辞

曼荼羅は、テネシー州セワニーの、ユニバーシティ・オブ・ザ・サウス〔University of the South〕の所有地にある。この土地を大切にしてきた幾多の世代の人びとの努力がなかったら、この本を書くのは不可能だった。

大学の同僚たちは、心地良く、刺激的な仕事の環境を提供してくれる。中でも、ナンシー・ベルナール、ジョン・エヴァンズ、アン・フレイザー、ジョン・フレイザー、デボラ・マクグラス、ジョン・パリザーノ、ジム・ピータース、ブラン・ポッター、ジョージ・ラムスー、ジーン・イェイトマン、ハリー・イェイトマン、そしてカーク・ジグラーは、本書中の特定の項目に関する質問に答えてくれた。ジム・ピータースにはまた、とりわけ生態学と倫理学を一緒に教えた経験から、科学というものの本質について多くの洞察を与えられた。シド・ブラウンとトム・ウォードとの対話は、私が観想から得た経験を、より広く、よりわかりやすい文脈に置き換える助けとなった。デュポン図書館の傑出したスタッフと素晴らしい蔵書のおかげで、本書のためのリサーチは楽しかった。セワニーの学生たち〔ユニバーシティ・オブ・ザ・サウスの学生のこと〕は優秀で、私を刺激し、生物学や自然史研究の未来に大いに期待させてくれる。

この地に住まうたくさんの動物・植物学者とともに森を歩いたこともまた、この地域の自然史に対する私の理解を大きく広げてくれた。ことに、ジョセフ・ボードリー、サンフォード・マクギー、デヴィッド・ウィザースは、長年にわたって数々の洞察を与えてくれた。

オックスフォード大学のビル・ハミルトン、ステファン・キアシー、ベス・オカムラ、アンドリュー・ポミアンコウスキー、コーネル大学のクリス・クラーク、スティーブ・エムレン、リック・ハリソン、ロバート・ジョンソン、エイミー・マッキューン、キャロル・マクファッデン、ボッビ・ペカルスキー、カーン・リーヴ、ポール・シャーマン、デヴィッド・ウィンクラーは、私の大学在学中、特に寛大で重要な助言者だった。

スターリング・カレッジでともにワイルドブランチ・ライティング・ワークショップに参加した仲間は、作家として、自然主義者として私が成長するのを助けてくれた。特に、トニー・クロス、アリソン・ホーソン・デミング、ジェニファー・ザーン、ホリー・レン・スポールディングから受けたアドバイスや手本には感謝している。

初期段階の原稿には、ジョン・ガッタ、ジーン・ハスケル、ジョージ・ハスケル、それにジャック・マックリーから編集上の助言をいただいた。「薬」の章の修正版が『Whole Terrain』誌に掲載されたが、アニー・ジェイコブスと彼女が率いる編集部の作業のおかげでより良いものになっている。ヘンリー・ハマンは、本書の制作過程における重要な時期に、惜しみなくその時間、洞察力、人脈を提供してくれた。

アリス・マーテルは驚くべきエージェントだ。その洞察力に優れた指導によって私はずいぶん励まされ、この本が実を結んだのは彼女の素晴らしい仕事のおかげだ。ケヴィン・ドーテンの鋭い編集能力は、原稿をわかりやすく、生き生きとしたものにしてくれた。彼は本書の世話人として、全権大使として、支持者として、じつに素晴らしい仕事をしてくれている。

その科学的研究が私の生物学の理解を深めてくれた、何千人という博物学者に、私は多大な恩義がある。本書が、彼らによる重要な研究を尊重するものであることを願う。私の論考の中で、こうした研究の多くは、私が曼荼羅で経験したことに直接つながる部分、またはある生物学的考察を説明するのに役立つ部分のみに注目し、詳細を省く必要があった。このように詳細を省略するのは、特に科学においては危険な行為である。だから読者には、参考文献リストを利用し、さらに発展させて、私が本書で論じた題目について、その深さを探究していただきたいと思う。

サラ・ヴァンスはこのプロジェクトを素晴らしい寛容さと理解をもって支えてくれた。科学的な意味での論評、編集上のアドバイス、そして原稿準備のうえでの実務的な力添えは、本書の刊行を可能にしたばかりでなく、その質を大いに高めてくれた。

本書は、森という生命を祝福するためのものだ。だから、著者印税の少なくとも半分を、森林保護に役立つプロジェクトに寄贈したいと思う。

12月6日　地下世界の動物寓話

Budd, G. E., and M. J. Telford. 2009. "The origin and evolution of arthropods." *Nature* 457: 812–17.
Hopkin, S. P. 1997. *Biology of the Springtails (Insecta: Collembola).* Oxford: Oxford University Press.
Regier, J. C., J. W. Shultz, A. Zwick, A. Hussey, B. Ball, R. Wetzer, J. W. Martin, and C. W. Cunningham. 2010. "Arthropod relationships revealed by phylogenomic analysis of nuclear protein-coding sequences." *Nature* 463: 1079–83.
Ruppert, E. E., R. S. Fox, and R. D. Barnes. 2004. *Invertebrate Zoology: A Functional Evolutionary Approach.* 7th ed. Belmont, CA: Brooks/Cole-Thomson Learning.

12月26日　木のてっぺんで

Weiss, R. 2003. "Administration opens Alaska's Tongass forest to logging." *The Washington Post*, December 24, page A16.

12月31日　観察する

Bender, D. J., E. M. Bayne, and R. M. Brigham. 1996. "Lunar condition influences coyote (*Canis latrans*) howling." *American Midland Naturalist* 136: 413–17.
Gese, E. M., and R. L. Ruff. 1998. "Howling by coyotes (*Canis latrans*): variation among social classes, seasons, and pack sizes." *Canadian Journal of Zoology* 76: 1037–43.

エピローグ

Davis, M. B., ed. 1996. *Eastern Old-Growth Forest: Prospects for Rediscovery and Recovery.* Washington, DC: Island Press.
Leopold, A. 1949. *A Sand County Almanac, and Sketches Here and There.* New York: Oxford University Press.
Linnaeus, C. [1707–1788], quoted as epigram in Nicholas Culpeper, *The English Physician,* edited by E. Sibly. Reprint, 1800. London: Satcherd.
White, G. 1788–89. *The Natural History of Selbourne*, edited by R. Mabey. Reprint, 1977. London: Penguin Books.

Hughes, N. M., H. S. Neufeld, and K. O. Burkey. 2005. “Functional role of anthocyanins in high-light winter leaves of the evergreen herb *Galax urceolata*.” *New Phytologist* 168: 575–87.

Lin, E. 2005. *Production and Processing of Small Seeds for Birds*. Agricultural and Food Engineering Technical Report 1. Rome: Food and Agriculture Organization of the United Nations.

Marden, J. H. 1987. “Maximum lift production during takeoff in flying animals.” *Journal of Experimental Biology* 130: 235–38.

Zhang, J., G. Harbottle, C. Wang, and Z. Kong. 1999. “Oldest playable musical instruments found at Jiahu early Neolithic site in China.” *Nature* 401: 366–68.

11月21日　小枝

Canadell, J. G., C. Le Quere, M. R. Raupach, C. B. Field, E. T. Buitenhuis, P. Ciais, T. J. Conway, N. P. Gillett, R. A. Houghton, and G. Marland. 2007. “Contributions to accelerating atmospheric CO_2 growth from economic activity, carbon intensity, and efficiency of natural sinks.” *Proceedings of the National Academy of Sciences, USA* 104: 18866–70.

Dixon R. K., A. M. Solomon, S. Brown, R. A. Houghton, M. C. Trexier, and J. Wisniewski. 1994. “Carbon pools and flux of global forest ecosystems.” *Science* 263: 185–90.

Hopkins, W. G. 1999. *Introduction to Plant Physiology*. 2nd ed. New York: John Wiley and Sons.

Howard, J. L. 2004. *Ailanthus altissima*. In: Fire Effects Information System. U.S. Department of Agriculture, Forest Service, Rocky Mountain Research Station. www.fs.fed.us/database/feis/plants/tree/ailalt/all.html.

Innes, R. J. 2009. *Paulownia tomentosa*. In: Fire Effects Information System. www.fs.fed.us/database/feis/plants/tree/pautom/all.html.

Solomon, S., D. Qin, M. Manning, Z. Chen, M. Marquis, K. B. Averyt, M. Tignor, and H. L. Miller (eds.). 2007. *Contribution of Working Group I to the Fourth Assessment Report of the Intergovernmental Panel on Climate Change*. Cambridge: Cambridge University Press.

Woodbury, P. B., J. E. Smith, and L. S. Heath 2007. “Carbon sequestration in the U.S. forest sector from 1990 to 2010.” *Forest Ecology and Management* 241: 14–27.

12月3日　落ち葉

Coleman, D. C., and D. A. Crossley, Jr. 1996. *Fundamentals of Soil Ecology*. San Diego: Academic Press.

Crawford, J. W., J. A. Harris, K. Ritz, and I. M. Young. 2005. “Towards an evolutionary ecology of life in soil.” *Trends in Ecology and Evolution* 20: 81–87.

Horton, T. R., and T. D. Bruns. 2001. “The molecular revolution in ectomycorrhizal ecology: peeking into the black-box.” *Molecular Ecology* 10: 1855–71.

Wolfe, D. W. 2001. *Tales from the Underground: A Natural History of Subterranean Life*. Reading, MA: Perseus Publishing.

10月29日　顔

Darwin, C. 1872. *The Expression of the Emotions in Man and Animals*. Reprint, 1965. Chicago: University of Chicago Press.

Lorenz, K. 1971. *Studies in Animal and Human Behaviour*. Translated by R. Martin. Cambridge, MA: Harvard University Press.

Randall, J. A. 2001. "Evolution and function of drumming as communication in mammals." *American Zoologist* 41: 1143–56.

Todorov, A., C. P. Said, A. D. Engell, and N. N. Oosterhof. 2008. "Understanding evaluation of faces on social dimensions." *Trends in Cognitive Sciences* 12: 455–60.

11月5日　光

Caine, N. G., D. Osorio, and N. I. Mundy. 2009. "A foraging advantage for dichromatic marmosets (*Callithrix geoffroyi*) at low light intensity." *Biology Letters* 6: 36–38.

Craig, C. L., R. S. Weber, and G. D. Bernard. 1996. "Evolution of predator-prey systems: Spider foraging plasticity in response to the visual ecology of prey." *American Naturalist* 147: 205–29.

Endler, J. A. 2006. "Disruptive and cryptic coloration." *Proceedings of the Royal Society, Series B: Biological Sciences* 273: 2425–26.

———. 1997. "Light, behavior, and conservation of forest dwelling organisms." In *Behavioral Approaches to Conservation in the Wild*, edited by J. R. Clemmons and R. Buchholz, 329–55. Cambridge: Cambridge University Press.

King, R. B., S. Hauff, and J. B. Phillips. 1994. "Physiological color change in the green treefrog: Responses to background brightness and temperature." *Copeia* 1994: 422–32.

Merilaita, S., and J. Lind. 2005. "Background-matching and disruptive coloration, and the evolution of cryptic coloration." *Proceedings of the Royal Society, Series B: Biological Sciences* 272: 665–70.

Mollon, J. D., J. K. Bowmaker, and G. H. Jacobs. 1984. "Variations of color-vision in a New World primate can be explained by polymorphism of retinal photopigments." *Proceedings of the Royal Society, Series B: Biological Sciences* 222: 373–99.

Morgan, M. J., A. Adam, and J. D. Mollon. 1992. "Dichromats detect colour-camouflaged objects that are not detected by trichromats." *Proceedings of the Royal Society, Series B: Biological Sciences* 248: 291–95.

Schaefer, H. M., and N. Stobbe. 2006. "Disruptive coloration provides camouflage independent of background matching." *Proceedings of the Royal Society, Series B: Biological Sciences* 273: 2427–32.

Stevens, M., I. C. Cuthill, A. M. M. Windsor, and H. J. Walker. 2006. "Disruptive contrast in animal camouflage." *Proceedings of the Royal Society, Series B: Biological Sciences* 273: 2433–38.

11月15日　アシボソハイタカ

Bildstein, K. L., and K. Meyer. 2000. "Sharp-shinned Hawk (*Accipiter striatus*)," The Birds of North America Online (A. Poole, ed.). Ithaca, NY: Cornell Lab of Ornithology. doi:10.2173/bna.482.

Kirk, D. A., and M. J. Mossman. 1998. "Turkey Vulture (*Cathartes aura*)," The Birds of North America Online (A. Poole, ed.). Ithaca, NY: Cornell Lab of Ornithology. doi:10.2173/bna.339.

Markandya, A., T. Taylor, A. Longo, M. N. Murty, S. Murty, and K. Dhavala. 2008. "Counting the cost of vulture decline—An appraisal of the human health and other benefits of vultures in India." *Ecological Economics* 67: 194–204.

Powers, W. *The Science of Smell*. Iowa State University Extension. www.extension.iastate.edu/Publications/PM1963a.pdf.

9月26日　渡り鳥

Evans Ogden, L. J., and B. J. Stutchbury. 1994. "Hooded Warbler (*Wilsonia citrina*)," The Birds of North America Online (A. Poole, ed.). Ithaca, NY: Cornell Lab of Ornithology. doi:10.2173/bna.110.

Hughes, J. M. 1999. "Yellow-billed Cuckoo (*Coccyzus americanus*)," The Birds of North America Online (A. Poole, ed.). Ithaca, NY: Cornell Lab of Ornithology. doi:10.2173/bna.418.

Rimmer, C. C., and K. P. McFarland. 1998. "Tennessee Warbler (*Vermivora peregrina*)," The Birds of North America Online. doi:10.2173/bna.350.

10月5日　警戒の波

Agrawal, A. A. 2000. "Communication between plants: this time it's real." *Trends in Ecology and Evolution* 15: 446.

Caro, T. M., L. Lombardo, A. W. Goldizen, and M. Kelly. 1995. "Tail-flagging and other antipredator signals in white-tailed deer: new data and synthesis." *Behavioral Ecology* 6: 442–50.

Cotton, S. 2001. "Methyl jasmonate." www.chm.bris.ac.uk/motm/jasmine/jasminev.htm.

Farmer, E. E., and C. A. Ryan. 1990. "Interplant communication: airborne methyl jasmonate induces synthesis of proteinase inhibitors in plant leaves." *Proceedings of the National Academy of Sciences, USA* 87: 7713–16.

FitzGibbon, C. D., and J. H. Fanshawe. 1988. "Stotting in Thomson's gazelles: an honest signal of condition." *Behavioral Ecology and Sociobiology* 23: 69–74.

Maloof, J. 2006. "Breathe." *Conservation in Practice* 7: 5–6.

10月14日　翼果

Green, D. S. 1980. "The terminal velocity and dispersal of spinning samaras." *American Journal of Botany* 67: 1218–24.

Horn, H. S., R. Nathan, and S. R. Kaplan. 2001. "Long-distance dispersal of tree seeds by wind." *Ecological Research* 16: 877–85.

Lentink, D., W. B. Dickson, J. L. van Leewen, and M. H. Dickinson. 2009. "Leading-edge vortices elevate lift of autorotating plant seeds." *Science* 324: 1438–40.

Sipe, T. W., and A. R. Linnerooth. 1995. "Intraspecific variation in samara morphology and flight behavior in *Acer saccharinum* (Aceraceae)." *American Journal of Botany* 82: 1412–19.

Rannels, S., W. Hershberger, and J. Dillon. 1998. *Songs of Crickets and Katydids of the Mid-Atlantic States*. CD audio recording. Maugansville, MD: Wil Hershberger.

9月21日　薬

Culpeper, N. 1653. *Culpeper's Complete Herbal*. Reprint, 1985. Secaucus, NJ: Chartwell Books.

Horn, D., T. Cathcart, T. E. Hemmerly, and D. Duhl, eds. 2005. *Wildflowers of Tennessee, the Ohio Valley, and the Southern Appalachians*. Auburn, WA: Lone Pine Publishing.

Lewis, W. H., and M. P. F. Elvin-Lewis. 1977. *Medical Botany: Plants Affecting Man's Health*. New York: John Wiley and Sons.

Mann, R. D. 1985. *William Withering and the Foxglove*. Lancaster, UK: MTP Press.

Moerman, D. E. 1998. *Native American Ethnobotany*. Portland, OR: Timber Press.

U.S. Fish and Wildlife Service. 2009. *General Advice for the Export of Wild and Wild-Simulated American Ginseng* (Panax quinquefolius) *Harvested in 2009 and 2010 from States with Approved CITES Export Programs*. Washington, DC: U.S. Department of the Interior.

Vanisree, M., C.-Y. Lee, S.-F. Lo, S. M. Nalawade, C. Y. Lin, and H.-S. Tsay. 2004. "Studies on the production of some important secondary metabolites from medicinal plants by plant tissue cultures." *Botanical Bulletin of Academia Sinica* 45: 1–22.

9月23日　ケムシ

Heinrich, B. 2009. *Summer World: A Season of Bounty*. New York: Ecco.

Heinrich, B., and S. L. Collins. 1983. "Caterpillar leaf damage, and the game of hide-and-seek with birds." *Ecology* 64: 592–602.

Real, P. G., R. Iannazzi, A. C. Kamil, and B. Heinrich. 1984. "Discrimination and generalization of leaf damage by blue jays (*Cyanocitta cristata*)." *Animal Learning and Behavior* 12: 202–8.

Stamp, N. E., and T. M. Casey, eds. 1993. *Caterpillars: Ecological and Evolutionary Constraints on Foraging*. London: Chapman and Hall.

Wagner, D. L. 2005. *Caterpillars of Eastern North America: A Guide to Identification and Natural History*. Princeton, NJ: Princeton University Press.

9月23日　コンドル

Blount, J. D., D. C. Houston, A. P. Møller, and J. Wright. 2003. "Do individual branches of immune defence correlate? A comparative case study of scavenging and non-scavenging birds." *Oikos* 102: 340–50.

DeVault, T. L., O. E. Rhodes, Jr., and J. A. Shivik. 2003. "Scavenging by vertebrates: behavioral, ecological, and evolutionary perspectives on an important energy transfer pathway in terrestrial ecosystems." *Oikos* 102:225–34.

Kelly, N. E., D. W. Sparks, T. L. DeVault, and O. E. Rhodes, Jr. 2007. "Diet of Black and Turkey Vultures in a forested landscape." *Wilson Journal of Ornithology* 119: 267–70.

Webster, J., and R. W. S. Weber. 2007. *Introduction to Fungi*. 3rd ed. Cambridge: Cambridge University Press.
Whitfield, J. 2004. "Everything you always wanted to know about sexes." *PLoS Biol* 2(6): e183. doi:10.1371/journal.pbio.0020183.
Xu, J. 2005. "The inheritance of organelle genes and genomes: patterns and mechanisms." *Genome* 48: 951–58.
Yan, Z., and J. Xu. 2003. "Mitochondria are inherited from the MATa parent in crosses of the Basidiomycete fungus *Cryptococcus neoformans*." *Genetics* 163: 1315–25.

7月13日　ホタル

Eisner, T., M. A. Goetz, D. E. Hill, S. R. Smedley, and J. Meinwald. 1997. "Firefly 'femmes fatales' acquire defensive steroids (lucibufagins) from their firefly prey." *Proceedings of the National Academy of Sciences, USA* 94: 9723–28.

7月27日　射る光

Heinrich, B. 1996. *The Thermal Warriors: Strategies of Insect Survival*. Cambridge, MA: Harvard University Press.
Hull, J. C. 2002. "Photosynthetic induction dynamics to sunflecks of four deciduous forest understory herbs with different phenologies." *International Journal of Plant Sciences* 163: 913–24.
Williams, W. E., H. L. Gorton, and S. M. Witiak. 2003. "Chloroplast movements in the field." *Plant Cell and Environment*: 2005–14.

8月1日　エフトとコヨーテ

Brodie, E. D. 1968. "Investigations on the skin toxin of the Red-Spotted Newt, *Notophthalmus viridescens viridescens*." *American Midland Naturalist* 80:276–80.
Hampton, B. 1997. *The Great American Wolf*. New York: Henry Holt and Company.
Parker, G. 1995. *Eastern Coyote: The Story of Its Success*. Halifax, Nova Scotia: Nimbus Publishing.

8月8日　ツチグリ

Hibbett, D. S., E. M. Pine, E. Langer, G. Langer, and M. J. Donoghue. 1997. "Evolution of gilled mushrooms and puffballs inferred from ribosomal DNA sequences." *Proceedings of the National Academy of Sciences, USA* 94: 12002–6.

8月26日　キリギリス

Capinera, J. L., R. D. Scott, and T. J. Walker. 2004. *Field Guide to Grasshoppers, Katydids, and Crickets of the United States*. Ithaca, NY: Cornell University Press.
Gerhardt, H. C., and F. Huber. 2002. *Acoustic Communication in Insects and Anurans*. Chicago: University of Chicago Press.
Gwynne, D. T. 2001. *Katydids and Bush-Crickets: Reproductive Behavior and Evolution of the Tettigoniidae*. Ithaca, NY: Cornell University Press.

Nation, J. L. 2008. *Insect Physiology and Biochemistry*. Boca Raton, FL: CRC Press.
Waldbauer, G. 1993. *What Good Are Bugs?: Insects in the Web of Life*. Cambridge, MA: Harvard University Press.

5月25日　さざ波

Clements, A. N. 1992. *The Biology of Mosquitoes: Development, Nutrition, and Reproduction*. London: Chapman and Hall.
Hames, R. S., K. V. Rosenberg, J. D. Lowe, S. E. Barker, and A. A. Dhondt. 2002. "Adverse effects of acid rain on the distribution of Wood Thrush *Hylocichla mustelina* in North America." *Proceedings of the National Academy of Sciences, USA* 99: 11235–40.
Spielman, A., and M. D'Antonio. 2001. *Mosquito: A Natural History of Our Most Persistent and Deadly Foe*. New York: Hyperion.
Whittow, G. C., ed. 2000. *Sturkie's Avian Physiology*. 5th ed. San Diego: Academic Press.

6月2日　クエスト(探索)

Klompen, H., and D. Grimaldi. 2001. "First Mesozoic record of a parasitiform mite: a larval Argasid tick in Cretaceous amber (Acari: Ixodida: Argasidae)." *Annals of the Entomological Society of America* 94: 10–15.
Sonenshine, D. E. 1991. *Biology of Ticks*. Oxford: Oxford University Press.

6月10日　シダ

Schneider, H., E. Schuettpelz, K. M. Pryer, R. Cranfill, S. Magallon, and R. Lupia. 2004. "Ferns diversified in the shadow of angiosperms." *Nature* 428: 553–57.
Smith, A. R., K. M. Pryer, E. Schuettpelz, P. Korall, H. Schneider, and P. G. Wolf. 2006. "A classification for extant ferns." *Taxon* 55:705–31.

6月20日　からまって

Haase, M., and A. Karlsson. 2004. "Mate choice in a hermaphrodite: you won't score with a spermatophore." *Animal Behaviour* 67: 287–91.
Locher, R., and B. Baur. 2000. "Mating frequency and resource allocation to male and female function in the simultaneous hermaphrodite land snail *Arianta arbustorum*." *Journal of Evolutionary Biology* 13: 607–14.
Rogers, D. W., and R. Chase. 2002. "Determinants of paternity in the garden snail *Helix aspersa*." *Behavioral Ecology and Sociobiology* 52: 289–95.
Webster, J. P., J. I. Hoffman, and M. A. Berdoy. 2003. "Parasite infection, host resistance and mate choice: battle of the genders in a simultaneous hermaphrodite." *Proceedings of the Royal Society, Series B: Biological Sciences* 270: 1481–85.

7月2日　菌類

Hurst, L. D. 1996. "Why are there only two sexes?" *Proceedings of the Royal Society, Series B: Biological Sciences* 263: 415–22.

Young, M. 1997. *The Natural History of Moths*. London: T. and A. D. Poyser.

4月16日　早起き鳥

Pedrotti, F. L., L. S. Pedrotti, and L. M. Pedrotti. 2007. *Introduction to Optics*. 3rd ed. Upper Saddle River, NJ: Pearson Prentice Hall.
Wiley, R. H., and D. G. Richards. 1978. "Physical constraints on acoustic communication in the atmosphere: implications for the evolution of animal vocalizations." *Behavioral Ecology and Sociobiology* 3: 69–94.

4月22日　歩くタネ

Beattie, A., and D. C. Culver. 1981. "The guild of myrmecochores in a herbaceous flora of West Virginia forests." *Ecology* 62: 107–15.
Cain, M. L., H. Damman, and A. Muir. 1998. "Seed dispersal and the holocene migration of woodland herbs." *Ecological Monographs* 68: 325–47.
Clark, J. S. 1998. "Why trees migrate so fast: confronting theory with dispersal biology and the paleorecord." *American Naturalist* 152: 204–24.
Ness, J. H. 2004. "Forest edges and fire ants alter the seed shadow of an ant-dispersed plant." *Oecologia* 138: 448–54.
Smith, B. H., P. D. Forman, and A. E. Boyd. 1989. "Spatial patterns of seed dispersal and predation of two myrmecochorous forest herbs." *Ecology* 70: 1649–56.
Vellend, M., Myers, J. A., Gardescu, S., and P. L. Marks. 2003. "Dispersal of *Trillium* seeds by deer: implications for long-distance migration of forest herbs." *Ecology* 84: 1067–72.

4月29日　地震

U.S. Geological Survey, Earthquake Hazards Program. "Magnitude 4.6 Alabama." http://neic.usgs.gov/neis/eq_depot/2003/eq_030429/.

5月7日　風

Ennos, A. R. 1997. "Wind as an ecological factor." *Trends in Ecology and Evolution* 12: 108–11.
Vogel, S. 1989. "Drag and reconfiguration of broad leaves in high winds." *Journal of Experimental Botany* 40: 941–48.

5月18日　草食動物

Ananthakrishnan, T. N., and A. Raman. 1993. *Chemical Ecology of Phytophagous Insects*. New York: International Science Publisher.
Chown, S. L., and S. W. Nicolson. 2004. *Insect Physiological Ecology*. Oxford: Oxford University Press.
Hartley, S. E., and C. G. Jones. 2009. "Plant chemistry and herbivory, or why the world is green." In *Plant Ecology*, edited by M. J. Crawley. 2nd ed. Oxford: Blackwell Publishing.

from clear-cutting?" *Conservation Biology* 6: 196–201.
Haskell, D. G., J. P. Evans, and N. W. Pelkey. 2006. "Depauperate avifauna in plantations compared to forests and exurban areas." *PLoS ONE* 1: e63. doi:10.1371/journal.pone.0000063.
Meier, A. J., S. P. Bratton, and D. C. Duffy. 1995. "Possible ecological mechanisms for loss of vernal-herb diversity in logged eastern deciduous forests." *Ecological Applications* 5: 935–46.
Perez-Garcia, J., B. Lippke, J. Comnick, and C. Manriquez. 2005. "An assessment of carbon pools, storage, and wood products market substitution using life-cycle analysis results." *Wood and Fiber Science* 37: 140–48.
Prestemon, J. P., and R. C. Abt. 2002. "Timber products supply and demand." Chap. 13 in *Southern Forest Resource Assessment*, edited by D. N. Wear and J. G. Greis. General Technical Report SRS-53, U.S. Department of Agriculture. Asheville, NC: Forest Service, Southern Research Station.
Scharai-Rad, M., and J. Welling. 2002. "Environmental and energy balances of wood products and substitutes." Rome: Food and Agriculture Organization of the United Nations. www.fao.org/docrep/004/y3609e/y3609e00.HTM.
Yarnell, S. 1998. *The Southern Appalachians: A History of the Landscape*. General Technical Report SRS-18, U.S. Department of Agriculture. Asheville, NC: Forest Service, Southern Research Station.

4月2日　花

Fenster, C. B., W. S Armbruster, P. Wilson, M. R. Dudash, and J. D. Thomson. 2004. "Pollination syndromes and floral specialization." *Annual Review of Ecology, Evolution, and Systematics* 35: 375–403.
Fosket, D. E. 1994. *Plant Growth and Development: A Molecular Approach*. San Diego: Academic Press.
Snow, A. A., and T. P. Spira. 1991. "Pollen vigor and the potential for sexual selection in plants." *Nature* 352: 796–97.
Walsh, N. E., and D. Charlesworth. 1992. "Evolutionary interpretations of differences in pollen-tube growth-rates." *Quarterly Review of Biology* 67: 19–37.

4月8日　木部

Ennos, R. 2001. *Trees*. Washington, DC: Smithsonian Institution Press.
Hacke, U. G., and J. S. Sperry. 2001. "Functional and ecological xylem anatomy." *Perspectives in Plant Ecology, Evolution and Systematics* 4: 97–115.
Sperry, J. S., J. R. Donnelly, and M. T. Tyree. 1988. "Seasonal occurrence of xylem embolism in sugar maple (*Acer saccharum*)." *American Journal of Botany* 75: 1212–18.
Tyree, M. T., and M. H. Zimmermann. 2002. *Xylem Structure and the Ascent of Sap*. 2nd ed. Berlin: Springer-Verlag.

4月14日　蛾

Smedley, S. R., and T. Eisner. 1996. "Sodium: a male moth's gift to its offspring." *Proceedings of the National Academy of Sciences, USA* 93: 809–13.

2月28日 サラマンダー

Duellman, W. E., and L. Trueb. 1994. *Biology of Amphibians*. Baltimore: Johns Hopkins University Press.

Milanovich, J. R., W. E. Peterman, N. P. Nibbelink, and J. C. Maerz. 2010. "Projected loss of a salamander diversity hotspot as a consequence of projected global climate change." *PLoS ONE* 5: e12189. doi:10.1371/journal.pone.0012189.

Petranka, J. W. 1998. *Salamanders of the United States and Canada*. Washington, DC: Smithsonian Institution Press.

Petranka, J. W., M. E. Eldridge, and K. E. Haley. 1993. "Effects of timber harvesting on Southern Appalachian salamanders." *Conservation Biology* 7: 363–70.

Ruben, J. A., and A. J. Boucot. 1989. "The origin of the lungless salamanders (Amphibia: Plethodontidae)." *American Naturalist* 134: 161–69.

Stebbins, R. C., and N. W. Cohen. 1995. *A Natural History of Amphibians*. Princeton, NJ: Princeton University Press.

Vieites, D. R., M.-S. Min, and D. B. Wake. 2007. "Rapid diversification and dispersal during periods of global warming by plethodontid salamanders." *Proceedings of the National Academy of Sciences, USA* 104: 19903–7.

3月13日 雪割草

Bennett, B. C. 2007. "Doctrine of Signatures: an explanation of medicinal plant discovery or dissemination of knowledge?" *Economic Botany* 61: 246–55.

Hartman, F. 1929. *The Life and Doctrine of Jacob Boehme*. New York: Macoy.

McGrew, R. E. 1985. *Encyclopedia of Medical History*. New York: McGraw-Hill.

3月13日 カタツムリ

Chase, R. 2002. *Behavior and Its Neural Control in Gastropod Molluscs*. Oxford: Oxford University Press.

3月25日 スプリング•エフェメラル

Choe, J. C., and B. J. Crespi. 1997. *The Evolution of Social Behavior in Insects and Arachnids*. Cambridge: Cambridge University Press.

Curran, C. H. 1965. *The Families and Genera of North American* Diptera. Woodhaven, NY: Henry Tripp.

Motten, A. F. 1986. "Pollination ecology of the spring wildflower community of a temperate deciduous forest." *Ecological Monographs* 56: 21–42.

Sun, G., Q. Ji, D. L. Dilcher, S. Zheng, K. C. Nixon, and X. Wang. 2002. "Archaefructaceae, a new basal Angiosperm family." *Science* 296: 899–904.

Wilson, D. E., and S. Ruff. 1999. *The Smithsonian Book of North American Mammals*. Washington, DC: Smithsonian Institution Press.

4月2日 チェーンソー

Duffy, D. C., and A. J Meier. 1992. "Do Appalachian herbaceous understories ever recover

Gill, J. L., J. W. Williams, S. T. Jackson, K. B. Lininger, and G. S. Robinson. 2009. "Pleistocene megafaunal collapse, novel plant communities, and enhanced fire regimes in North America." *Science* 326: 1100–1103.

Graham, R. W. 2003. "Pleistocene tapir from Hill Top Cave, Trigg County, Kentucky, and a review of Plio-Pleistocene tapirs of North America and their paleoecology." In *Ice Age Cave Faunas of North America*, edited by B. W. Schubert, J. I. Mead, and R. W. Graham, 87–118. Bloomington: Indiana University Press.

Harriot, T. 1588. *A Briefe and True Report of the New Found Land of Virginia*. Reprint, 1972. New York: Dover Publications.

Hicks, D. J., and B. F. Chabot. 1985. "Deciduous forest." In *Physiological Ecology of North American Plant Communities*, edited by B. F. Chabot and H. A. Mooney, 257–77. New York: Chapman and Hall.

Hobson, P. N., ed. 1988. *The Rumen Microbial Ecosystem*. Barking, UK: Elsevier Science Publishers.

Lange, I. M. 2002. *Ice Age Mammals of North America: A Guide to the Big, the Hairy, and the Bizarre*. Missoula, MT: Mountain Press.

Martin, P. S., and R. G. Klein. 1984. *Quaternary Extinctions*. Tucson: University of Arizona Press.

McDonald, H. G. 2003. "Sloth remains from North American caves and associated karst features." In *Ice Age Cave Faunas of North America*, edited by B. W. Schubert, J. I. Mead, and R. W. Graham, 1–16. Bloomington: Indiana University Press.

Salley, A. S., ed. 1911. *Narratives of Early Carolina, 1650–1708*. New York: Scribner's Sons.

2月16日　コケ

Bateman, R. M., P. R. Crane, W. A. DiMichele, P. R. Kendrick, N. P. Rowe, T. Speck, and W. E. Stein. 1998. "Early evolution of land plants: phylogeny, physiology, and ecology of the primary terrestrial radiation." *Annual Review of Ecology and Systematics* 29: 263–92.

Conrad, H. S. 1956. *How to Know the Mosses and Liverworts*. Dubuque, IA: W. C. Brown.

Goffinet, B., and A. J. Shaw, eds. 2009. *Bryophyte Biology*. 2nd ed. Cambridge: Cambridge University Press.

Qiu, Y.-L., L. Li, B. Wang, Z. Chen, V. Knoop, M. Groth-Malonek, O. Dombrovska, J. Lee, L. Kent, J. Rest, G. F. Estabrook, T. A. Hendry, D. W. Taylor, C. M. Testa, M. Ambros, B. Crandall-Stotler, R. J. Duff, M. Stech, W. Frey, D. Quandt, and C. C. Davis. 2006. "The deepest divergences in land plants inferred from phylogenomic evidence." *Proceedings of the National Academy of Sciences, USA* 103: 15511–16.

Qiu Y.-L., L. B. Li, B. Wang, Z. D. Chen, O. Dombrovska, J. J. Lee, L. Kent, R. Q. Li, R. W. Jobson, T. A. Hendry, D. W. Taylor, C. M. Testa, and M. Ambros. 2007. "A nonflowering land plant phylogeny inferred from nucleotide sequences of seven chloroplast, mitochondrial, and nuclear genes." *International Journal of Plant Sciences* 168: 691–708.

Richardson, D. H. S. 1981. *The Biology of Mosses*. New York: John Wiley and Sons.

Grubb, T. C., Jr., and V. V. Pravasudov. 1994. "Tufted Titmouse (*Baeolophus bicolor*)," The Birds of North America Online (A. Poole, ed.). Ithaca, NY: Cornell Lab of Ornithology; doi:10.2173/bna.86.

Honkavaara, J., M. Koivula, E. Korpimäki, H. Siitari, and J. Viitala. 2002. "Ultraviolet vision and foraging in terrestrial vertebrates." *Oikos* 98: 505–11.

Karasov, W. H., M. C. Brittingham, and S. A. Temple. 1992. "Daily energy and expenditure by Black-capped Chickadees (*Parus atricapillus*) in winter." *Auk* 109: 393–95.

Marchand, P. J. 1991. *Life in the Cold*. 2nd ed. Hanover, NH: University Press of New England.

Mostrom, A. M., R. L. Curry, and B. Lohr. 2002. "Carolina Chickadee (*Poecile carolinensis*)." The Birds of North America Online. doi:10.2173/bna.636.

Norberg, R. A. 1978. "Energy content of some spiders and insects on branches of spruce (*Picea abies*) in winter: prey of certain passerine birds." *Oikos* 31: 222–29.

Pravosudov, V. V., T. C. Grubb, P. F. Doherty, C. L. Bronson, E. V. Pravosudova, and A. S. Dolby. 1999. "Social dominance and energy reserves in wintering woodland birds." *Condor* 101: 880–84.

Saarela, S., B. Klapper, and G. Heldmaier. 1995. "Daily rhythm of oxygen-consumption and thermoregulatory responses in some European winter-acclimatized or summer-acclimatized finches at different ambient-temperatures." *Journal of Comparative Physiology B: Biochemical, Systems, and Environmental Physiology* 165: 366–76.

Swanson, D. L., and E. T. Liknes. 2006. "A comparative analysis of thermogenic capacity and cold tolerance in small birds." *Journal of Experimental Biology* 209: 466–74.

Whittow, G. C., ed. 2000. *Sturkie's Avian Physiology*. 5th ed. San Diego: Academic Press.

1月30日　冬の植物

Fenner, M., and K. Thompson. 2005. *The Ecology of Seeds*. Cambridge: Cambridge University Press.

Lambers, H., F. S. Chapin, and T. L. Pons. 1998. *Plant Physiological Ecology*. Berlin: Springer-Verlag.

Sakai, A., and W. Larcher. 1987. *Frost Survival of Plants: Responses and Adaptation to Freezing Stress*. Berlin: Springer-Verlag.

Taiz, L., and E. Zeiger. 2002. *Plant Physiology*. 3rd ed. Sunderland, MA: Sinauer Associates.

2月2日　足跡

Allen, J. A. 1877. *History of the American Bison*. Washington, DC: U.S. Department of the Interior.

Barlow, C. 2001. "Anachronistic fruits and the ghosts who haunt them." *Arnoldia* 61: 14–21.

Clarke, R. T. J., and T. Bauchop, eds. 1977. *Microbial Ecology of the Gut*. New York: Academic Press.

Delcourt, H. R., and P. A. Delcourt. 2000. "Eastern deciduous forests." In *North American Terrestrial Vegetation*, 2nd ed., edited by M. G. Barbour and W. D. Billings, 357–95. Cambridge: Cambridge University Press.

参考文献

はじめに

Bentley, G. E., ed. 2005. *William Blake: Selected Poems*. London: Penguin.

1月1日　パートナーシップ

Giles, H. A., trans. and ed. 1926. *Chuang Tzŭ*. 2nd ed., reprint 1980. London: Unwin Paperbacks.

Hale, M. E. 1983. *The Biology of Lichens*. 3rd ed. London: Edward Arnold.

Hanelt, B., and J. Janovy. 1999. "The life cycle of a horsehair worm, *Gordius robustus* (Nematomorpha: Gordioidea)." *Journal of Parasitology* 85: 139–41.

Hanelt, B., L. E. Grother, and J. Janovy. 2001. "Physid snails as sentinels of freshwater nematomorphs." *Journal of Parasitology* 87: 1049–53.

Nash, T. H., III, ed. 1996. *Lichen Biology*. Cambridge: Cambridge University Press.

Purvis, W. 2000. *Lichens*. Washington, DC: Smithsonian Institution Press.

Rivera, M. C., and J. A. Lake. 2004. "The ring of life provides evidence for a genome fusion origin of eukaryotes." *Nature* 431:152–55.

Thomas, F., A. Schmidt-Rhaesa, G. Martin, C. Manu, P. Durand, and F. Renaud. 2002. "Do hairworms (Nematomorpha) manipulate the water seeking behaviour of their terrestrial hosts?" *Journal of Evolutionary Biology* 15: 356–61.

1月17日　ケプラーの贈り物

Kepler, J. 1966. *The Six-Cornered Snowflake*. 1661. Translation and commentary by C. Hardie, B. J. Mason, and L. L. Whyte. Oxford: Clarendon Press.

Libbrecht, K. G. 1999. "A Snow Crystal Primer." Pasadena: California Institute of Technology. www.its.caltech.edu/~atomic/snowcrystals/primer/primer.htm.

Meinel, C. 1988. "Early seventeenth-century atomism: theory, epistemology, and the insufficiency of experiment." *Isis* 79: 68–103.

1月21日　ある実験

Cimprich, D. A., and T. C. Grubb. 1994. "Consequences for Carolina Chickadees of foraging with Tufted Titmice in winter." *Ecology* 75: 1615–25.

Cooper, S. J., and D. L. Swanson. 1994. "Seasonal acclimatization of thermoregulation in the Black-capped Chickadee." *Condor* 96: 638–46.

Doherty, P. F., J. B. Williams, and T. C. Grubb. 2001. "Field metabolism and water flux of Carolina Chickadees during breeding and nonbreeding seasons: A test of the 'peak-demand' and 'reallocation' hypotheses." *Condor* 103: 370–75.

Gill, F. B. 2007. *Ornithology*. 3rd ed. New York: W. H. Freeman.

ペッカリー　49
ヘパティカ　68, 71, 77, 83, 93, 95, 96, 116, 117, 163, 166, 261
ベルクマンの規則　26, 33
防御用化学物質　235, 236
胞子（菌類）　169〜172
胞子（シダ）　158〜161
胞子嚢　160
放線菌　279, 280
ホタル　175〜179
ホタルの発光の仕組み　179
ポドフィルム（アメリカミヤマソウ）　127, 209, 210, 212
ボブキャット　47, 51
ホワイト，ギルバート　306

【マ行】

マウンテン・ライオン　51
マグノリア・ウォーブラー　228
マストドン　50
マッドパピー　191
マミジロアメリカムシクイ　214
マラリア　145〜147
マルハナバチ　210
曼荼羅（仏教）　7〜9
水を運ぶ木のシステム　100
ミソサザイ　108, 262, 267
ミトコンドリア　173, 178, 179
ミナミミズツグミ　108
ムカデ　79
「無垢の予兆」　8
ムナジロゴジュウカラ　110
鳴管　110
鳴禽類　62
瞑想　307
メープルリーフ・ヴィブルヌム　41
メガネアメリカムシクイ　108
メタンガス　280
メニスカス　55
木部　100〜102, 135, 136
モズモドキ　34, 109
モリツグミ　110

【ヤ行】

薬効のある化学物質　212
ヤドリバエ科　206
ヤムイモ　210〜212
ユリノキ　242, 276
葉痕　269
葉緑体　39
ヨーロピアン・スラッグ　252
翼果　242, 243
ヨコバイ　135〜137

【ラ行】

ライム病　156
ラオンタン男爵　48
ラン　85
リードのパラドックス　119
リーフカップ　37, 261, 273
リス　232, 234, 245〜247, 268, 296, 297, 299
リヒター・スケール　124
林冠　272〜276
リン酸　284
リンナエウス，カルロス　305
ルイヨウボタン（ブルーコホシュ）　95
ルシフェリン　178, 179
励起電子　39, 181
レオポルド，アルド　305
レッサーアングルウィングド・ケイティディド　207
レッドエフト　187〜189, 197
老子　130
ローレンツ，コンラート　248, 249
ロッキー山紅斑熱　156
ロンドン・タイムズ紙　140

【ワ行】

渡り鳥　34, 227〜231

天文学　70
導管　100, 101
道教　13, 129, 132
動的システム　87
毒蛾　215～218
特徴説　70, 71
トビムシ　290～292
鳥の色覚受容体　30
鳥の死亡率　34
鳥の体重と力のバランス　263
トンガス国立森林公園　298

【ナ行】

ナッシュビル・ウォーブラー　228
ナツノハナワラビ　160
ナデシコ科　96
ナトリウム　104～106
鉛　225
ナメクジ　252～255, 258, 260
ニオイベンゾイン（アメリカクロモジ）　12, 134
二色覚者　258～260
西ナイルウイルス　145, 150
ニューヨーク・タイムズ紙　140
ニワウルシ　276, 277
ニンフ（若虫）　155
ネイティブアメリカン　48, 51, 194, 210, 211
熱損失　26
ノドグロミドリアメリカムシクイ　76, 110

【ハ行】

パートナーシップ　12～19, 42, 84
ハイイロオオカミ（タイリクオオカミ）　51, 195
胚芽　169
バイカカラマツソウ（ルーアネモネ）　77, 83, 95, 96
バク　49
バクテリア　14～16, 19, 42, 44, 45, 79, 136, 137, 173, 223, 279, 280, 285, 291
ハコベ　92, 94, 96, 97
パターン認識　258, 259
ハチ　80～83, 92
伐採　65, 86～91, 298
ハナバチ　83～85, 93, 96, 115
羽の断熱効果　27
羽のデザイン　266
バベシア症　156
ハモグリムシ　134
ハラー器官　153
ハリオット，トーマス　48
ハリガネムシ　17～19
バルサムモミ　140
ハルヒメソウ　77, 78, 83～85, 95, 96
半翅目　281
反芻動物　42～47
ヒアリ　122
光　254, 255, 260, 272, 300
光をめぐる競争　270, 271
飛翔筋　27
微生物　42, 45, 223, 279, 280, 282, 291
ビタミン　39
ヒッコリー　99～102, 114, 115, 129, 130, 271, 274, 276
『人及び動物の表情について』　248
ヒトツボシダニ　151, 152, 155, 156
ヒメコンドル　220～226
ヒメバチ　183～185
ヒメミミズ　293
皮目　269
氷河期　49, 88, 118
フィトクロム　273
風媒受粉　114, 115
フェロモン　61, 155
ブチイモリ　189, 190
ブラリナトガリネズミ　79, 80
ブレイク，ウイリアム　8
プロゲステロン　211
ベーメ，ヤコブ　68, 69

シジミチョウ科　217
地震　123～126
歯舌　293
自然淘汰　34, 121, 129, 138, 165～167, 175, 212, 215, 218, 240
シダ　84, 157～162
子嚢菌類　169～171, 174
師部　135
シマセゲラ　36, 109
シマリス　232～234
ジャコウウシ　49
ジャスモン酸　236
集光性色素　181, 182
雌雄同体　94, 163～167
『種の起源』　244
受粉媒介者　84, 95, 96
ショウジョウコウカンチョウ　110, 256
植物の生理機能　38
植林地　89
除草剤　89
シロアリ　42
シロキツネノサカズキ　168, 169, 171
シロクロアメリカムシクイ　76, 107
シロトビムシ科　290, 291
シンリンバイソン　49
森林浴　237
スイートシスリー　181, 254, 260
水素イオン　282
スプリング・エフェメラル　77, 78, 80, 83, 85, 87, 94, 96, 114, 117～122, 165
スペクトル　254, 274
スポテッド・サラマンダー　190
スミロドン　51
セイヨウシロヤナギ　209
セイヨウナツユキソウ　209
赤色光　272, 273
セジロアカゲラ　304
セジロコゲラ　32, 227, 228
節足動物　292
『セルボーンの博物誌』　306
セルロース　42
線形動物　79, 289, 294
蠕虫　293
前葉体　160, 161
荘子　13
草食（性）昆虫　134, 135, 138～141
草食動物　47, 48, 50, 51, 139
藻（類）　14, 15, 19
ゾロアスター教徒　225
ソロー　110, 148

【タ行】

ダーウィン，チャールズ　50, 183～185, 244, 248
ダイアウルフ　51
ダイアンサス　96
第一胃　42～46, 137
体制　288
苔類　54
タオイズム　129
ダニ　47, 79, 151～156
タネツケバナ　69
担子菌類　170, 174
炭素　277
炭疽菌　224
タンニン　140
地衣類　13～17
地上性ナマケモノ　49, 50
窒素　280
チャバラマユミソサザイ　108
チャバラミソサザイ　36
チャワンタケ　168
重複受精　94
ツーライン・サラマンダー　191
ツキヒメハエトリ属　107
ツグミ　212
ツチグリ　198, 202
ツノゴケ類　55
ツメバケイ　42
ツリアブ　83～85
ディスプレイ　256
テネシー・ウォーブラー　228

カッコウ　206, 229, 230
カパーヘッド　175
ガマズミ　41, 135
花蜜　95, 96
カモフラージュ　215, 256
カリウム　105
狩りバチ　217
芽鱗痕　270, 271, 277
カルシウム　148〜150
カロライナコガラ　25〜27, 32, 34, 36, 107
環境保護活動　306
カンバーランド台地　9, 126
カンムリキツツキ　109
キツツキ　32, 109, 256
キツネノテブクロ　209
キバシカッコウ　229
ギャップ　11, 273, 274, 276, 277
休眠状態（植物）　77
キリ　276, 277
キリギリス　203〜207, 245
菌根　284, 285, 291
菌根菌　284, 286
菌糸　169, 171, 172, 283, 284
菌類　14〜16, 44, 79, 168〜174, 223, 283, 284, 291
偶蹄類　41
クエスト（探索）　151〜156
薬　68, 208〜213
朽ち木　65
クリスマスシダ　39, 158
グレイ，エイサ　183, 184
クロズキンアメリカムシクイ　107, 227
ケープ・メイ・ウォーブラー　228
ケプラー，ヨハネス　20〜24
ケムシ（イモムシ）　134, 140, 183〜185, 214〜219
顕花植物　84, 161, 162
嫌気性　43
原生生物　42, 44, 79, 280, 282
コウウチョウ　109
口円錐　154
光合成　43
光子　111, 112, 178
抗生物質　279
交配型　171〜173
ゴーディアンの結び目　19
コオロギ　17〜19, 205, 245, 246
コガラ　29〜32
コガラの視力　29, 30
コケ　39, 53〜59
コネチカット・ウォーブラー　228
コヨーテ　52, 191, 192, 194〜197, 300〜303
ゴルフボール　198〜202
コレラウイルス　224
婚姻ギフト（食物嚢）　206
根圏　282, 283
根毛　281, 282
コンロンソウ　77, 85, 95

【サ行】

細根　281, 284
さえずり飛翔　108
サザン・レッドバックサラマンダー　61
叉状器　290
サトウカエデ　98
サナダムシ　166
サラマンダー　60〜66, 86, 187〜191, 208, 290
三色覚者　258〜260
サンフレック　181〜183, 185, 186, 256, 274
シアノバクテリア　15
シードシャドウ　240〜242
ジェファーソン，トーマス　50
シカ　119, 121, 194, 196, 197
シカの警戒声　232〜234
自家受精　93, 166
ジギタリス　209
ジグザグサラマンダー　61
子実体　168〜170

索引

【ア行】
アーサー王伝説　152
アオカケス　109
アカネグサ　69, 134
アカフウキンチョウ　34, 256
アカメモズモドキ　109
アシボソハイタカ　262～267
アスピリン　209
アッシュ，トーマス　48
アブラムシ　135
アマガエル　256
アミノ酸　136, 137
アメリカアカオオカミ　195
アメリカキクイタダキ　36
アメリカコガラ　227, 228
アメリカサイカチ　50
アメリカサンショウウオ属　61～64, 66, 190
アメリカスマソウ　67, 68
アメリカトネリコ　242, 270
アメリカニンジン　211, 212
アメリカハコガメ　210
アメリカヒイラギ（アメリカヒイラギモチ）　50
アメリカフクロウ　301
アメリカマストドン　49
アメリカムシクイ　34, 107, 108, 208, 214, 219, 227～230
アメリカライオン　51
アライグマ　247～250
アリ　95, 116～118, 121, 216～218
アリマタヤのヨセフ　152
アルカエフルクトゥス　84
アルミニウム　282
アレキサンダー大王　19
アンテロープ　49
イエカ　144, 145
一酸化炭素　179
隠花植物　161
インドジャボク　69
隠蔽擬態　256, 257
エーリキア症　156
餌箱　266, 267
エタンチオール　222
エフト　189, 190
エボシガラ　32, 36, 37, 107
エマーソン，ラルフ・ウォルドー　273
エライオソーム　117, 120, 122
遠赤色光　272, 273
エンレイソウ　78, 118, 134
オウゴンヒワ　109
オオカミ　51, 192～195
オーク　276
オオシモフリエダシャク　257
オーセージ・オレンジ（アメリカハリグワ）　51
オジロジカ　41, 46, 235
音のネットワーク　233, 234

【カ行】
外来種　276
蚊　142～147
蛾　103～106
カエデ　98～102, 114, 115, 131, 270
カエデの種子　238～243
顔　247～250
攪乱　87, 274
化石　50, 51, 54, 84
風による種子散布　239, 240
カタツムリ　72～75, 148～150, 163～167, 292, 293
家畜化　250

訳者あとがき

『コケの自然誌』に続き、幸運にも、ネイチャーライティングの秀作を訳す機会をいただいた。ちょうど本書の翻訳原稿があがったころ、二〇一三年のピュリッツァー賞の発表があり、受賞こそ逃したものの、本書は「一般ノンフィクション」部門の最終選考に残った三作品の一つである。ニューヨーク・タイムズ紙やウォール・ストリート・ジャーナル紙をはじめ、メディアによる評価も高い。これほど高い評価を受けるのはなぜなのだろう。

一平方メートルという、ほんの畳半畳ほどの広さの原生林をつぶさに観察することを通して、森羅万象の不思議に思いを馳せる——そのこと自体を、初め私はそれほど目新しいことと感じなかった。でもそれはおそらく、私が日本人であるからなのだ、と思い至った。私たち日本人はそもそも、小さきものを愛でることが好きだ。盆栽も、箱庭も、苔玉も、縮小された自然であり、世界である。大きくて複雑なもののエッセンスを、小さなものに見出す、という行為が日本人は大好きなのだ。だから、この一平方メートルの土地に、それが存在する森全体が、そしてその森が存在する世界全体が存在している、と考えることに、（少なくとも私は）何の不思議も感じない。

また日本には、春夏秋冬という四つの季節だけでなく、一年を二四の節気に分け、さらにそれを三つずつの「候」に分ける、「七十二候」と呼ばれる季節の呼び名がある。もともとは中国のものが日本に伝わり、江戸時代以降、日本の気候風土に合わせて改訂が加えられたという。七十二候の各名称は、そのころ、天候や自然界にどんなことが起きるかを短文で表わしたもの。たとえば太陽暦の三月二五日から二九日ごろは「桜始開（さくらはじめてひらく）」。五月五日から九日になれば「蛙始鳴（かえるはじめてなく）」。秋、一〇月一八日から二二日ごろまでは「蟋蟀在戸（きりぎりすとにあり）」。そして節気で言えば大寒の一月二五日から二九日は「水沢腹堅（みずさわあつくかたし）」といった具合だ。なんと美しい世界の捉え方だろう。七十二候の名称には俳句の季語になったものもある。季語が成立したのは平安時代だが、さらに古く、万葉集の時代から、日本の詩歌と季節は切っても切り離せないものだった。つまりそうやって日本人は、昔から季節に寄り添うようにして暮らしてきたのだ。

本書の舞台となるテネシー州の森も、冬は雪に閉ざされ、春は花々が咲き乱れ、夏はホタルやセミが飛び交い、秋には落ち葉が地面を覆う、四季折々の変化が豊かな土地であることが本書からわかる。著者はここで、一年間、まさに移ろう季節に寄り添うようにして、彼が「曼荼羅」と呼ぶ森の中の小宇宙を観察し、読者もまた、一年間の季節の移り変わりを追体験することになる。

この場所を曼荼羅と呼ぶこと、またタオイズムや禅に再三言及していることからは、著者が東洋思想の影響を受けていることが明らかだ。また彼の文章が非常に詩的で、文学的な隠喩をちりばめたものであることも、詩歌に季節を詠みこんできた日本人との共通点を思わせる。ネイチャーライティングというジャンルが成熟しているアメリカで本書を際立たせたのは、まさにこの東洋的な（そして私たちにとってはあまりにも自然なことに思える）視点だったのではないのだろうか。

四季の移ろいを書き記すだけならそれは歳時記であるが、本書が単なる「英語で書かれた歳時記」ではないのは、著者の観察を裏づける圧倒的な科学的知見による。「蛙始めて鳴く」と観察するだけではなくて、蛙は「なぜ」この頃に鳴きはじめるか、それを解き明かすのが本書なのだ。鳥の飛翔の秘密、ホタルが光るメカニズム、森の植物同士のコミュニケーション……。まるで、パソコンのスクリーンに映し出された森の写真の、一輪の花を（あるいは一匹の虫を）クリックしたら、それに関する膨大な情報を提供する別のページに飛んだかのように、私たちが普段ごく当たり前に目にしているものの裏に、じつはどれほどの奇跡が隠されているかを鮮やかに見せてくれる。楽しい驚きの連続である。だから本書の真の価値は、自然という大きなものを曼荼羅という小さなものに縮めて見せた、そのことにあるのではなく、小さな曼荼羅を通して読者に見せてくれる世界の深さ、広大さにあるのだと思う。

さらにその科学的知見や観察された事象の解釈は、現代の動植物学の先端を行く、ときに一般的な科学の常識を覆すものでもある。シカの減少を食い止めるために人間がとってきたさまざまな手段は、じつは自然な森のあり方に反する結果を招いたのではないか。菌根に関する最新の実験結果は、森の木にあっては「個体」という概念は幻想であることを示唆する——。自然において他と隔絶されたものは存在せず、あらゆるものが関係し合い、繋がり合っている、というのは、本書に繰り返し登場する主題だが、これは精神世界的な文脈で「ワンネス（oneness）」と呼ばれる概念に近い。

ニューヨーク・タイムズ紙はハスケルを「生物学者のように思考し、詩人のように書き、自然界に対する彼の偏見のない見方は、仮説主導型の科学者と言うよりもむしろ禅僧に近い」と評している。普段は動植物学にまったく無縁の読者、動植物に詳しい人、科学者、瞑想者、詩人――どんな人が、どんな異なった「前提」を持って本書を手に取っても、きっとそれぞれに刺激を与えられることと思う。

末筆になりますが、翻訳にあたりアドバイスをくださった小川真先生、上田恵介先生、また原稿全体を査読の上、動植物の和名表記をはじめ、専門用語の訳出に助言をくださった阿部浩志氏にこの場を借りてお礼申し上げます。

二〇一三年五月

三木直子

著者紹介
デヴィッド・ジョージ・ハスケル（David G. Haskell）
米ユニバーシティ・オブ・ザ・サウス（University of the South）生物学教授。

オックスフォード大学で動物学の学士号、コーネル大学で生態学と進化生物学の博士号を取得。

調査や授業を通して、動物、特に野鳥と無脊椎動物の進化と保護について分析を行ない、多数の論文、科学と自然に関するエッセイや詩などの著書がある。

また、South Cumberland Regional Land Trust の理事として、この本の舞台であり、E. O. ウィルソンが「自然の大聖堂」と呼んだシェイクラグ・ホローの一部を、買収し、保護する運動を起ち上げ、指揮した。

テネシー州セワニー在住。

妻のサラ・ヴァンスとともに小さな農場を営み、ヤギを育て、ゴートミルクを販売している。Cudzoo Farm のウェブサイトでゴートミルク配合の石鹸を購入することができる。

原書のウェブサイト http://theforestunseen.com/

著者のブログ「Ramble」http://davidhaskell.wordpress.com/

訳者紹介
三木直子（みき・なおこ）
東京生まれ。国際基督教大学教養学部語学科卒業。

外資系広告代理店のテレビコマーシャル・プロデューサーを経て、1997 年に独立。

海外のアーティストと日本の企業を結ぶコーディネーターとして活躍するかたわら、テレビ番組の企画、クリエイターのためのワークショップやスピリチュアル・ワークショップなどを手がける。

訳書に『ロフト』『モダン・ナチュラル』（E.T.Trevill）、『［魂からの癒し］チャクラ・ヒーリング』（徳間書店）、『マリファナはなぜ非合法なのか？』『コケの自然誌』（築地書館）、『アンダーグラウンド』（春秋社）、他多数。

ミクロの森
1m^2 の原生林が語る生命•進化•地球

2013 年 7 月 10 日　初版発行

著者　デヴィッド・ジョージ・ハスケル
訳者　三木直子
発行者　土井二郎
発行所　築地書館株式会社
東京都中央区築地 7-4-4-201　〒104-0045
TEL 03-3542-3731　FAX 03-3541-5799
http://www.tsukiji-shokan.co.jp/
振替 00110-5-19057
印刷・製本　シナノ印刷株式会社
デザイン　吉野愛

ISBN 978-4-8067-1459-0　C0040

築地書館の本

コケの自然誌

ロビン・ウォール・キマラー［著］ 三木直子［訳］
2400円+税　◎3刷

極小の世界で生きるコケの驚くべき生態。
ネイティブアメリカンの生物学者が語る、
眼を凝らさなければ見えてこない
コケと森と人間の物語。

虫と文明 螢のドレス・王様のハチミツ酒・カイガラムシのレコード

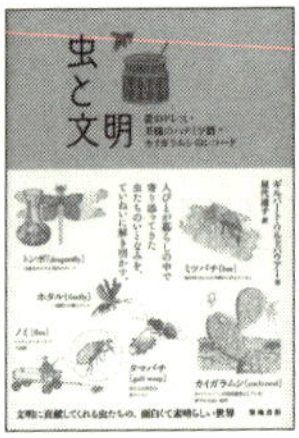

ギルバート・ワルドバウアー［著］ 屋代通子［訳］
2400円+税

人びとが暮らしの中で寄り添ってきた
虫たちの営みを、丁寧に解き明かした一冊。
文明に貢献してくれる虫たちの、
面白くて素晴らしい世界。

砂 文明と自然

マイケル・ウェランド［著］ 林裕美子［訳］
3000円+税

波、潮流、ハリケーン、古代人の埋葬砂、
ナノテクノロジー、医薬品、化粧品から
金星の重力パチンコまで、
不思議な砂のすべてを詳細に描く。

価格・刷数は2013年6月現在